高等学校"十一五"规划教材

市政与环境工程系列丛书

水泵与水泵站

（第3版）

主编　张景成　张立秋

主审　袁一星　李亚峰

哈尔滨工业大学出版社

内容摘要

本书介绍了水泵的定义与分类,离心泵的工作原理与基本构造,离心泵的基本方程式与特性曲线,水泵工况点确定及改变方式等基本内容;同时,对给水泵站、排水泵站和雨水泵站的设计方法与步骤、给水泵站的优化调度等进行了详细介绍。

本书可作为高等学校给水排水专业和环境工程专业本、专科学生的教材,也可为从事相关专业的工程技术人员提供参考。

图书在版编目(CIP)数据

水泵与水泵站/张景成主编. —3 版. —哈尔滨:
哈尔滨工业大学出版社,2010.8(2023.3 重印)
(市政环境工程系列丛书)
ISBN 978 - 7 - 5603 - 1843 - 1

Ⅰ.①水…　Ⅱ.①张…　Ⅲ.①水泵-基本知识 ②泵站
-基本知识　Ⅳ.①TV675

中国版本图书馆 CIP 数据核字(2010)第 136647 号

责任编辑　贾学斌
封面设计　卞秉利
出版发行　哈尔滨工业大学出版社
社　　址　哈尔滨市南岗区复华四道街 10 号　邮编 150006
传　　真　0451-86414749
网　　址　http://hitpress.hit.edu.cn
印　　刷　哈尔滨圣铂印刷有限公司
开　　本　787 mm×1 092 mm　1/16　印张 17.5　字数 400 千字
版　　次　2003 年 9 月第 1 版　2010 年 8 月第 3 版
　　　　　2023 年 3 月第 10 次印刷
定　　价　42.00 元

第 3 版前言

《水泵与水泵站》是哈尔滨工业大学市政环境工程学院的市政工程、环境工程专业的本科生教材,其内容不但结合紧密结合教学,而且紧贴工程实际,具有较强的教学性和实用性。

本书自出版发行以来,受到了广大读者的认同,尤其是得到了各高等学校及大专院校的师生的欢迎,认为在学习和设计中比较适用,使用方便。而且收到了读者许多建设性的意见,对教材中的内容和问题提出了非常好的建议。这次再版就是采纳了一些读者的建议进行了部分修订,尤其是对例题进行了较大的调整,使其更具有代表性。并且对全书重新进行了校勘。

虽然此次再版对全书重新进行了校勘和修订,但由于作者的知识水平有限,仍就难免出现疏漏和不妥之处,敬请读者批评指正。

借此再版之际感谢广大读者的厚爱和支持。

编 者

2010 年 8 月

前　言

　　水泵与水泵站是水工程(给水排水工程)中不可缺少的组成部分,在给水或排水系统中起着不可替代的枢纽作用,离开水泵,整个给水或排水工程系统将不能正常运行,因此,"水泵与水泵站"是高等学校给水排水工程、环境工程、环境设备工程等专业学生必修的一门重要的专业基础课。

　　水泵与水泵站技术发展迅速,新技术、新产品层出不穷,为适应教学的需要,使教学与工程紧密结合,使教学与新技术、新产品发展相适应,编者在总结多年来的教学和工程实践的基础上,借鉴许多前辈的经验,根据新技术、新产品的发展趋势,编写了本书,以供大学本、专科学生学习使用,也可供有关工程技术人员参考。

　　本书由哈尔滨工业大学张景成、张立秋、魏宝成,大庆市东城区污水处理厂于清江,黑龙江建筑职业技术学院谷峡、边喜龙、于文波编写。编写分工如下:第一章张景成;第二章张景成、张立秋;第三章张立秋;第四章张景成、张立秋、于文波;第五章边喜龙、谷峡;第六章魏宝成;第七章张景成、边喜龙;附录张立秋、于清江。全书由张景成、张立秋主编,袁一星、李亚峰主审。

　　由于作者知识水平有限,难免存在疏漏及不妥之处,敬请读者批评指正。

编　者
2003 年 6 月

目　　录

第 1 章　水泵的定义和分类

1.1　水泵与水泵站在给水排水工程中的作用和地位

　　水泵是一种应用广泛的水力通用机械,在航天、航空、发电、矿山、冶金、钢铁、机械、造纸、建筑以及农业和服务业等方面都有着广泛的应用,发挥着非常重要的作用。

　　在城市建设中,给水排水工程是城市不可缺少的公共设施,是城市生活的"大动脉"和"静脉",是城市赖以生存的基础设施;而水泵是给水排水工程不可缺少的重要组成部分,是给水系统或排水系统的水力枢纽——"心脏",只有水泵的正常工作才能保证整个给水或排水系统的正常运行。

　　图 1.1 是城市给水系统和排水系统的组成示意图。一个城市的给水系统要从天然水体取水输送到城市的各个用水户,就要靠给水系统上的取水泵站、送水泵站以及加压泵站的连续工作,给水增加能量,才能把水送到目的地。虽然城市排水系统中的排水管道是靠重力流动的,但是仍然需要中途提升泵站、总提升泵站以及雨水提升泵站的连续工作才能把城市污水和雨水送达目的地(污水处理厂或天然水体)。

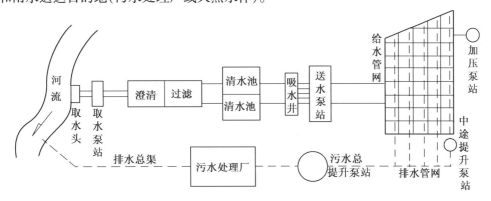

图 1.1　城市给水系统和排水系统

　　此外,水泵与水泵站在我国许多大型的引水工程中发挥着巨大作用。例如,建于 20 世纪 80 年代的"引滦入津"工程,从潘家口水库取水输送至天津市区,全长 234 km,每年供水量可达 10 亿 m^3,沿途修建了 4 座大型的加压泵站,分别采用了多台叶片可调的大型轴流泵和高压离心泵进行抽升工作,解决了天津市的用水危机。

　　除此之外,在农田灌溉、防洪排涝等方面,水泵与水泵站经常作为一个独立的构筑物而服务于各项事业,发挥着作用。

1.2　水泵的定义和分类

水泵是一种转换能量的水力机械。它把原动机(如电机)的机械能转换成液体的动能和势能,达到输送和提高液体的目的。

由于水泵的品种系列繁多,对它的分类方法也各不相同,通常水泵按其工作原理的不同分成三大类型。

1.2.1　叶片式水泵

叶片式水泵对液体的抽送是靠装有叶片的叶轮的高速旋转来完成的。根据叶轮出水的水流方向可以将叶片式水泵分为径向流、轴向流和斜向流三种。有径向流叶轮的水泵称为离心泵,液体质点在叶轮中流动主要受到离心力的作用;有轴向流叶轮的水泵称为轴流泵,液体质点在叶轮中流动时主要受到轴向升力的作用;有斜向流叶轮的水泵称为混流泵,它是上述两种叶轮的过渡形式,液体质点在叶轮中流动时,既受到离心力的作用,又受到轴向升力的作用。

1.2.2　容积式水泵

容积式水泵对液体的压送是靠水泵内部工作室的容积变化来完成的。一般使工作室容积改变的方式有往复运动和旋转运动两种。属于往复运动的容积式水泵有活塞式往复泵、柱塞式往复泵等;属于旋转运动的容积式水泵有转子泵等。

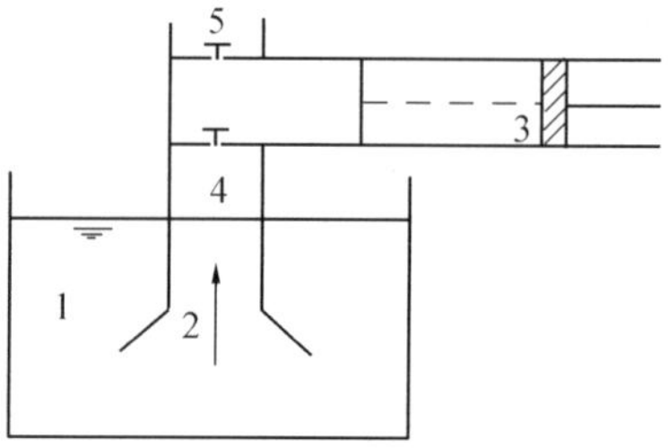

容积式水泵的工作原理示意图如图 1.2 所示。当活塞向右拉动时,工作室容积增大,压力降低,进水阀打开,出水阀关闭,吸水池中水在大气压力作用下,通过进水管进入工作室;当活塞向左推动时,进水阀关闭,出水阀打开,工作室内水流进入压水管,如此循环进行连续工作。

图 1.2　容积式水泵的工作原理
1—吸水池;2—进水喇叭口;3—活塞;4—进水阀;5—出水阀

1.2.3　其他水泵

其他水泵是指除叶片式水泵和容积式水泵以外的特殊泵。其他水泵主要有:螺旋泵、射流泵(又称水射器)、水锤泵、水轮泵以及气升泵(又称空气扬水机)等。这些水泵当中,除螺旋泵是利用螺旋推进原理来提高液体的位能以外,其他水泵都是利用高速液流或气流(即高速射流)的动能来输送液体的。

这些水泵的应用虽然没有叶片式水泵那样广泛,但在给水排水工程中,结合具体条件,应用这些特殊的水泵来输送液体,常常会获得良好的效果。例如,在城市污水处理厂中,二沉池的沉淀污泥回流至曝气池时,常常采用螺旋泵或气升泵来提升;射流泵在给水处理厂投药方面的应用也比较多,通常用来投加混凝剂或消毒剂等。

以上各种类型水泵的使用范围是很不相同的,图 1.3 所示为常用的几种类型泵的总型谱图。从图中可以看出,往复泵的使用范围侧重于高扬程、小流量;轴流泵和混流泵的使用范围侧重于低扬程、大流量;离心泵的使用范围介于两者之间,工作区间最广,产品的品种、系列和规格也最多。

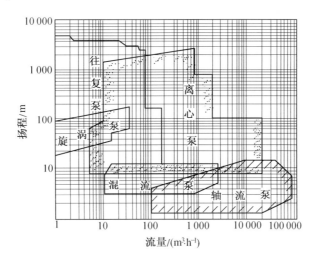

图1.3 常用的几种水泵总型谱图

对城市给水工程来说,送水泵站的扬程在20～100 m之间,单泵流量的使用范围一般为50～10 000 m³/h,要满足这样的工作区间,从总型谱图可以看出,使用离心泵装置是十分合适的;即使在某些大型水厂中,也可以在泵站中采取多台离心泵并联的工作方式来满足供水量的要求。从排水工程来看,城市污水泵站、雨水泵站的特点是大流量、低扬程。扬程一般在2～12 m之间,流量可以超过10 000 m³/h,在这样的工作范围内,一般采用轴流泵比较合适。

综上所述,在城镇及工业企业的给水排水工程中,大量的、普遍使用的水泵是离心泵和轴流泵。

目前,水泵发展的总趋势可以归结为如下几条。

1.大型化、大容量化

在几十年前,如果把5万 kW 的发电机组的出现看做是一个重大的技术成就的话,那么,在今天这一动力只不过是能用来驱动一台130万 kW 大型汽轮发电机组的给水泵而已。近几年来,大型水泵技术发展得很快,巨型轴流泵的叶轮直径已达7 m,潜水泵叶轮直径已达1 m,用于城市及工业企业给水工程中的双吸离心泵的功率已达5 500 kW。

2.高扬程化、高速化

目前,锅炉给水泵的单级扬程已打破了1 000 m的记录,要进一步实现高扬程化,势必要提高泵的转速。今后,随着水泵气蚀、材料强度等问题的不断改善,泵的转速有可能进一步向高速化的方向发展。在水泵行业中,这种高速化的发展趋势是具有世界性的。

3.系列化、通用化、标准化

产品的系列化、通用化、标准化(简称为"三化")是现代工业生产工艺的必然要求。1975年国际标准化协会制订了额定压力为720 kPa的单级离心泵的主要尺寸及其规格参数(ISO 2858—1975E)。此标准泵的性能范围为:流量为6.3～400 m³/h,扬程为25～125 m。目前,在欧洲凡满足此规格的水泵均已作为标准泵出售。我国自 1958 年以来,在统一型号、系列分类、定型尺寸等方面也做了不少工作,水泵的托架、悬架、轴承架等主要零部件均已有了系列标准,产品的"三化"程度在不断提高。

今后,随着原子能和燃化工业等科学技术的发展,将进一步要求发展具有高速、耐高温高压、高效率以及大容量等方面的各种水泵特殊产品;同时也要求不断提高现有常规产品的质量和水平。所有这些,都意味着必须在基础理论、计算技术、模型试验、测量手段以及材料选择、加工工艺等一系列环节上进行革新。未来是现今的延伸和继续,此任务是十分光荣而艰巨的。

思考题

1. 叙述水泵在给水排水工程中的地位和作用。
2. 水泵的定义是什么? 水泵是如何分类的?
3. 水泵的发展趋势是什么?

第2章　叶片式水泵

2.1　离心泵的基本构造与工作原理

2.1.1　两个例子

在介绍离心泵的工作原理之前,我们首先来看生活中经常见到的两种现象:

(1)在雨天,旋转雨伞,水滴沿伞边切线方向飞出,旋转的雨伞给水滴以能量,旋转的离心力把雨滴甩走,如图2.1所示。

(2)在垂直平面上旋转一个小桶,当小桶旋转速度较慢且转到上面时,桶里面的水就会流出来;当小桶旋转速度加快到一定程度时,小桶里面的水就不会流出来,反而会压向桶底,若在小桶底部打一个小洞,桶里面的水就会从小洞喷溅出去。这同样是旋转的离心力给水以能量,旋转的离心力把水甩走,如图2.2所示。

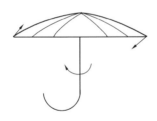

图2.1　雨天旋转雨伞

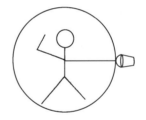

图2.2　旋转小桶

从以上两个例子中可以看出,旋转的离心力能给水增加能量。

2.1.2　离心泵的工作原理

离心泵就是根据上述离心力甩水的原理设计出来的。与以上两个例子不同的是离心泵的各个部件都是经过专门水力计算和水力试验而设计完成的。

离心泵工作原理　利用水泵叶轮高速旋转的离心力甩水,使得水的能量增加,能量增加的水通过泵壳和水泵出口流出水泵,再经过压水管输往目的地。

离心泵的工作过程　离心泵在启动之前,应先用水灌满泵壳和吸水管道,然后驱动电机,使叶轮和水做高速旋转运动,此时,水受到离心力的作用被甩出叶轮,经蜗形泵壳中的流道流入水泵的压水管道,由压水管道输入到管网中去;与此同时,水泵叶轮中心处由于水被甩出而形成真空,吸水池中的水在外界大气压的作用下,通过吸水管而源源不断地流入水泵叶轮,水又受到高速转动叶轮的作用,被甩出叶轮而输入压水管道。这样,就形成了离心泵的连续输水。

离心泵工作过程实际上就是一个能量传递和转化的过程,它把原动机(电机)的高速旋转的机械能转换成水的动能和势能。在能量传递和转化过程中,就伴随着许多能量损失,这种能量损失越大,说明该离心泵的性能越差,工作效率越低。

2.1.3　离心泵的基本构造

图2.3所示为单级单吸式离心泵的基本构造,主要包括有蜗壳形的泵壳1,其作用是收集叶轮甩出的水;泵轴2,从原动机获取能量并带动叶轮旋转;装于泵轴2上的叶轮3,高速旋转甩水增加水的能量;吸水管4,与泵壳上的进口相连接;压水管5,与泵壳上的出口相连接;底阀6,安装于吸水管进口,在向泵壳与吸水管路灌水时,防止水倒流回吸水池;控制阀门7,安装于压水管上,起控制和调节作用;灌水漏斗8,水泵在启动时,从这里灌水;泵座9,支撑并固定泵壳。

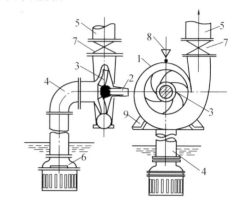

图2.3　单级单吸式离心泵构造

1—泵壳;2—泵轴;3—叶轮;4—吸水管;5—压水管;
6—底阀;7—闸阀;8—灌水漏斗;9—泵座

2.2　离心泵的主要零件

离心泵是由许多零件组成的,根据工作时各部件所处的工作状态,大致可以分成三大类型:转动部件、固定部件和交接部件。下面以单级单吸卧式离心泵为例,如图2.4所示,介绍一下各个零件的作用、组成、构造和材料。

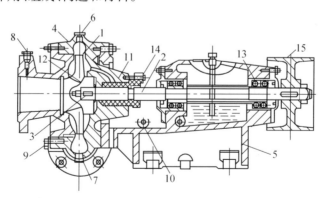

图2.4　单级单吸卧式离心泵

1— 叶轮;2—泵轴;3—键;4—泵壳;5—泵座;6—灌水孔;7—放水孔;
8—接真空表孔;9—接压力表孔;10—泄水孔;11—填料盒;12—减漏环;
13—轴承座;14—压盖调节螺栓;15—传动轮

2.2.1　转动部件

1.叶轮(又称工作轮)

叶轮是水泵的主要零件,甚至可以说是水泵的核心零件。离心泵就是靠叶轮的高速旋转甩水实现能量转换的。

离心泵的叶轮一般是由两个圆形盖板所组成,盖板之间有若干片弯曲的叶片将前后两块盖板连接在一起,相邻两片叶片和前后盖板围住的空间槽道称之为过水的流道。

叶轮的形状和尺寸是通过试验和计算决定的,一般可分为单吸式叶轮和双吸式叶轮。叶轮的前盖板上开有一个圆孔进水的叫单吸式叶轮,叶轮前后盖板均开有圆孔进水的叫双吸式叶轮。

图 2.5 是单吸式叶轮,它是单边叶轮盖板开有进口吸水,后盖板则没有进口,叶轮的前盖板和后盖板呈不对称形状。图 2.6 是双吸式叶轮,叶轮前后盖板均开有圆形进水口,前后盖板呈对称形状,一般为大流量离心泵采用。

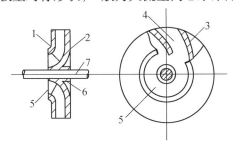

图 2.5　单吸式叶轮

1— 前盖板;2—后盖板;3—叶片;4—叶槽;5—吸水
口;6—轮毂;7—泵轴

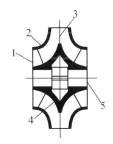

图 2.6　双吸式叶轮

1— 吸入口;2—轮盖;3—叶片;
4—轮毂;5—轴孔

选择叶轮的材料时,除了要考虑具有足够的机械强度外,还要考虑材料的耐磨、耐腐蚀性能。目前多数叶轮采用铸铁、铸钢、青铜制成,硬塑料和合金钢等材料也有一定的应用。

叶轮按其盖板情况又分为封闭式叶轮、半开式叶轮和敞开式叶轮三种形式,如图 2.7 所示,叶轮(a)具有前后两个盖板,称为封闭式叶轮,应用最为广泛,单吸式叶轮和双吸式叶轮均属于这种叶轮,其叶片一般较多,通常有 6~8 片,多的可至 12 片;叶轮(b)只有后盖板没有前盖板,称为半开式叶轮;叶轮(c)根本没有完整的前后盖板,称之为敞开式叶轮。在输送含有悬浮物的污水泵中,为了避免堵塞常采用半开式叶轮或敞开式叶轮,其特点是叶片少,

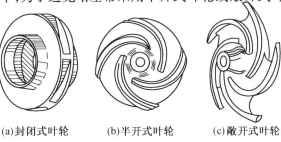

(a)封闭式叶轮　　　(b)半开式叶轮　　　(c)敞开式叶轮

图 2.7　叶轮形式

一般仅 2~5 片。

2.泵轴

泵轴是用来旋转水泵叶轮的。它从原动机(电机)接受动力,并带动叶轮旋转。因而,泵轴要有足够的抗扭强度和足够的刚度,其挠度不能超过允许值;工作转速不能接近产生共振现象的临界转速。泵轴常用的材料是碳钢和不锈钢。

3.键

叶轮和泵轴之间用键来连接。键俗称销子,是转动部件的连接件,图 2.4 中 3 为离心泵通常采用的平键,这种平键只能传递扭矩而不能固定叶轮的轴向位置,在大、中型水泵中,叶轮的轴向位置通常是采用轴套和并紧轴套的螺母来定位的。

2.2.2　固定部件

1.泵壳

离心泵的泵壳通常铸成蜗壳形,所以泵壳也称之为蜗壳,其过水部分要有良好的水力条件。叶轮工作时,其周边不断向外甩水,泵壳过水断面不断收集叶轮甩出来的水,流量沿程逐渐增大,为了减少水力损失,在设计水泵时,设计者就将泵壳过水断面设计成渐扩断面,过水断面面积不断扩大(蜗壳形),使之沿程流量虽然增加,但是沿程流速却不变化,而是一个常数。

水流出泵壳后,经泵壳上的锥形扩散管流出泵壳,而后流入压水管。泵壳上的锥形扩散管的作用是降低水流的速度,使速度水头的一部分转化为压力水头。

泵壳的材料要能抗介质对过流部分的腐蚀和磨损,还应有足够的机械强度以耐高压。

2.泵座

泵座起支撑和固定泵壳作用,通常和泵壳铸成一体。泵座上有法兰孔,用来与底板或基础固定;泵壳顶部有灌水螺孔,可以充水和放气,以便在水泵启动前用来充水和排走泵壳内的空气;水泵吸水锥形管上有螺孔,用来安装真空表;水泵压水锥形管有螺孔,用来安装压力表;泵壳底部有放水螺孔,在水泵停车检修时,用来放空泵壳内积水;在泵壳的横向槽底开有泄水螺孔,以便随时排走由填料盒内流出的渗漏水滴。所有的这些螺孔,如果暂时不用时,可以用带螺纹的丝堵(又叫"闷头")栓紧。

2.2.3　交接部件

转动部件和固定部件之间存在着几个交接部分,称之为交接部件。

1.轴封装置

在泵轴穿出泵壳的部位上,泵轴与泵壳之间存在着间隙;有间隙就会有渗漏,因此,就必须采取轴封措施,以减少泵壳内高压水向外渗漏,从而提高水泵的效率。目前,应用较多的轴封装置有填料密封和机械密封。

(1)填料密封。填料密封在离心泵中得到了广泛的应用。近年来,它的形式很多,图 2.8 就是一种较为常见的压盖填料型的填料盒,它是由轴封套、填料、水封管、水封环(图 2.9)及压盖等部件组成。

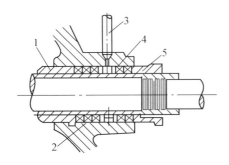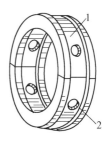

图 2.8　压盖填料型填料盒　　　　　　　　图 2.9　水封环
1—轴封套；2—填料；3—水封管；4—水封环；5—压盖　　　1—环圈空间；2—水孔

　　填料又叫盘根,在轴封装置中起阻水或阻气的密封作用。常用的填料是浸油、浸石墨的石棉绳;但随着耐高温、耐磨损、耐腐蚀的填料,如碳素纤维、不锈钢纤维及合成树脂纤维编织成的填料的出现,大大提高了轴封效果,因此填料亦在不断进步中。

　　压盖是用来压紧填料的。它对填料的压紧程度可通过拧紧或拧松压盖上的螺栓来进行调节,压盖压得太松,达不到密封效果;压得太紧,泵轴与填料之间的机械磨损大,消耗功率也大。如果压得过紧时,甚至可能产生抱轴现象,出现严重的发热和磨损。一般用水封管将泵壳内的高压水通过水封环中的小孔流入轴和填料之间的缝隙处,可以达到冷却和润滑目的,填料的松紧密实程度以水能够通过填料缝隙呈水滴状渗出为宜。

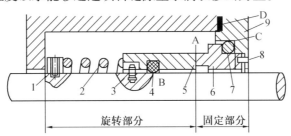

图 2.10　机械密封的基本元件示意图
1— 弹簧座；2—弹簧；3—传动销；4—动环密封圈；5—动环；
6—静环；7—静环密封圈；8—防转销；9—压盖

　　(2)机械密封。机械密封又称端面密封,其基本元件如图 2.10 所示,主要由动环 5(随轴一起旋转并能做轴向移动)、静环 6、压紧元件(弹簧 2)和密封元件(密封圈 4、7)等组成;其基本原理是动环借密封腔中液体的压力和压紧元件的压力,使其端面贴合在静环的端面上,并在两环端面 A 上产生适当的压强(单位面积上的压紧力)和保持一层极薄的液体膜而达到密封的目的。而动环和轴之间的间隙 B 由动环密封圈 4 密封,静环和压盖之间的间隙 C 由静环密封圈 7 密封。由此构成的三道密封(即 A、B、C 三个界面的密封),封堵了密封腔中液体向外泄漏的全部可能的途径。密封元件除了密封作用以外,还与作为压紧元件的弹簧一道起到了缓冲补偿作用。泵在运转过程中,轴的振动如果不加缓冲而直接传递到密封端面上,那么密封端面不能紧密贴合而会使泄漏量增加,或者由于过大的轴向荷载而导致密封端面磨损严重,使密封失效。另外,端面因摩擦必然会产生磨损,如果没有缓冲补偿,势必会造成端面的间隙越来越大而无法密封。

机械密封有许多种类,下面仅介绍平衡型与非平衡型机械密封,见图2.11。

非平衡型:密封介质作用在动环上的有效面积 B (去掉作用压力相互抵消部分的面积)等于或大于动、静环端面接触面积 A,此时端面上的压力取决于密封介质的压力,介质压力增加,端面上的压强也成正比地增加。如果端面的压强太大,则可能造成密封泄漏严重,寿命缩短,因此非平衡型机械密封不宜在高压下使用。

平衡型:密封介质作用在动环上的有效面积 B 小于端面接触面积 A,此时当介质压力增大时,端面上的压强增加缓慢,亦即介质压力的高低对端面的压强影响较小,因此平衡型可用于高压下的机械密封。

(a) $B \geqslant A$ 非平衡型

(b) $B < A$ 平衡型

(c) $B = 0$ 完全平衡型

图2.11　平衡型和非平衡型机械密封

2.减漏装置

转动部件和固定部件之间如果存在相对运动就必然存在缝隙。叶轮吸入口的外圆与泵壳内壁之间就存在一个转动交接缝隙,而缝隙两侧正是高低压区,泵壳内高压区的水就会通过这个缝隙泄漏到叶轮进口处的低压区,泄漏的水量称之为回流量,这种泄漏会降低水泵流量及工作效率,所以,就要尽量减少回流量。一般水泵在构造上采用两种减漏方式:①减小交接缝隙(不超过 $0.1 \sim 0.5$ mm);②增加泄漏通道中的阻力。交接缝隙越小回流量就越少,但在加工、安装时就要求做到均匀准确,否则,水泵在运行过程中就会导致叶轮与泵壳之间发生磨损。为了减少回流量,减少磨损和延长泵壳、叶轮的使用寿命,通常在缝隙两侧的泵壳或者叶轮上镶嵌一个金属口环,这个口环的接触面可做成多齿形,用以增加水流回流阻力,减少回流量,提高了减漏效果,因此,称之为减漏环;这个口环是用耐磨材料做成的,这样,就可以经常更换口环而不致使泵壳或叶轮报废,同时也就可以达到延长泵壳和叶轮的使用寿命的目的了(也称之为承磨环)。图2.12为三种形式的减漏环,图2.12(c)为双环迷宫型的减漏环,其水流回流阻力大,减漏效果最好,但构造复杂。

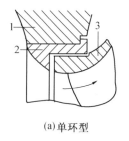
(a)单环型

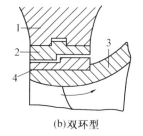
(b)双环型

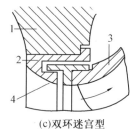
(c)双环迷宫型

图2.12　减漏环

1—泵壳;2—镶在泵壳上的减漏环;3—叶轮;4—镶在叶轮上的减漏环

3.轴承

轴承是用来支撑轴的部件。轴承安装于轴承座内,作为转动部件的支持部件,其构造如图 2.13 所示。

4.联轴器

联轴器是连接水泵泵轴和电机轴的连接部件,有人又叫它"靠背轮",它是把电动机的转动动力传递给水泵的机械部件。联轴器有刚性和挠性两种型式。刚性联轴器实际上就是两个圆形法兰盘,它无法调节泵轴和电机轴连接时微小的不同心度,因此,安装精度要求高,常用于小型水泵机组和立式水泵机组的连接。

图 2.14 所示为圆盘形挠性联轴器,包括有两个圆盘和带弹性橡胶圈的钢柱。它能够减少电机轴和泵轴少量偏心引起的周期性的弯曲应力和振动,常用于大中型卧式水泵机组的安装。

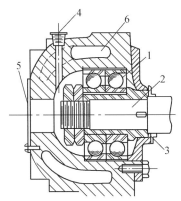 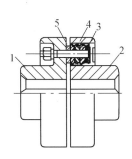

图 2.13　轴承座构造

1— 双列滚珠轴承;2—泵轴;3—阻漏油橡皮圈;
4—油杯孔;5—封板;6—冷却水套

图 2.14　挠性联轴器

1— 泵侧联轴器;2—电机侧联轴器;
3—柱销;4—弹性圈;5—挡圈

5.轴向力平衡措施

由于叶轮缺乏对称性,单吸式离心泵工作时,叶轮两侧作用的压力不相等,如图 2.15 所示。因此,在水泵叶轮上就作用有一个推向叶轮吸入口的轴向力 ΔP。这个推力使得泵轴正常工作受到影响,所以要采用安装一个专门的轴向力平衡装置的办法来解决。

对于单级单吸式离心泵,一般采取在叶轮的后盖板上开平衡孔,同时在后盖板上加装减漏环的方法解决,如图 2.16 所示。加装的减漏环直径与前盖板上的减漏环直径相等,压力水经此减漏环时压力下降,并经平衡孔流回叶轮中去,使得叶轮后盖板上的压力与前盖板相接近,减小或消除了轴向推力。此方法的优点是构造简单,容易实行;缺点是平衡孔的回流水能冲击叶轮中的水流,增加阻力,降低了水泵的效率。

多级单吸式离心泵的轴向推力相当大,需要采用一些机械方法和措施才能解决,因其结构比较复杂,在此不再赘述。

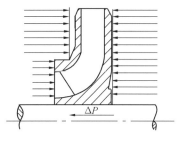

图 2.15　轴向推力

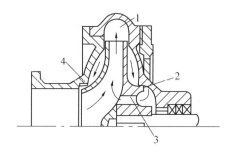

图 2.16　平衡孔

1—排出压力;2—加装的减漏环;
3—平衡孔;4—泵壳上的减漏环

2.3　水泵的基本性能参数

水泵的基本性能,即水泵工作能力的大小和工作性能的好坏,通常用 6 个基本性能参数来表示。

2.3.1　流量(抽水量)

水泵在单位时间内所输送的液体数量称为流量,用大写英文字母 Q 来表示,一般常用体积流量,法定主单位是立方米每秒(m^3/s),工程中常用的单位是立方米每小时(m^3/h)或升每秒(L/s),有时也用质量单位吨每小时(t/h)或吨每天(t/d)。流量是表示水泵工作能力大小的参数。

2.3.2　扬程(水头)

单位质量(1 kg)的液体通过水泵后所获得的能量称为扬程,用大写的英文字母 H 表示,法定主单位为帕斯卡(Pa)(简称帕),千帕(kPa)、兆帕(MPa)是帕斯卡的倍数单位;在工程上仍常把它折算成米水柱(mH_2O,$1mH_2O = 9\ 806.65\ Pa$)[①],或用工程大气压,过去工程上也用千克力每平方厘米(kgf/cm^2)作单位。

扬程也就是水泵对单位质量的水所做的功,即比能(扬程)的增值。

$$H = E_2 - E_1 \tag{2.1}$$

式中　　E_2—— 液体流出水泵时所具有的比能;

　　　　E_1—— 液体流入水泵时所具有的比能。

扬程也是表示水泵工作能力大小的参数。

2.3.3　轴功率

电机传给水泵泵轴的功率称为轴功率,用大写的英文字母 N 表示,法定主单位为瓦特(W)(简称瓦),千瓦(kW)是瓦的倍数单位,过去工程中常用"马力"(1 米制马力 =

---

① 在工程施工中仍习惯沿用 mH_2O。

735.499 W;1 英制马力 = 745.700 W)。

2.3.4　效率

水泵的有效功率与轴功率之比值称为效率,用希腊字母 η 表示,为量纲量。

由于水泵不会把电机输入的功率完全(不浪费地)传给水流,在水泵内部必然有能量损失,这个损失的大小通常就以效率 η 来衡量。效率反映了水泵性能的好坏。

$$\eta = \frac{N_u}{N} \tag{2.2}$$

式中　　N——水泵的轴功率;

　　　　N_u——水泵的有效功率,即单位时间内流过水泵的水流从水泵那里得到的能量。

$N_u = \rho g Q H$,其中 N_u 的单位为 W;ρ 为密度,kg/m³;Q 为流量,m³/s;H 为扬程,mH₂O。

工程上通常用下式来计算水泵的实际轴功率

$$N/kW = \frac{N_u}{\eta} = \frac{\rho g Q H}{1\,000\,\eta} \tag{2.3}$$

进而可以计算水泵电耗 W 值

$$W/(kW \cdot h) = \frac{\rho g Q H}{1\,000\,\eta_1 \eta_2} \cdot t \tag{2.4}$$

式中　　t——水泵运行的小时数;

　　　　η_1、η_2——分别为水泵和电机的效率值。

[例]　某泵站平均供水量 $Q = 8.64 \times 10^4$ m³/d,扬程 $H = 30$ m,水泵和电机的效率均为 70%,求这个泵站工作 10 h 的电耗值?

[解]　将 $Q = 8.64 \times 10^4$ m³/d $= 1.0$ m³/s;$H = 30$ m;$\eta_1 = \eta_2 = 0.7$ 带入公式(2.4)中得

$$W/(kW \cdot h) = \frac{\rho g Q H}{1\,000\,\eta_1 \eta_2} \cdot t = 6\,000$$

2.3.5　转速

水泵叶轮旋转的速度称为转速,单位为转每分(r/min),通常用小写的英文字母 n 表示。

水泵常见的转速有 2 950 r/min、1 470 r/min、970 r/min 等。每种水泵都是按某一固定转速进行设计的(设计转速),若水泵的实际转速不等于设计转速时,则水泵的其他参数(如 Q、H、N 等)也随之按一定规律改变。

往复泵的转速通常以活塞或柱塞的往复运动次数每分(次/min)来表示。

2.3.6　允许吸上真空高度(H_S)及气蚀余量(H_{SV})

允许吸上真空高度(H_S)及气蚀余量(H_{SV})是两个从不同角度来反映水泵吸水性能好坏的特性参数。

允许吸上真空高度(H_S):指水泵在标准状况下(即水温为 20 ℃、表面压力为 1.013 × 10⁵ Pa)运转时,水泵所允许的最大吸上真空高度,单位为 mH₂O。一般用 H_S 表示离心泵的吸水性能。

气蚀余量(H_{SV}):指水泵进口处,单位质量的水所具有超过饱和蒸汽压力的那部分富余能量,单位为 mH$_2$O,一般用来反映轴流泵、锅炉给水泵等的吸水性能,气蚀余量在部分水泵样本中也用 Δh 来表示。

为了方便用户使用,水泵厂家在每台水泵的泵壳上钉有一块铭牌,铭牌上简明地列出了该水泵在设计转速下运转时,效率达到最高时的流量 Q、扬程 H、轴功率 N 及允许吸上真空高度 H_S 或气蚀余量 H_{SV} 值,称之为额定参数。额定参数是指水泵在设计工况下运行时的参数值,它只是反映水泵在最高效率下工作时所对应的各个参数值。如 100S90A 单级双吸中开离心泵的铭牌为:

单级双吸中开离心清水泵	
型号:100S90A	转速:2950 r/min
扬程:90 m	效率:64%
流量:72 m³/h	轴功率:21.6 kW
气蚀余量:2.5 m	配带功率:30 kW
重量:120 kg	生产日期:×× 年 × 月 × 日
	×××× 水泵厂

铭牌上各参数的意义为:

100—— 泵入口直径(mm);

S—— 单级双吸中开离心泵;

90—— 泵额定(设计点)扬程(m);

A—— 泵叶轮外径经过一次切割;

而老式单级双吸离心泵型号 6SH - 9A 的意义是:

6—— 泵入口直径(in);

SH—— 单级双吸中开离心泵;

9—— 泵的比转数除以 10 的整数值,即该水泵的比转数为 90;

A—— 泵叶轮外径经过一次切割。

2.4　离心泵的基本方程式

离心泵是靠叶轮的高速旋转来抽送水的,显然,水从水泵获得能量的方式、大小及其影响因素都和叶轮有关。水流在叶轮中是如何运动的?高速旋转的叶轮能给水增加多大扬程?这些问题均可从离心泵的基本方程式得到答案。离心泵的基本方程式就是研究水泵扬程 H 和水在叶轮中运动之间关系的方程式。

2.4.1　水在叶轮中的运动状态

水从叶轮进口进入叶轮以后,一直到从叶轮出口流出叶轮,经历了一个复杂的复合圆周

运动。我们以旋转着的叶轮作动坐标参考系统,固定的泵壳和泵座作静坐标参考系统。那么水在叶轮中的运动就有:

1.水随叶轮旋转做圆周运动(牵连运动)

当水从叶轮进口进入叶轮以后,就被旋转的叶轮携带着做圆周运动,可以看做动参考系叶轮相对泵壳这个静参考系所做的运动,因而称之为牵连运动,我们用 U 来表示它的运动速度,其切线速度的大小 $U = R\omega$。

2.水沿着叶片方向的运动(相对运动)

水流在叶轮流道中沿着叶片运动,这是水相对于动参考系的运动,所以称之为相对运动,我们用 W 来表示它的运动速度。

3.绝对运动

U 和 W 合成水流的绝对运动,这个复合运动的速度用 C 来表示

$$C = U + W \tag{2.5}$$

对泵壳这个静参考系来说,水就以绝对速度 C 在运动着。水流在叶轮中的复合运动可用速度四边形或三角形来表示或求解,如图 2.17 所示,由 C、U、W 组成的四边形称速度四边形(有时为简便也使用三角形),这个速度四边形适用于叶轮中任何一点。

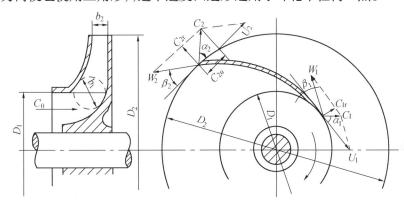

图 2.17　离心泵叶轮中水流速度

但我们最关心的是进口(用下角标 1 表示)和出口(用下角标 2 表示)速度四边形,因为叶轮所做的功只与进口速度和出口速度有关。

进口速度四边形如图 2.18 所示,速度 C_1 与 U_1 的夹角为 α_1 角,称之为进口工作角;速度 W_1 与 U_1(反向)的夹角为 β_1 角,称之为叶片进口安装角(也称做叶轮进水角)。其中速度 C_1 在切线速度 U_1 方向上的投影速度为

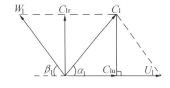

图 2.18　叶轮进口速度四边形

$$C_{1U} = C_1\cos \alpha_1 \tag{2.6}$$

而速度 C_1 在径向(半径方向)上的投影速度为

$$C_{1r} = C_1\sin \alpha_1 \tag{2.7}$$

出口速度四边形如图 2.19 所示,速度 C_2 与 U_2 的夹角为 α_2 角,称之为出口工作角;速度 W_2 与 U_2 反向延长线的夹角,为 β_2 角,称之为叶片出口安装角(也称做叶轮出水角)。其中速

度 C_2 在切线速度 U_2 方向上的投影速度为

$$C_{2U} = C_2\cos \alpha_2 \tag{2.8}$$

而速度 C_2 在径向(半径方向)上的投影速度为

$$C_{2r} = C_2\sin \alpha_2 \tag{2.9}$$

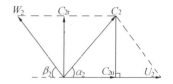

图 2.19　叶轮出口速度四边形

2.4.2　基本方程式的推导

1.三个假设

为了分析简便、简化推导,通常对叶轮构造和水流状态做以下三点假设:① 水泵叶轮中的流体是理想流体;② 叶轮中的液流是均匀一致的,叶轮同一半径处的液流的同名速度相等,即所谓的叶片无限多、叶片无限薄;③ 液流中的水流是恒定流动的,各点的运动要素不随时间改变。

2.基本方程式推导

在对基本方程式推导时,通常利用恒定总流动量矩方程进行推导,恒定总流动量矩方程为单位时间里控制面内恒定总流的动量矩变化(流出的动量矩与流入的动量矩之差)等于作用于该控制面内的合外力矩。

$$J_2 - J_1 = M \tag{2.10}$$

式中　　J_2——单位时间内流出控制面内液体具有的动量矩;

　　　　J_1——单位时间内流入控制面内液体所具有的动量矩;

　　　　M——作用于控制面内液体上的合外力矩。

图 2.20 所示为离心泵某一叶槽内水流上的作用力示意图。在时间 $t = 0$ 时,这段水流居于 $abcd$ 的位置,经过 dt 时段后,这段水流位置变为 $efgh$。在 dt 时段内,有很薄的一层水 $abef$ 流出叶槽,这层水的质量,用 dm 表示。根据前面的假设可知,在 dt 时段内,流入叶槽的水 $cdgh$ 也具有质量 dm,而且叶槽内的那部分水流 $abgh$ 的动量矩可认为在 dt 时段内没有发生变化。因此,叶槽所容纳的整股水流的动量矩变化等于质量 dm 的动量矩变化。根据流动均匀一致的假定,公式(2.10)可写成

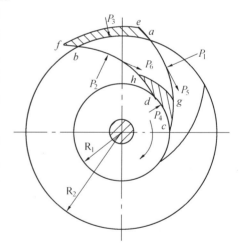

$$\frac{dm}{dt}(C_2\cos\alpha_2 R_2 - C_1\cos\alpha_1 R_1) = M \tag{2.11}$$

式中　　R_1、R_2——分别为叶片进口和出口至泵轴中心的距离。

图 2.20　叶槽内水流上作用力

组成合外力矩(M)的外力有叶片迎水面和背水面作用于水的压力 P_2 及 P_1(图 2.20),以及作用在 ab 与 cd 面上的水压力 P_3 及 P_4,它们都沿着径向,所以对转轴没有力矩;由于假定液体是理想液,故对作用于水流的摩阻力 P_5 及 P_6 不予考虑。

把式(2.11)推广应用到流过叶轮的全部叶槽的水流时,式中的 M 须换成作用于全部水

流的所有外力矩之和 $\sum M$,式中的 $\mathrm{d}m/\mathrm{d}t$ 可改写成 $\rho gQ_\mathrm{T}/g$,由此得

$$\sum M = \frac{\rho gQ_\mathrm{T}}{g}(C_2\cos\alpha_2 R_2 - C_1\cos\alpha_1 R_1) \tag{2.12}$$

式中 Q_T—— 通过叶轮的理论流量。

在公式(2.12)的等号两边同时乘以叶轮旋转角速度 ω,得

$$\rho Q_\mathrm{T}(C_{2u}R_2\omega - C_{1u}R_1\omega) = \sum M\omega \tag{2.13}$$

对式(2.13)进行分析:

分析一

$$\sum M\omega = N_\mathrm{T} = \rho gQ_\mathrm{T}H_\mathrm{T} \tag{2.14}$$

因为假设水流为理想流体,流动无阻力,所以 N_T 就是理论上水从叶轮获得的功率,所以也称 N_T 为水功率,H_T 为理论扬程。

分析二

$$R_1\omega = U_1 \tag{2.15}$$

$$R_2\omega = U_2 \tag{2.16}$$

U_2、U_1 分别为叶轮出口和进口的转动线速度,将公式(2.14)、(2.15)、(2.16)带入公式(2.13)就得到

$$\rho Q_\mathrm{T}(C_{2u}U_2 - C_{1u}U_1) = \rho gQ_\mathrm{T}H_\mathrm{T} \tag{2.17}$$

将式(2.17)整理化简就得到

$$H_\mathrm{T} = \frac{(C_{2u}U_2 - C_{1u}U_1)}{g} \tag{2.18}$$

式(2.18)就是离心泵的基本方程式,也叫**欧拉方程**,是水泵理论扬程计算公式。

2.4.3 对基本方程式的讨论

1.适用于一切叶片泵

基本方程式表明水泵的理论扬程 H_T 大小只与水泵叶轮的进口、出口的水流速度有关,与叶轮内部的流动状态、速度分布、叶片形状和安装位置无关,因此,基本方程式不但适用于离心泵,而且适用于一切叶片泵。

2.对提高扬程的影响

因为 $U_2 = n\pi D_2/60$,所以,水流在叶轮中所获得的比能(理论扬程 H_T)就与叶轮的转速 n、叶轮的外径 D_2 有关,增加转速 n 和加大叶轮外径 D_2,均可以提高扬程。

3.适用于多种液体

基本方程式(2.17)中密度 ρ 已经消去,所以,理论扬程 H_T 的大小与密度 ρ 无关,即与液体的性质无关,这就是说,基本方程式(2.17)适用于一切流体(包括各种液体和气体),但是 H_T 的单位要用被输送的液体的液柱高计算。

虽然液体在一定转速下所受的离心作用力与液体的质量(密度 ρ)有关,但是由理论扬程公式可以看出,密度对扬程的影响就被消除了。然而,当输送不同的液体时,水泵所消耗的功率将是不同的,这是因为 $N_\mathrm{T} = \rho gQ_\mathrm{T}H_\mathrm{T}$,当输送不同的液体时,虽然 H_T 相同,但液体性质

（ρg）不同，水泵功率也就完全不同。

4. 出水漩涡的影响

叶轮的出口叶片的背面在受阻减速及加压等作用下，水流会与叶片分离，形成回流区，造成出水断面减少，当流量 Q 不变时，W 值增加，使得 C_{2U} 变小，见图2.21。因为 $H_T = U_2 C_{2U}$（后面将证明此式），所以，水流与叶片分离，理论扬程 H_T 就会降低。

5. 进水漩涡的影响

进水若有漩涡分离时，会使得进口速度四边形发生改变。漩涡方向与叶轮转向相反时，C_{1r} 增大到 C'_{1r}，C_{1u} 则变为 C'_{1u}，成为负值，如图2.22所示（假设 β_1 为90°），因此有

$$H'_T = \frac{(U_2 C_{2u} + U_1 C_{1u})}{g} \tag{2.19}$$

又因为 $Q'_T = A_1 C'_{1r}$，其中，A_1 为进口过水断面面积，所以，当进水漩涡方向与叶轮转向相反时，流量和扬程都增加。根据公式 $N_T = \rho g Q_T H_T$，水泵的功率将会大大增加，往往使得电机负荷过大。

若漩涡方向与叶轮转向相同，则同理，C_{1r} 减少到 C''_{1r}，C_{1u} 则变为 C''_{1u} 而增大，如图2.22所示，水泵的 H_T 和 Q_T 均减小，使水泵的利用率大大降低。

另外，如果漩涡不稳定，就会引起水泵机组工作波动，影响水泵寿命。

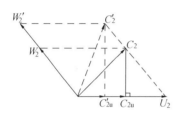

图 2.21　水流离壁使 C_{2u} 变小

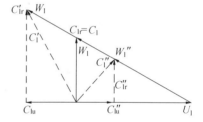

图 2.22　进水旋涡对 H_T 的影响

6. 动扬程和势扬程

水从水泵叶轮获得的能量是由两部分组成的，即动能和势能；那么，二者各占总量的比例是多少呢？又是如何分配的呢？

根据三角形余弦定理和速度四边形（图2.18和图2.19）则有

$$W_2^2 = U_2^2 + C_2^2 - 2 U_2 C_2 \cos\alpha_2 \tag{2.20}$$

$$W_1^2 = U_1^2 + C_1^2 - 2 U_1 C_1 \cos\alpha_1 \tag{2.21}$$

将式（2.20）、（2.21）整理后代入基本方程式 $H_T = \dfrac{(C_{2u} U_2 - C_{1u} U_1)}{g}$ 中，就得到

$$H_T = \frac{C_2^2 - C_1^2}{2g} + \frac{U_2^2 - U_1^2}{2g} + \frac{W_1^2 - W_2^2}{2g} \tag{2.22}$$

式（2.22）中 $\dfrac{C_2^2 - C_1^2}{2g}$ 项是绝对速度水头之差，也就是动能的增值，称之为动扬程 H_D，即

$$H_D = \frac{C_2^2 - C_1^2}{2g} \tag{2.23}$$

而式(2.22)后两项则是由于牵连速度变化和相对速度变化引起的势扬程 H_P 的增值(即动扬程之外都是势扬程),即

$$H_P = \frac{U_2^2 - U_1^2}{2g} + \frac{W_1^2 - W_2^2}{2g} \tag{2.24}$$

式中　$\dfrac{U_2^2 - U_1^2}{2g}$ ——离心力引起的压能增值;

　　　$\dfrac{W_1^2 - W_2^2}{2g}$ ——流道内相对速度下降转化的压能增值。

由于 $R_2 \gg R_1$,所以 $U_2 \gg U_1$,也就是 $\dfrac{U_2^2 - U_1^2}{2g}$ 很大,是 H_T 的主要部分。

2.4.4　对基本方程式的修正

基本方程式是在三点假设的基础上推导出来的,因此,我们应对这三点假设的真实性进行分析,并对基本方程式进行修正。

1.关于液体在流道内为恒定流动的假设

在实际运行中,水泵的工作是靠原动机(电机)的带动而运转的,原动机的转速是基本不变的,所以,水泵的转速在实际运行中可以认为是不变的,因而叶轮流道内的流动就近似为恒定流动。

2.关于液体为理想流体的假设

实际流体在流动过程中必定有水头损失,如叶轮进口及出口的冲击损失、流动的摩阻损失和紊动损失等都要消耗能量,使得水泵扬程减少;在实际使用中则用修正系数 —— 水力效率 η_h 来对 H_T 进行修正,修正后的扬程为 H'_T,则

$$H'_T = \eta_h H_T \tag{2.25}$$

3.关于液流均匀一致的假设

要做到流道中的液流完全一致,只有做到叶片无限多、无限薄才能实现,这是不可能的,实际上,叶轮的叶片一般为 2 ~ 8 片(最多为 12 片),所以,叶轮同一圆周上的速度分布是不均匀的。

当水流被叶轮带着围绕泵轴旋转时,由于水流的"惯性"作用,产生一种抵抗叶轮旋转的现象,造成所谓的"反旋现象",如图 2.23 所示,在叶片背水面处水流速度加大,压力变小;在叶片迎水面处水流速度减小,压力加大,造成速度分布不均匀,使得叶轮各处水流质点所获得的能量不均匀,从而增大水流在叶轮内部的能量损耗,减少水泵扬程,通常用一个修正系数 —— 反旋系数 p 来对 H'_T 进行修正,修正后的扬程为实际扬程 H,则

$$H = \frac{H'_T}{1+p} = \frac{\eta_h H_T}{1+p} \tag{2.26}$$

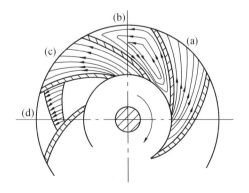

图 2.23　反旋现象对流速分布的影响

上述 p 和 η_h 均要由试验确定,无法通过计算求得。

2.5 安装角对叶轮性能的影响

水泵叶轮叶片的安装角又叫进水角和出水角,安装角的不同,对叶轮性能有着很大的影响。

2.5.1 进口安装角(β_1)对叶轮性能的影响

由基本方程式 $H_T = (C_{2u} U_2 - C_{1u} U_1)/g$ 可知,如果减小 $C_{1u} U_1$ 项使之等于零,就可获得较大的扬程 H_T,下面我们就对 $C_{1u} U_1$ 进行分析。

(1)$U_1 = R_1\omega$,若 $R_1 = 0$,则叶轮没有进口,不能进水;若 $\omega = 0$,则叶轮不转动,水泵不工作,所以 $U_1 \neq 0$。

(2)$C_{1u} = 0$ 能否实现呢?答案是肯定的。根据进口速度四边形,若能让 $C_1 \perp U_1$,C_1 在 U_1 方向上的投影 C_{1u} 就可以等于零。如图 2.24 所示,减小 W_1 和 U_1 反向延长线之间的夹角 β_1,改变 W_1 的方向,即将进口安装角 β_1 调整到 β'_1,就使得 C_1 变到 C'_1,$C'_1 \perp U_1$,此时 $\alpha'_1 = 90°$,则 C'_1 在 U_1 方向上的投影 C'_{1u} 就可以等于零,即 $C'_{1u} = 0$。

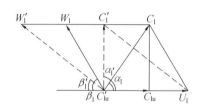

图 2.24 进口安装角对 C_{1u} 的影响

在水泵设计时,设计者都是选择适当的 β_1,当实际流量 Q 等于设计流量时,使 $\alpha_1 = 90°$,则 C_1 的方向就是径向,此时 $C_{1u} = 0$,从而获得最大扬程,这样,在设计状态下的基本方程式就简化为

$$H_T = \frac{U_2 C_{2u}}{g} \tag{2.27}$$

式(2.27)被称为设计状态下的理论扬程计算公式。

若实际流量 Q 不等于设计流量时,$\alpha_1 \neq 90°$,$C_{1u} \neq 0$。

2.5.2 出口安装角(β_2)对叶轮性能的影响

1.准备工作

如图 2.25 所示,令 $C_{2u} = U_2 - X$,并将 $X = C_{2r} \cot\beta_2$ 代入,则得

$$C_{2u} = U_2 - C_{2r} \cot \beta_2 \tag{2.28}$$

将式(2.28)代入式(2.27),得

$$H_T = \frac{U_2^2 - U_2 C_{2r}\cot\beta_2}{g} \tag{2.29}$$

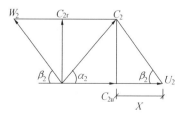

图 2.25 叶出口速度四边形

2.叶片的形式

(1)后弯式叶片。若叶片出口安装角 $\beta_2 < 90°$,如图 2.26(a)所示,叶轮出口处叶片的弯曲方向与叶轮旋转方向相反,即弯向叶轮旋转方向的后方,因此,称之为后弯式叶片。

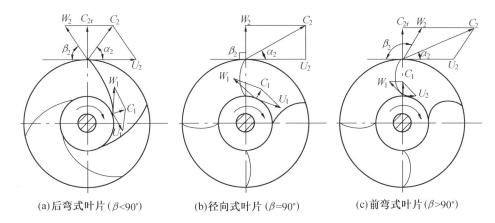

(a)后弯式叶片 ($\beta<90°$)　　　　　(b)径向式叶片 ($\beta=90°$)　　　　　(c)前弯式叶片 ($\beta>90°$)

图 2.26　离心泵叶片形状

对于后弯式叶片,因为 $\beta_2 < 90°$,所以 $\cot\beta_2 > 0$,则

$$H_{\mathrm{T}} = \frac{U_2^2 - U_2 C_{2\mathrm{r}}\cot\beta_2}{g} < \frac{U_2^2}{g} \tag{2.30}$$

(2) 径向式叶片。若叶片出口安装角 $\beta_2 = 90°$,如图 2.26(b) 所示,叶轮出口处叶片与叶轮径向相同,因此,称之为径向式叶片。

对于径向式叶片, $\beta_2 = 90°$,$\cot\beta_2 = 0$,则

$$H_{\mathrm{T}} = \frac{U_2^2 - U_2 C_{2\mathrm{r}}\cot\beta_2}{g} = \frac{U_2^2}{g} \tag{2.31}$$

(3) 前弯式叶片。若叶片出口安装角 $\beta_2 > 90°$,如图 2.26(c) 所示,叶轮出口处叶片的弯曲方向与叶轮旋转方向相同,即弯向叶轮旋转方向的前方,因此,称之为前弯式叶片。

对于前弯式叶片, $\beta_2 > 90°$,$\cot\beta_2 < 0$,则

$$H_{\mathrm{T}} = \frac{U_2^2 - U^2 C_{2\mathrm{r}}\cot\beta_2}{g} > \frac{U_2^2}{g} \tag{2.32}$$

(4) 结论。以 U_2^2/g 为标准,对比式(2.30)、(2.31) 和(2.32) 后可知,后弯式叶片的理论扬程 H_{T} 最小,径向式叶片的理论扬程 H_{T} 居中,而前弯式叶片的理论扬程 H_{T} 最大。

2.5.3　出口安装角(β_2) 对动扬程、势扬程分配的影响

在水泵设计时,为减少液体在流道中扩大和收缩产生的水头损失,一般都尽可能做到进口面积 F_1 等于出口面积 F_2。

因为 $F_1 = 2\pi R_1 b_1, F_2 = 2\pi R_2 b_2$,而 $R_1 \ll R_2$,所以要想使 $F_1 = F_2$,则必须 $b_1 \gg b_2$,从而使离心泵的叶轮成为中心厚、周边薄的铁饼形。

因为 $Q = F_1 C_{1\mathrm{r}} = F_2 C_{2\mathrm{r}}$,并且在设计状态下 $C_{1\mathrm{r}} = C_1 (C_{1\mathrm{u}} = 0)$,所以

$$C_{1\mathrm{r}} = C_{2\mathrm{r}} = C_1 \tag{2.33}$$

将式(2.33) 代入(2.23),得

$$H_{\mathrm{D}} = \frac{C_2^2 - C_1^2}{2g} = \frac{C_2^2 - C_{2\mathrm{r}}^2}{2g} = \frac{C_{2\mathrm{u}}^2}{2g} \tag{2.34}$$

对式(2.34) 进行讨论:

① 后弯式叶片。对于后弯式叶片,如图 2.26 所示,$\beta_2 < 90°$,$\cot\beta_2 > 0$,$C_{2u} < U_2$,则得

$$H_D = \frac{C_{2u}^2}{2g} < \frac{U_2 C_{2u}}{2g} \tag{2.35}$$

又因为 $H_T = \dfrac{U_2 C_{2u}}{g}$,所以 $H_D < \dfrac{H_T}{2}$。

② 前弯式叶片。对于前弯式叶片,如图 2.26 所示,$\beta_2 > 90°$,$\cot\beta_2 < 0$,$C_{2u} > U_2$,同理得

$$H_D = \frac{C_{2u}^2}{2g} > \frac{U_2 C_{2u}}{2g}$$

即

$$H_D > \frac{H_T}{2} \tag{2.36}$$

③ 径向式叶片。对于径向式叶片,如图 2.26 所示,$\beta_2 = 90°$,$\cot\beta_2 = 0$,$C_{2u} = U_2$,则得

$$H_D = \frac{C_{2u}^2}{2g} = \frac{U_2 C_{2u}}{2g}$$

即

$$H_D = \frac{H_T}{2} \tag{2.37}$$

④ 结论。以 $H_T/2$ 为标准,比较式(2.35)、(2.36) 和(2.37),可知:

后弯式叶片的 H_D 最小,也就是速度水头最小,水流速度最小,所以水头损失最小,效率最大。

前弯式叶片的 H_D 最大,也就是速度水头最大,水流速度最大,所以水头损失最大,效率最小。

径向式叶片的 H_D 居中,也就是速度水头居中,水流速度居中,所以水头损失也居中,效率也居中。

2.5.4　出口安装角(β_2) 对弯道形状的影响

后弯式叶片的叶轮流道平缓,弯度小,从而流道内阻力小,水头损失小,可以提高水泵效率。

前弯式叶片的叶轮流道存在着两个不同方向的弯曲,流道短,弯度大,阻力大,水头损失大,显然要降低水泵效率。

而径向式叶片的叶轮流道形状介于后弯式和前弯式之间,效率也介于二者之间。

2.5.5　结论

后弯式叶片叶轮的理论扬程 H_T 最小,动扬程 H_D 最小,流道内水流速度最小,而且,流道弯度也最小,所以,在流道内的水头损失最小,从而效率最高。

前弯式叶片叶轮的理论扬程 H_T 最大,动扬程 H_D 最大,流道内水流速度最大,而且,流道弯度也最大,所以,在流道内的水头损失最大,从而效率最小。

径向式叶片叶轮的理论扬程 H_T 居中,动扬程 H_D 居中,流道内水流速度居中,而且,流道弯度也居中,所以,在流道内的水头损失居中,从而效率居中。径向式叶片一般用于抽送含有杂质的流体,以免堵塞,如污水泵、排尘风机等。

由于后弯式叶片的效率最高（虽然它的扬程最小），因此，水泵叶轮的叶片通常都采用后弯式，$\beta_2 = 20° \sim 30°$。大中型离心风机也多为后弯式叶片。

2.6　离心泵的特性曲线

水泵各个参数从不同角度描述了水泵的工作性能，这些参数之间互相影响、互相制约、互相联系，它们之间的这种关系是有一定规律的，人们通常用曲线来表示这些参数之间的关系（规律），这些曲线就称之为水泵的工作特性曲线。

由于水泵的转速 n 是固定的，因此，在制定水泵工作特性曲线时，均以转速 n 为常量，以流量 Q 为自变量，以扬程 H、轴功率 N、效率 η 和气蚀余量 H_{SV} 为函数，绘制这些函数随 Q 变化的函数曲线。若用函数式表示，就是

$$H = f(Q) \qquad N = F(Q)$$
$$\eta = \phi(Q) \qquad H_{SV} = \Psi(Q)$$

但是，上述函数关系的准确而简单的计算公式很难找到，还不能通过数学计算的方法得出上述各特性曲线，因此，离心泵特性曲线通常采用"性能试验"方法来进行实测求得。

2.6.1　理论特性曲线

1. 理论扬程特性曲线方程

由式(2.29) $H_T = \dfrac{U_2^2 - U_2 C_{2r}\cot\beta_2}{g}$，又因为 $U_2 = R_2\omega$，$C_{2r} = \dfrac{Q}{F_2} = \dfrac{Q}{2\pi R_2 b_2}$，则得

$$H_T = \frac{R_2^2\omega^2 - \dfrac{Q_T R_2\omega\cot\beta_2}{2\pi R_2 b_2}}{g} \tag{2.38}$$

在式(2.38)中，当水泵转速 n 为一定值时，参数 R_2、ω、β_2、π、b_2 均为常数，所以，我们令

$$\begin{cases} A = \dfrac{R_2^2\omega^2}{g} \\[2mm] B = \dfrac{R_2\omega\cot\beta_2}{2\pi R_2 b_2 g} \end{cases} \tag{2.39}$$

将式(2.39)代入式(2.38)，得

$$H_T = A - BQ_T \tag{2.40}$$

式(2.40)说明 Q_T 与 H_T 的关系为直线关系，直线的方向（斜率）取决于 B 的正负值，而 B 的正负又取决于 β_2 的大小。

2. 理论扬程曲线($Q_T - H_T$)

（1）后弯式叶片。对于后弯式叶片，$\beta_2 < 90°$，$\cot\beta_2 > 0$，$B > 0$，理论扬程曲线如图2.27所示，说明理论扬程 H_T 随理论流量 Q_T 的增加而减少。

（2）前弯式叶片。对于前弯式叶片，$\beta_2 > 90°$，$\cot\beta_2 < 0$，$B < 0$，理论扬程曲线如图2.27所示，说明理论扬程 H_T 随理

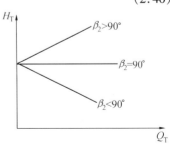

图 2.27　理论扬程曲线

论流量 Q_T 的增加而增加。

（3）径向式叶片。对于径向式叶片，$\beta_2 = 90°$，$\cot\beta_2 = 0$，$B = 0$，理论扬程曲线如图 2.27 所示，说明理论扬程 H_T 为一定值，不随理论流量 Q_T 的改变而改变。

3. 理论功率曲线（$Q_T - N_T$）

$$N_T = \rho g Q_T H_T = \rho g Q_T(A - BQ_T) = \rho g A Q_T - \rho g B Q_T^2 \tag{2.41}$$

式（2.41）说明理论功率曲线是二次曲线，如图 2.28 所示。

对于后弯式叶片，$B > 0$，理论功率曲线为下凹抛物线；对于前弯式叶片，$B < 0$，理论功率曲线为上凹抛物线；对于径向式叶片，$B = 0$，理论功率曲线为过原点的直线。

对于后弯式叶片的叶轮，当 Q 增大时，H 降低，所以 N 增加也较小，N 变化相对平稳，易于电机工作平稳，不宜超载。

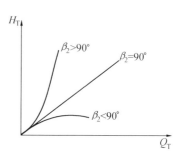

图 2.28　理论功率曲线

对于前弯式叶片的叶轮，当 Q 增大时，H 提高，所以 N 增加较快，N 变化相对较大，易使电机工作超载运行，不宜选配电机。

所以，水泵叶轮都采用后弯式叶片，以便于水泵机组平稳工作，这是水泵叶轮采用后弯式叶片的又一原因。

4. 理论效率曲线

因为是理论曲线，根据理想流体的假设，效率必然是 100%，如图 2.29 所示。

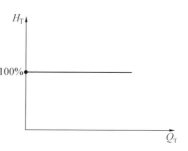

图 2.29　理论效率曲线

2.6.2　水泵内部的能量损失

1. 水力损失（ΔN_H）

（1）摩阻损失（Δh_1）。摩阻损失包括局部水头损失和沿程水头损失，水泵叶轮内部水流是处于紊流平方区，所以

$$\Delta h_1 = k_1 Q_T^2 \tag{2.42}$$

式中　k_1—— 比例系数，与叶轮的结构有关。

（2）冲击损失（Δh_2）。当实际流量 $Q = Q_d$（设计流量）时，$C_{1u} = 0$，所以，冲击损失不存在，$\Delta h_2 = 0$；若 $Q \neq Q_d$（$Q > Q_d$ 或 $Q < Q_d$）时，$C_{1u} \neq 0$，C_{1r} 不是径向，所以，存在着冲击损失，$\Delta h_2 \neq 0$。

$$\Delta h_2 = k_2(Q - Q_d)^2 \tag{2.43}$$

式中　k_2—— 比例系数；

　　　Q—— 实际流量（m^3/s）；

　　　Q_d—— 设计流量（m^3/s）。

所以总的水头损失 Δh 为

$$\Delta h = \Delta h_1 + \Delta h_2 \tag{2.44}$$

有水头损失就消耗功率,其值的大小 $\Delta N_H = \rho g Q_T \Delta h$,通常用水力效率($\eta_H$)来表示水力损失能量的大小,即

$$\eta_H = \frac{H}{H_T} = \frac{H_T - \Delta h}{H_T} \tag{2.45}$$

式中　　H—— 实际扬程(m);

　　　　H_T—— 理论扬程(m)。

2. 容积损失(ΔN_V)

在叶轮进口和出口之间的高低压区有回流,而且还有很少的漏水,这种漏水量称为渗漏量,用 Δq 表示;在渗水的同时也耗去了部分功率,消耗了能量,这种损失称为容积损失(ΔN_V),通常用容积效率(η_V)来衡量容积能量的损失,即

$$\eta_V = \frac{Q}{Q_T} = \frac{Q_T - \Delta q}{Q_T} \tag{2.46}$$

式中　　Q—— 实际流量(m^3/s);

　　　　Q_T—— 理论流量(m^3/s)。

3. 机械损失(ΔN_M)

机械损失指的是泵轴、轴承、填料盒、叶轮和泵壳等部分摩擦所造成的功率损失(ΔN_M),$\Delta N_M = N - N_T$。通常用机械效率(η_M)来衡量机械损失能量的大小,即

$$\eta_M = \frac{N_T}{N} = \frac{N - \Delta N_M}{N} = \frac{\rho g Q_T H_T}{N} \tag{2.47}$$

式中　　N—— 轴功率;

　　　　N_T—— 水功率。

图 2.30 表示了水泵内部各功率之间的关系。

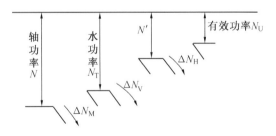

图 2.30　水泵内部的功率损失

4. 效率 η 与 η_H、η_V、η_M 的关系

我们已经知道水泵效率为

$$\eta = \frac{N_u}{N} = \frac{\rho g Q H}{\rho g Q H_T} \cdot \frac{\rho g Q H_T}{\rho g Q_T H_T} \cdot \frac{\rho g Q_T H_T}{N} = \eta_H \cdot \eta_V \cdot \eta_M \tag{2.48}$$

也就是说,水泵的总效率是水力效率、容积效率和机械效率三者的乘积。

2.6.3　水泵实际特性曲线分析

以后弯式叶片为例,讨论一下理论扬程曲线,根据式(2.40)可知

$$H_T = A - BQ_T = \dfrac{R_2^2\omega^2 - \dfrac{Q_T R_2 \omega \cot\beta_2}{2\pi R_2 b_2}}{g}$$

因为是后弯式叶片，$\beta_2 > 90°$，所以 $\cot\beta_2 > 0$，$B > 0$。说明理论扬程曲线是一条下降的直线(这是克服了机械损失以后所得到的)，如图2.31所示，该直线在纵坐标 H 轴上的截距为 $H_T = U_2^2/g$。

同时，从式(2.26)可知，理论特性曲线是需要修正的。首先减去由于液流不均匀一致的影响而造成扬程的降低，扬程为 $\dfrac{H_T}{1+p}$，图2.31中 $Q_T - H_T$ 直线的纵坐标值将下降，即为直线 I，直线 I 与纵坐标轴相交的截距为 $\dfrac{U_2^2}{(1+p)g}$。

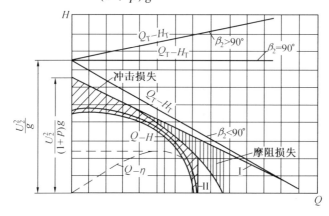

图2.31　离心泵的理论特性曲线

再考虑水力损失，从直线 I 减去各相应流量 Q 下的摩阻损失 Δh_1 和冲击损失 Δh_2，得到曲线 II。

最后，在相应扬程下从曲线 II 上减去渗漏量 Δq，就得到 $Q - H$ 扬程曲线。

但是，上述分析仅能定性地说明曲线的一些性质，难以准确计算各种损失的大小，还不能用于求得特性曲线。所以，上述分析仅是从物理概念上对特性曲线进行分析和了解，能比较清楚地(定性)理解特性曲线与内部构造、流动状态和功率损失之间的关系。

2.6.4　实测特性曲线

因为不能通过计算求得准确的水泵特性曲线，在实际应用时都是使用实测特性曲线。实测特性曲线就是在水泵转速一定的情况下，在20 ℃、一个标准大气压的条件下，通过水泵性能试验和气蚀试验测得的特性曲线。图2.32是14SA-10型的水泵特性曲线。每个流量 Q 都对应一个特定的扬程 H、效率 η、功率 N 和允许吸上真空高度 H_S。

1.扬程曲线($Q - H$)

离心泵的实测扬程特性曲线的形状如图2.32所示，可以看出，实测扬程 H 随流量 Q 的增加而下降，这与理论分析得出的扬程曲线相吻合。$Q = 0$ 时，$H = H_0$，最大。当 H 很小时，水泵将抽不上水来，扬程曲线不与横坐标相交，这与理论分析得出的扬程曲线不相同。

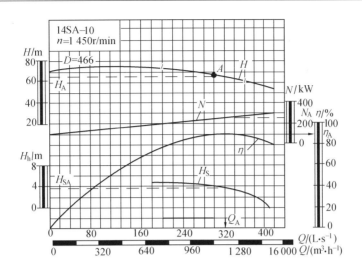

图 2.32　14SA-10 型离心泵的特性曲线

2.功率曲线($Q - N$)

离心泵的实测功率特性曲线的形状如图 2.32 所示,可以看出,实测功率 N 随流量 Q 的增加而增大。$Q = 0$ 时,$N = N_0$,最小,称之为空载功率。这部分空载功率 N_0 主要消耗于机械损失上,用于克服机械摩擦,使水温升高和泵壳、轴承发热等,严重时可能导致金属热力变形。所以,水泵在 $Q = 0$ 的空载情况下,只能做短时间运行。

由于 $N = N_0$ 时功率最小,约为额定功率的 30% ~ 40%,符合电动机轻载启动的要求。所以,离心泵的启动均采用"闭闸启动"方式。"闭闸启动"就是水泵启动前,要将水泵出口的控制闸阀完全关闭,然后启动电机(水泵),此时,$Q = 0$;待电动机运转正常后(很短时间),再缓缓打开控制闸阀,使水泵正常工作。

3.效率曲线($Q - \eta$)

离心泵的实测效率特性曲线的形状如图 2.32 所示,可以看出,实测效率 η 是一条不规则的下凹曲线。

效率曲线两端低,即 $Q = 0$ 时,$\eta = 0$;$H = 0$ 时,$\eta = 0$,这与 $\eta = \rho g Q H / N$ 一致。

效率曲线中间高,有一个极大值点,是水泵的最高效率点,其值叫做水泵的额定(设计)效率。水泵在这个点工作是最经济的,在这个点左右两边一定范围内(一般比最高效率不低于10%)的效率也比较高,能在这个范围内工作,水泵的效率也就相当令人满意了,所以称这个高功率范围为水泵的高效段,通常用波形线"ı"来标出这个高效段,如图2.32所示。

与额定(设计)效率对应的各个参数值,称之为额定(设计)参数,如额定扬程 H_A、额定流量 Q_A 和额定功率 N_A 等。水泵铭牌上标出的就是水泵的额定参数。

4.允许吸上真空高度曲线($Q - H_S$)

在允许吸上真空高度曲线上各点的纵坐标,表示水泵在相应流量下工作时,水泵所允许的最大限度的吸上真空高度值。它并不表示水泵在某点(Q, H)工作时的实际吸水真空值。水泵的实际吸水真空值必须小于允许吸上真空高度曲线上的相应值,否则,水泵将会产生气蚀现象。

在应用特性曲线时,应注意以下几点:

（1）特性曲线上任意一点 A 所对应的各项坐标值的意义是：若水泵输送 Q_A（m^3/s）流量，水泵就必须给水增加 H_A（mH_2O）这么多的扬程，水泵消耗的轴功率就是 N_A（kW），水泵的效率就为 $\eta_A = \dfrac{\rho g Q_A H_A}{N_A}$。

（2）水泵的功率曲线，一般是指水的流量与轴功率之间的关系，如果水泵输送的液体不是水，而是密度不同的其他液体时，水泵样本上的功率曲线就不再适用了，轴功率要用公式 $N = \rho g Q H / \eta$ 重新计算。理论上，液体性质对扬程 H 没有影响，但是实际上，粘度大，液体能量损失也大，泵的流量 Q 和扬程 H 都要减少，效率 η 下降，功率 N 增大。泵的特性曲线就要改变。所以，在输送粘度比较大的液体（如石油）时，泵的特性曲线就要经过专门的换算后才能使用，不能简单套用。

（3）水泵在哪一点工作，不是由水泵自己决定的，而是由水泵和管路共同决定的，即水泵的工作点要由水泵特性曲线和管路特性曲线共同确定。

水泵的工作点不一定是最高效率点（额定效率点），所以，水泵的功率就不一定是额定功率（铭牌上给出的功率）。选配电机时，不是根据额定功率，而是要根据水泵的实际工况考虑，即要根据水泵最不利工况（水泵的实际最大轴功率）选配电机。

根据水泵最大轴功率确定电机配套功率 N_p，由下式确定

$$N_p = k \frac{N}{\eta'} \tag{2.49}$$

式中　　k—— 安全系数，可参考表 2.1 选取；

　　　　η'—— 传动效率，电动机功率传给水泵时的效率，传动方式不同，传动效率也不同；一般采用弹性联轴器传动时，$\eta' \geqslant 95\%$；采用皮带传动时，$\eta' = 90\% \sim 95\%$；

　　　　N—— 水泵运行时可能达到的最大轴功率。

表 2.1　根据水泵实际轴功率确定的 k 值

水泵轴功率 /kW	< 1	1 ~ 2	2 ~ 5	5 ~ 10	10 ~ 25	25 ~ 60	60 ~ 100	> 100
k 值	1.7	1.7 ~ 1.5	1.5 ~ 1.3	1.3 ~ 1.25	1.25 ~ 1.15	1.15 ~ 1.1	1.1 ~ 1.08	1.08 ~ 1.05

2.7　离心泵装置的总扬程

水泵特性曲线表示的是水泵本身固有的特性，是水泵本身具有的一种能力。在实际工程中，水泵提供的能量必然要满足管路系统以及众多外界条件（如江河水位、水塔高度、管网压力等）的需要，我们把水泵和水泵的管路系统（包括一切管路附件）合在一起称为水泵"装置"。那么水泵的固有特性是如何在水泵装置（管路系统）中发挥能力的呢，发挥的能力是多少？在实际工程中，又是如何计算水泵的扬程，从而选择水泵呢？

2.7.1　水泵装置的工作扬程（H_G）

在实际工程中，水泵是不可能单独完成输送水的任务的。水泵工作必须要与进水管路、

出水管路以及其他外界条件(江河水位、水塔高度、管网压力、服务水头等) 联系在一起, 形成一个系统才能完成输送水的任务。我们把水泵及其进出水管路系统(包括其上的一切附件) 所组成的集合称之为水泵装置。所谓的水泵装置的工作扬程就是指水泵站工程已经建成, 正在运行的水泵的扬程。

根据公式 $H = E_2 - E_1$, 来讨论分析离心泵装置的总扬程, 推求出水泵工作扬程计算式。

以图 2.33 为例, 设水泵吸水池的水面为 0—0 基准面, 水泵进口(真空表安装处) 为 1—1 断面, 水泵出口(压力表安装处) 为 2—2 断面, 水泵出水池水面为 3—3 断面, 来进行公式推导。

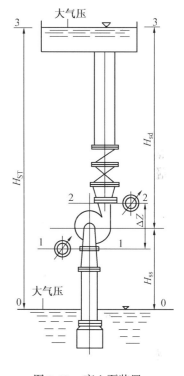

首先, 我们对推导中所用的符号进行定义:

H_G—— 水泵装置的工作扬程。

H_D—— 水泵装置的设计扬程。

H_{SS}—— 水泵泵轴与吸水池测压管水面的高差, 称之为水泵安装高度, 也叫水泵的吸水地形高度。若泵轴比吸水池测压管水面高, H_{SS} 为正值; 反之, H_{SS} 为负值。

H_{Sd}—— 高地水池测压管水面与水泵泵轴的高差, 称之为水泵的压水地形高度。若高地水池测压管水面比泵轴高, H_{Sd} 为正值; 反之, H_{Sd} 为负值。

H_{ST}—— 吸水池测压管水面与高地水池测压管水面之间的高差, 称为水泵的静扬程。

$\sum h_S$—— 水泵吸水管路中的水头损失, 包括全部沿程损失和局部损失。

$\sum h_d$—— 水泵压水管路中的水头损失, 包括全部沿程损失和局部损失。

图 2.33　离心泵装置

$\sum h$—— 水泵吸、压水管路中的总水头损失。

有了上述符号约定后, 则可写出 1—1 断面和 2—2 断面的比能量方程式, 然后带入式 (2.1) 后得水泵工作扬程计算公式

$$H_G = E_2 - E_1 = \left(Z_2 + \frac{P_2}{\rho g} + \frac{U_2^2}{2g} \right) - \left(Z_1 + \frac{P_1}{\rho g} + \frac{U_1^2}{2g} \right)$$

整理得

$$H_G = \left(Z_2 - Z_1 \right) + \frac{P_2 - P_1}{\rho g} + \frac{U_2^2 - U_1^2}{2g} \qquad (2.50)$$

又因为

$$P_1 = P_a - P_v \qquad (2.51)$$

$$P_2 = P_a + P_d \qquad (2.52)$$

将式(2.51)、(2.52) 代入式(2.50) 得

$$H_G = \Delta Z + \frac{P_V + P_d}{\rho g} + \frac{U_2^2 - U_1^2}{2g} \qquad (2.53)$$

式中　　P_a——大气压力(Pa);

　　　　P_v——真空表读数(Pa),表示 1—1 断面的真空值;

　　　　P_d——压力表读数(Pa),表示 2—2 断面的压力值。

因为水泵的吸水管和压水管管径基本相等,所以 U_1、U_2 差别很小,可以忽略;实际工程中 ΔZ 也很小,往往忽略不计。设 $H_V = \dfrac{P_V}{\rho g}$,$H_d = \dfrac{P_d}{\rho g}$,并代入式(2.53) 得

$$H_G = H_v + H_d \tag{2.54}$$

式(2.54) 就是正在工作中的水泵装置的扬程计算公式,即只要把正在运行中的水泵装置的真空表和压力表读数(按 mH_2O 计) 相加,就可得到该水泵的工作扬程。

2.7.2　水泵装置的设计扬程(H_D)

所谓水泵装置的设计扬程,是指在进行泵站工程设计时,根据工程实际现场条件计算所得到的水泵扬程。

如图 2.33 所示,我们列 0—0 断面和 1—1 断面能量方程式,得

$$\frac{P_a}{\rho g} = H_{SS} + \frac{U_1^2}{2g} + \frac{P_1}{\rho g} + \sum h_S - \frac{\Delta Z}{2} \tag{2.55}$$

整理化简后,则得

$$H_V = \frac{P_V}{\rho g} = \frac{P_a - P_1}{\rho g} = H_{SS} + \frac{U_1^2}{2g} + \sum h_S - \frac{\Delta Z}{2} \tag{2.56}$$

列 2—2 断面和 3—3 断面能量方程式,得

$$H_{SS} + \frac{\Delta Z}{2} + \frac{P_2}{\rho g} + \frac{U_2^2}{2g} = H_{SS} + H_{Sd} + \frac{P_a}{\rho g} + \sum h_d \tag{2.57}$$

整理化简后,则得

$$H_d = \frac{P_2 - P_a}{\rho g} = H_{Sd} - \frac{\Delta Z}{2} - \frac{U_2^2}{2g} + \sum h_d \tag{2.58}$$

将式(2.56) 和(2.58) 代入式(2.53),整理化简得

$$H_D = H_{SS} + H_{Sd} + \sum h_S + \sum h_d \tag{2.59}$$

设 $H_{ST} = H_{SS} + H_{Sd}$,$\sum h = \sum h_S + \sum h_d$,则式(2.59) 变为

$$H_D = H_{ST} + \sum h \tag{2.60}$$

可见,水泵的设计扬程,实际上就等于静扬程加上管路当中总的水头损失。

2.8　离心泵装置的工况

设计泵站时,选定的水泵是否合适,事先怎么断定呢?水泵本身所具有的潜在能力,如何才能发挥呢?选定的水泵是否工作安全、可靠、经济?若要解决这些问题,就要知道或确定所选定的水泵,在工作时的工作状态,即确定水泵的工况(工况点)。

水泵工况是指水泵装置在某个瞬时的实际工作状态,可用水泵的特性参数:流量 Q、扬程 H、效率 η、轴功率 N、允许吸上真空高度 H_S 等表示。如能预先求出水泵的工况,那么上述

各问题就能解决了。

　　每一台水泵在一定的转速下都有它自己固有的特性曲线,特性曲线反映了水泵本身潜在的工作能力。水泵这种潜在的工作能力,在水泵运行时就表现为水泵瞬时的实际出水量 Q、扬程 H、轴功率 N、效率 η 等,把这些值标绘在扬程曲线、功率曲线、效率曲线上,就成为一个具体的点,这个点就称为水泵装置的瞬时工况点。工况点反映了水泵瞬时的工作状况。

　　除了水泵本身的能力外,工况点的具体位置还取决于其他因素。可以设想,一个很大的水泵安装在一个管路很细的管路系统中是根本不能发挥它的工作能力的,所以,决定水泵工况点的因素有两个方面:(1) 水泵固有的工作能力;(2) 水泵的工作环境,即水泵的管路系统的布置以及水池、水塔水位的变化等边界条件。下面我们就讨论影响水泵工况点的因素和确定工况点的方法。

2.8.1　管路系统特性曲线

　　根据水力学知识和前面学过的水泵设计扬程计算公式我们知道,将水从吸水池输送到高位水池就要给水增加能量,以克服水在管路中流动时的水头损失 $\sum h$ 和地形高差 H_{ST},即水泵必须给水增加 $H = H_{ST} + \sum h$ 这么多的能量,才能将水量为 Q 的水从吸水池输送到高位水池。

　　公式中的 H_{ST} 是地形高差,只与地形有关,对于给定的管路系统地形是不变的,所以 H_{ST} 是一个常数;$\sum h$ 是管路中的水头损失,它与管路长度 l、管路布置、流量 Q 等有关,对于给定的管路系统,就只与流量 Q 有关,即 $\sum h \propto Q^2$。根据水力学知识则有

$$\sum h = \sum h_f + \sum h_1 \tag{2.61}$$

式中　　$\sum h_f$——管路系统的沿程水头损失;

　　　　$\sum h_1$——管路系统的局部水头损失。

　　管路系统布置一经确定后,则管路长度 l、管径 D、比阻 A 以及局部阻力系数等均为已知数,具体计算时可查阅给水排水设计手册中"管渠水力计算表"。

　　采用水力坡降 i 公式时,对于钢管有

$$\sum h_f = \sum i k_1 l \tag{2.62}$$

式中　　k_1——由钢管壁厚不等于 10 mm 而引入的修正系数。

　　对于铸铁管,则有

$$\sum h_f = \sum il \tag{2.63}$$

　　采用比阻(A) 公式时,对于钢管有

$$\sum h_f = \sum A k_1 k_3 l Q_i^2 \tag{2.64}$$

式中　　k_1——由钢管壁厚不等于 10 mm 而引入的修正系数;

　　　　k_3——由管中平均流速小于 1.2 m/s 而引入的修正系数。

　　对于铸铁管,则有

$$\sum h_f = \sum A k_3 l Q_i^2 \tag{2.65}$$

因此,采用比阻公式表示时,式(2.61) 可写成

$$\sum h = \left[\sum Akl + \frac{\sum \zeta}{2g\left(\frac{\pi D^2}{4}\right)^2} \right] Q^2 \qquad (2.66)$$

上式中 k 为修正系数,对于钢管 $k = k_1 k_3$,对于铸铁管 $k = k_3$。方括号中的各项均为常数,我们用一个新的常数 S 表示(S 为管路系统阻力参数),称之为阻抗;阻抗 S 通常与管径 D、管长 l、粗糙系数 n、管路布置及管件的多少有关。将 S 代入式(2.66),则得

$$\sum h = SQ^2 \qquad (2.67)$$

可以看出,式(2.67) 是一个二次抛物线方程,如图 2.34 所示。在 Q – H 坐标系中,Q – $\sum h$ 曲线是一个开口朝上的抛物线,称之为管路系统水头损失特性曲线。该曲线上任意一点 $A(Q_A, h_A)$ 表示的含义是,管路系统要输送 Q_A 大小的流量就要有 h_A 大小的水头在管路系统中消耗。

将式(2.67) 代入水泵设计扬程的计算公式(2.60),则得

$$H = H_{ST} + SQ^2 \qquad (2.68)$$

在 Q – H 坐标系中,式(2.68) 表示的是一条截距为 H_{ST} 的,开口向上的抛物线,我们称之为管路特性曲线,用 $(Q$ – $H)_G$ 来表示。它是管路系统水头损失特性曲线向上移动一个 H_{ST} 后形成的,如图 2.35 所示。

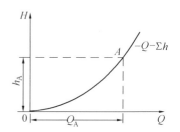

图 2.34　管道水头损失特性曲线

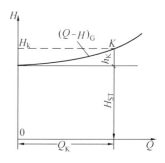

图 2.35　管道系统特性曲线

$(Q$ – $H)_G$ 曲线表示 1 kg 水由吸水池输送到压水池所需能量随流量 Q 的变化规律。即 $(Q$ – $H)_G$ 曲线上任意一点 $K(Q_K, H_K)$ 表示的是管路系统要输送 Q_K 大小的流量,水泵就要给水提供(增加)H_K 大小的能量,用以将水提高一个 H_{ST} 高度,并克服在管路系统中流动时的水头损失 h_K。

2.8.2　图解法求离心泵装置的工况点

工况点的求解方法有图解法和数解法两种,其中图解法的特点是简明、直观,在工程上应用非常广泛。

根据能量守恒原理,在水泵装置系统中,水泵供给水的比能应和管路系统所需要的比能相等,即水泵扬程曲线(Q – H)和管路特性曲线(Q – $H)_G$ 的交点就是二者相互平衡的点。

图 2.36 为离心泵装置工况简图和图解法示意图。首先将水泵样本提供的水泵的(Q – H) 曲线画下来,再根据公式 $H = H_{ST} + SQ^2$ 画出管路特性曲线(Q – $H)_G$,二者的交点 M 点就是水泵提供的比能与管路系统所需求的比能相等的点,即水泵提供的比能与管路需求的比能相平衡的点,所以也称之为平衡工况点(工作点)。只要条件不发生变化,水泵将稳定工作,工况点不发生变化,此时水泵的出水量为 Q_M,扬程为 H_M。

水泵能在 M 点以外工作吗?我们可以分析一下,先看看水泵能否在 M 点左侧 K 点平稳

工作。此时,水泵提供的比能 H_{K1} 大于管路需求的比能 H_{K2},$[H]_供 > [H]_需$,多余的能量将以动能的形式,使水流速度加快,即流量 Q 增加,工况点右移,一直到 $[H]_供 = [H]_需$,达到 M 点为止。

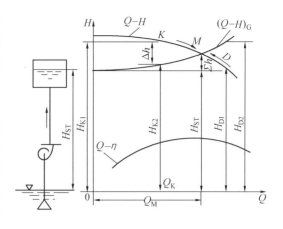

再分析水泵在 M 点右侧 D 点工作,此时,$[H]_供 < [H]_需$,水泵提供的比能 H_{D1} 小于管路需求的比能 H_{D2},管道中水流能量不足,使得水流速度降低,从而流量 Q 降低,工况点左移,一直到 $[H]_供 = [H]_需$,达到 M 点为止。

所以工况点只能在 M 点工作,M 点是能量平衡点,只有外界条件改变,工况点才能改变。

图 2.36　离心泵装置的工况

2.8.3　图解法求水箱出流工况点

图 2.37 为高位水箱向低位水箱出流的的工作简图,高、低水箱水位的高差为 H,考虑水箱相当大,水位近似认为不变,忽略水箱内的行进流速。当管路的管径、长度及布置已定时,水箱出流流量 Q 可仿照水泵工况点的图解法求出。

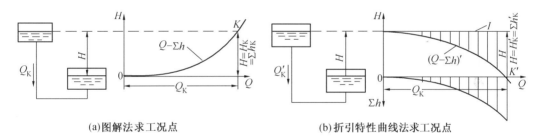

(a)图解法求工况点　　　　　　　　　(b)折引特性曲线法求工况点

图 2.37　水箱出流工况图示

根据式(2.68)画出管路水头损失特性曲线($Q - \sum h$),如图 2.37(a)所示。然后把高位水箱假想为一个向低位水箱送水的水泵,这个假想水泵的扬程特性曲线就是高度为 H 的水平线(与水箱出流的情况完全相同)。这样,假想泵的特性曲线与管路水头损失特性曲线相交于 K 点,K 点对应的工况就是高位水箱供给的能量恰好等于管路损耗的能量,即 $H = \sum h_K = H_K$,所以 K 点就是水箱出流的工况点,Q_K 就是水箱出流的流量。若水位不变,H 不变,则 K 点不变,Q_K 不变。显然,如果水箱水位不断地下降,则工况点 K 将沿此 $Q - \sum h$ 曲线向左下方移动。

2.8.4　折引特性曲线

水箱出流工况点也可以换个方法进行求解,如图 2.37(b)所示,我们设想管路中流过某一流量 Q,对应的管路水头损失就为 $\sum h$,当水流到低位水箱后还剩有 $H - \sum h$ 的能量,即工作比能扣除管路水头损失后折引到低位水箱时的剩余能量,所以称之为折引到低位水箱后的"折引能量",将对应每一个流量的折引能量在 $Q-H$ 坐标系中描绘出来,再用圆滑的曲线连接起来,就得到"折引特性曲线"$(Q-\sum h)'$,折引特性曲线 $(Q-\sum h)'$ 与横坐标相交于 K' 点,则 K' 点表示高位水箱提供的能量全部消耗掉的情况,就是高位水箱提供的能量等于管路消耗能量的能量平衡点,Q'_K 等于 Q_K。

可见,用"折引特性曲线法"同样可以求解工况点,这就为后面求解复杂工况准备好了工具。

现在使用"折引特性曲线法"求解图 2.36 所示离心泵装置的工况点,借以加强对"折引特性曲线"的理解,如图 2.38 所示。

首先,在横坐标下面画出 $Q-\sum h$ 曲线,然后,在对应的流量的条件下从 $Q-H$ 曲线上减去相应的水头损失 $\sum h$,这样就得到水泵的折引特性曲线 $Q-H'$。

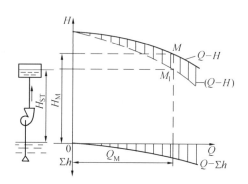

图 2.38　折引特性曲线法求工况点

$(Q-H)'$ 曲线表明在某一流量下,扣除了对应 $\sum h$ 后的剩余能量还能将水提高到的高度。$(Q-H)'$ 曲线与水泵装置的静扬程 H_{ST} 直线相交于 M' 点,从 M' 点向上作垂线与水泵特性曲线 $(Q-H)$ 相交于 M 点,即水泵装置工况点。与图解法求得的结果是一致的。

2.8.5　数解法求离心泵工况点简介

水泵装置的工况点是由水泵特性曲线和管路特性曲线共同求得的(交点),也就是说若知道两条曲线的方程

$$\begin{cases} H = f(Q) \\ H = H_{ST} + SQ^2 \end{cases} \tag{2.69}$$

求解就能得到工况点 M 所对应的 Q 值和 H 值,其中的关键问题就是如何确定水泵的 $H=f(Q)$ 函数关系。

水泵特性曲线是一条不规则曲线,很难找出一个能完全代表水泵特性曲线的方程。但是,在工程设计中,通常仅仅是使用水泵特性曲线上高效区这一段,高效区以外我们就不关心了,所以,若能找出一个方程能够较好地与高效段拟合,在工程上也就能满足要求了。下面将介绍虚(虚拟)特性曲线 (Q_X-H_X) 方程的建立方法。

我们假设 $Q-H$ 曲线上的高效段可以用下面的方程形式来表达

$$H = H_X - h_X \tag{2.70}$$

式中　H——水泵的实际扬程(高效段内)(m);

　　　H_X——水泵在 $Q=0$ 时的虚(虚拟)总扬程(m);

　　　h_X——相应于流量为 Q 时,水泵内部的虚水头损失之和。

若令 $h_X = S_X Q^2$ 则得

$$H = H_X - S_X Q^2 \tag{2.71}$$

式中　S_X——泵体内虚阻耗系数。

如图 2.39 所示,将水泵特性曲线($Q - H$)的高效段视为 $Q_X - H_X$ 曲线的一部分,这个曲线与纵坐标的交点截距就是 H_X。

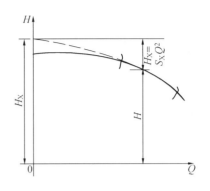

图 2.39　离心泵虚扬程

如果在水泵高效段内相距较远的地方任意选取两点,将这两点坐标代入式(2.71)则得

$$H_X = H_1 + S_X Q_1^2 = H_2 + S_X Q_2^2 \qquad (2.72)$$

整理、化简后得到

$$S_X = \frac{H_1 - H_2}{Q_2^2 - Q_1^2} \qquad (2.73)$$

根据式(2.73),我们可以算得 S_X 值,将其代入式(2.72)得到 H_X。

求得 H_X 和 S_X 后,我们就得到水泵特性曲线($Q_X - H_X$)的虚拟方程式(2.71)。然后将水泵的虚拟特性曲线方程式($H = H_X - S_X Q^2$)和管路特性曲线方程式($H = H_{ST} + S Q^2$)联立求解,就可以求得水泵工况点的流量 Q 和扬程 H。

因为虚扬程曲线($Q_X - H_X$)是一条抛物线,所以,这种方法也称之为抛物线法。但是,并不是所有的水泵的高效段都能很好地符合抛物线方程的,因此,在实际应用虚特性曲线方程式就会存在误差。表 2.2 所示为根据长沙水泵厂生产的 SA 型及部分旧型号离心泵的资料求得的 H_X 及 Q_X 值。

表 2.2　水泵 H_X、Q_X 值

水泵型号	转速 /(r · min⁻¹)	叶轮直径 /mm	$m = 2.0$	
			$H_X/(\text{mH}_2\text{O})$	$S_X/(\text{s}^2 \cdot \text{m}^{-5})$
6SA-8	2 950	270	112.76	0.007 15
6SA-12	2 950	205	61.67	0.004 07
8SA-10	2 950	272	107.40	0.002 33
8SA-14	2 950	235	79.41	0.002 88
10SA-6	1 450	530	100.43	0.000 286
14SA-10	1 450	466	76.25	0.000 1
16SA-9	1 450	535	105.19	0.000 075
20SA-22	960	466	29.54	0.000 028
24SA-10	960	765	92.13	0.000 023 4
28SA-10	960	840	115.67	0.000 015 1
32SA-10	585	990	59.29	0.000 005 29
湘江 56-23	375	1 200	30.29	0.000 000 42

离心泵的扬程特性曲线($Q - H$)的拟合方法还有其他途径,如最小二乘法等,在此就不一一介绍了。

2.9　水泵叶轮的相似定律

由于水泵内部流动的复杂性,很难准确地计算出水泵的性能,只有通过试验来解决设计和运行中的参数问题。全转速、全尺寸、全性能的进行试验,所确定的设计和运行参数虽然是准确的,但却是非常困难的,经济上也是不可行的。应用流体力学的相似理论,借助于试验和模拟手段,解决水泵叶轮的设计制造和运行的相关参数问题,是经常采用的。在这个过程中,常遇到下面几个问题:

(1) 通过模型试验,确定新泵的设计参数;

(2) 使用已知的水泵性能参数换算未知的水泵的性能参数;

(3) 水泵转速改变前后,水泵性能参数的换算。

2.9.1　水泵叶轮的相似条件

从流体力学知道,真型泵要与模型泵相似就必须满足几何相似、运动相似和动力相似三个条件。

1.几何相似条件

几何相似的条件是指两个叶轮的主要过流部分(一切相对应的部分)尺寸成比例,所有对应的角度相等。现有两台水泵的叶轮,一个为模型泵的叶轮,其符号以下角标 m 表示;另一个为实际水泵的叶轮,其符号不带下角标 m。若两台水泵相似,则有

$$\frac{D_2}{D_{2m}} = \frac{D_1}{D_{1m}} = \frac{b_2}{b_{2m}} = \frac{b_1}{b_{1m}} = \lambda \qquad (2.74)$$

$$\beta_2 = \beta_{2m} \quad \beta_1 = \beta_{1m} \quad \alpha_1 = \alpha_{1m} \quad \alpha_2 = \alpha_{2m} \qquad (2.75)$$

式中的 λ 称之为长度比尺,即模型泵缩小的比例尺,例如,模型泵比实际真型泵小 1 倍,则 $\lambda = 2$。

2.运动相似条件

运动相似的条件就是模型泵与真型泵的叶轮对应点的同名速度方向相同,大小成比例,即对应点速度四边形相似,则有

$$\frac{U_2}{U_{2m}} = \frac{C_1}{C_{1m}} = \frac{C_2}{C_{2m}} = \frac{C_{2R}}{C_{2Rm}} = \frac{R_2\omega}{R_{2m}\omega_m} = \lambda\left(\frac{n}{n_m}\right) \qquad (2.76)$$

式中的 $\lambda\left(\frac{n}{n_m}\right)$ 称之为速度比尺。

3.动力相似条件

动力相似就是同名力成比例。在流体力学中,我们知道在有压流动中,动力相似的判定准则为雷诺准则,即用雷诺数判定,水泵内部的流动为紊流,雷诺数 $Re \geqslant 10^5$,为自动模型区(阻力平方区),所有的水泵都是自动相似的。那么,判定水泵叶轮是否相似时,就不用再判定动力相似条件了。

由此知道,几何相似的水泵,只要运动相似就满足相似条件,称为工况相似,此时的水泵称为工况相似水泵。

2.9.2 相似定律

工况相似水泵性能参数之间的关系,称为相似定律。

1. 相似第一定律(流量关系)

根据式(2.46),$Q = \eta_V Q_T = \eta_V C_{2R} F_2$,所以

$\dfrac{Q}{Q_m} = \dfrac{\eta_V Q_T}{\eta_{Vm} Q_{Tm}} = \dfrac{\eta_V C_{2R} F_2}{\eta_{Vm} C_{2Rm} F_{2m}}$,当 λ 不太大时,η 近似不变,即 $\eta_V = \eta_{Vm}$,则上式变为

$$\frac{Q}{Q_m} = \lambda^3 \left(\frac{n}{n_m}\right) \tag{2.77}$$

式(2.77)表明:两台相似水泵的流量比与线性比例尺 λ 的三次方成正比,与转速成正比,此即为相似第一定律。

2. 相似第二定律(扬程关系)

根据式(2.45),$H = \eta_H H_T = \dfrac{\eta_H U_2 C_{2U}}{g}$,所以 $\dfrac{H}{H_m} = \dfrac{\eta_H H_T}{\eta_{Hm} H_{Tm}} = \dfrac{\eta_H U_2 C_{2U} g}{\eta_{Hm} U_{2m} C_{2Um} g}$,$\lambda$ 不太大时,η 近似不变,即 $\eta_H = \eta_{Hm}$,则上式简化为

$$\frac{H}{H_m} = \lambda^2 \left(\frac{n}{n_m}\right)^2 \tag{2.78}$$

式(2.78)表明:两台相似水泵的扬程比与线性比例尺 λ 的二次方成正比,与转速的二次方成正比,此即为相似第二定律。

3. 相似第三定律(功率关系)

根据式(2.3),$N = \dfrac{\rho g Q H}{\eta}$,所以 $\dfrac{N}{N_m} = \dfrac{\eta \rho g Q H}{\eta_m \rho g Q_m H_m}$,$\lambda$ 不太大时,η 近似不变,即 $\eta = \eta_m$,则上式简化为

$$\frac{N}{N_m} = \lambda^5 \left(\frac{n}{n_m}\right)^3 \tag{2.79}$$

式(2.79)表明:两台相似水泵的功率比与线性比例尺 λ 的五次方成正比,与转速的三次方成正比,此即为相似第三定律。

2.9.3 相似准数 —— 比转数(n_S)

水泵叶轮的相似条件及相似定律都已经知道了,但是相似条件和相似定律却不能在实际中用来判定水泵叶轮是否相似,因为相似条件中的对应尺寸成比例和对应的同名速度成比例是很难在实际应用中去一一测量比较的。另外,由于各种水泵的构造不同,性能不同,尺寸大小不同,为了对水泵进行分类和比较,就需要一个能综合反映水泵性能共性的特征参数,作为水泵规格化或者说分类的基础。

这个特征数就是相似准数 —— 叶片泵的比转数(n_S),比转数反映了水泵叶轮的综合特性,是叶轮形状和性能的一个综合判据。

1. 比转数的推导

如果水泵工况相似,则根据相似定律有 $\dfrac{H}{H_m} = \lambda^2 \left(\dfrac{n}{n_m}\right)^2$,从中解出 λ,得

$$\lambda = \left(\frac{n_m}{n}\right)\sqrt{\frac{H}{H_m}} \tag{2.80}$$

将式(2.80)代入式(2.77),则有

$$\frac{Q}{Q_m} = \left(\frac{n_m}{n}\right)^2 \sqrt{\left(\frac{H}{H_m}\right)^3} \tag{2.81}$$

对式(2.81)进行整理,解出模型泵的转速,得

$$n_m = n \cdot \sqrt{\frac{Q}{Q_m}} \cdot \sqrt[4]{\left(\frac{H_m}{H}\right)^3} \tag{2.82}$$

所有的工况相似的水泵的参数都符合式(2.82),为了比较和使用方便,对每一组工况相似的水泵都定义了一个标准模型泵,用以比较和确定同一组工况相似的水泵。

标准模型泵定义为:最高效率下,有效功率 $N_u = 735.5\text{W}$(1 马力),扬程 $H = 1$ m,流量 $Q = 0.075$ m³/s。

如果两台水泵对应的模型泵的转速 n_m 相同,则这两台水泵工况相似。凡是工况相似的水泵,根据式(2.82)算出的模型泵的转速就都相同。所以模型泵的转速 n_m 就转化为真型泵的一个新的参数(第七个性能参数)—— 真型泵的比转数 n_S,将标准模型泵的参数代入式(2.82),就得到

$$n_S = n_m = \frac{3.65 n \sqrt{Q}}{\sqrt[4]{H^3}} \tag{2.83}$$

比转数 n_S 是比较水泵是否相似的标准,凡是 n_S 相同的水泵,其工况相似。比转数 n_S 反映了一系列工况相似水泵的综合共性。

2. 对比转数 n_S 的讨论

(1)比转数是相似定律的一个特例,是一系列工况相似水泵中所选定的一台水泵(标准模型泵)的转速。比转数 n_S 是表示这一系列工况相似水泵综合共性的特征量,n_S 相同,则水泵工况相似;工况相似,水泵的比转数 n_S 相同。

(2)水泵样本给出的比转数 n_S,是根据输送温度为 20 ℃、密度 $\rho = 1\,000$ kg/m³ 的清水得出的。

(3)计算比转数 n_S 时,真型泵的参数要用额定参数,即最高效率时对应的流量(m³/s)、扬程(m)以及额定转速(r/min)。

(4)式(2.83)中的流量 Q 和扬程 H,指的是单级单吸叶轮的参数;如果是双吸式叶轮,要将额定流量的一半代入计算(将 $Q/2$ 代入);如果是多级泵,应将扬程 H 除以级数 Z 代入计算(将 H/Z 代入)。

(5)比转数 n_S 的单位为转速单位"r/min",这是作为模型泵转速的原来意义。但是,作为真型泵的比转数时,它并不是一个实际的转速,而是一个比较水泵性能的标准,我们更注重它的数值的大小,它本身的单位就没有什么意义了,所以,在实际使用时往往就省略了比转数的单位。

但值得注意的是,当计算比转数 n_S 时,所用单位不同,得到的比转数 n_S 数值就不同。我国使用的单位为:流量 Q 单位为米³/秒(m³/s),扬程 H 单位为米(m),则转速 n 单位为转/分

(r/min)。其他国家使用的单位不同,得出的比转数就与我国的比转数数值不同。

3.比转数 n_S 的应用

(1) 水泵的适应范围。虽然实际的比转数是模型泵的转速,但是,它包含了实际泵的参数,如流量 Q、扬程 H、转速 n 等,反映了实际泵的主要性能。从式(2.83)中可以看出,转速 n 一定时,$n_S \propto Q^{1/2}$,n_S 越大,流量 Q 就越大;$n_S \propto H^{-3/4}$,n_S 越大,扬程 H 就越小。所以,比转数 n_S 高的水泵,流量大,扬程低,如轴流泵、混流泵等。比转数 n_S 低的水泵,流量小,扬程高,如高压锅炉给水泵、高层建筑给水泵等。

(2) 水泵叶轮形状随比转数变化的关系 —— 叶片泵分类的基础。低比转数 n_S:扬程高、流量小。在构造上可用增大叶轮的外径 D_2 和减小内径 D_1 与叶槽宽度 b_2 的方法得到高扬程、小流量。其 D_2/D_1 可以大到2.5;b_2/D_2 可以小到0.03。结果使叶轮变为外径很大,外形扁平,叶轮流槽狭长(呈瘦长型),出水方向呈径向,如图2.40所示。

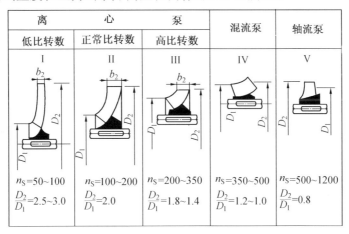

离	心	泵	混流泵	轴流泵
低比转数	正常比转数	高比转数		
I	II	III	IV	V
$n_S=50\sim100$ $\frac{D_2}{D_1}=2.5\sim3.0$	$n_S=100\sim200$ $\frac{D_2}{D_1}=2.0$	$n_S=200\sim350$ $\frac{D_2}{D_1}=1.8\sim1.4$	$n_S=350\sim500$ $\frac{D_2}{D_1}=1.2\sim1.0$	$n_S=500\sim1200$ $\frac{D_2}{D_1}=0.8$

图 2.40　叶片泵叶轮按比转数分类

高比转数 n_S:扬程低,流量大。要产生大流量,叶轮进口直径 D_1 及出口宽度 b_2 就要加大,但又因扬程要低,则叶轮的外径 D_2 就要缩小,于是,D_2/D_1 比值就小,b_2/D_2 就大。这样的结果使叶轮外形变成外径小而宽度大,叶槽由狭长而变为粗短(呈矮胖型),水流方向由径向逐渐变为轴向。由图2.40看出,$D_2/D_1 = 1.0$ 时,离心泵就演变成了轴流泵,其出水方向是沿泵轴方向。介于离心泵和轴流泵之间的是混流泵,其比转数 n_S 为 350 ~ 500。混流泵的特点是流量大于同尺寸的离心泵而小于轴流泵,扬程大于轴流泵而小于离心泵。

根据上述讨论可知,比转数的大小是水泵分类的基础。

(3) 比转数的不同,反映了特性曲线的形状不同。由式(2.83)知,理论扬程

$$H_T = \frac{R_2^2\omega^2 - \dfrac{Q_T R_2 \omega \cot\beta_2}{2\pi R_2 b_2}}{g}, 对 Q_T 进行求导得$$

$$\frac{dH_T}{dQ_T} = -\frac{U_2\cot\beta_2}{gF_2} \tag{2.84}$$

式(2.84)就是水泵扬程特性曲线的斜率,斜率的大小取决于 $\cot\beta_2$ 的大小。

由式 (2.41) 知,理论功率 $N_{\mathrm{T}} = \dfrac{\rho g Q_{\mathrm{T}} R_2^2 \omega^2 - \dfrac{\rho g Q_{\mathrm{T}}^2 R_2 \omega \cot\beta_2}{2\pi R_2 b_2}}{g}$,对 Q_{T} 进行求导得

$$\frac{\mathrm{d} N_{\mathrm{T}}}{\mathrm{d} Q_{\mathrm{T}}} = \frac{\rho g U_2^2}{g} - \frac{2 Q_{\mathrm{T}} U_2 \cot\beta_2}{g F_2} \tag{2.85}$$

根据式 (2.83),我们知道:在水泵转速 n 一定,流量 Q 不变的情况下,水泵的比转数由小到大变化时,水泵的扬程 H 会随之由大到小变化;由式 (2.38) 知,扬程 H 逐渐减小,$\cot\beta_2$ 将会逐渐增大。根据式 (2.84)、(2.85) 知,$\cot\beta_2$ 逐渐增大,则水泵扬程特性曲线的斜率会由小变大,功率特性曲线的斜率由正值逐渐变为负值。

综上所述,当水泵的比转数由小变大时,即从离心泵向轴流泵变化时,水泵的扬程特性曲线($Q - H$)由较为平坦变得陡峭,功率特性($Q - N$)曲线从上升变为下降,如图 2.41 所示。

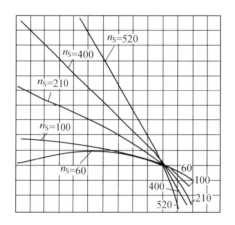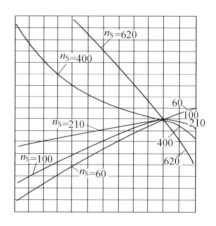

图 2.41　不同比转数时的水泵特性曲线

2.10　水泵工况调节

由于用户的用水量是变化的,为了适应这个变化,要求水泵能改变工况。而水泵的工况点是由水泵特性曲线和管路特性曲线共同决定的,是能量供给与消耗平衡的结果,符合能量守恒定律,若二者之一改变,工况点就会改变。

通过改变管路特性曲线,来改变工况点的方法有自动调节(水位变化)、阀门调节(节流调节)等。通过改变水泵特性曲线,来改变工况点的方法有变速调节(调速运行)、切削调节(换轮运行)、变角调节(改变轴流泵的叶片安装角)、摘段调节(对多级泵来说,增减叶轮级数),以及水泵并联和串联工作等。

2.10.1　自动调节

在城市供水中,用水量和水压时刻都是变化的。如早晨、中午和傍晚用水量大,半夜用水量小;水源(江河)的水位、高位水池的水位变化,都会使得管路特性曲线发生改变,从而使

工况点改变。

如图 2.42 所示,当用水量大时,相当于管路末端的用水器具的龙头打开的比较多,管路阻力系数减少,阻抗 S 减少,管路特性曲线较平缓;当用水量小时,相当于管路末端的用水器具的龙头打开的比较少,管路阻力系数加大,阻抗 S 加大,管路特性曲线较陡。

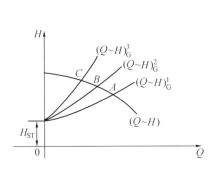

图 2.42　水泵工况点随用户变化曲线

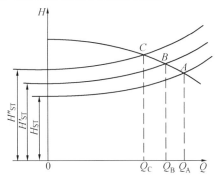

图 2.43　离心泵工况点随水位变化

水泵的工况点总是沿着水泵的特性曲线左右移动,直到建立新的平衡,所以,水泵的工况点是瞬时的,随用户的情况变化而变化。

如图 2.43 所示,当水源水位和高位水池的水位变化时,就使得水泵的静扬程增大或减小,使得管路特性曲线上下移动,从而使得水泵工况点改变。

水泵的工况点随着水位的变化或随着用水器具打开的多少而沿着水泵特性曲线左右移动,不断建立新的平衡工况点。即工况点是在一定幅度区间内游动的,这种水泵工况点自动随管路情况的变化而改变,称做自动调节。水泵也因这种自动适应能力,而大大增加了水泵的使用价值。

2.10.2　阀门调节(节流调节)

通过上述讨论,我们知道,改变管路阻抗 S,就能改变水泵的工况点,所以,在实际运行中,就可以通过调整水泵出口的控制阀门的开启度而人为的调节水泵工况点,满足运行的需要。

如图 2.44 所示,阀门开启度达到最大时的工况点为 A 点,称之为极限工况点。随着控制阀门的关小,阻抗 S 逐渐增大,管路特性曲线逐步扬高,水泵工况点逐步左移到 B 点、C 点等。

当阀门关闭时,相当于阻抗 S 无限大,流量 $Q = 0$。所以,通过改变控制阀门的开启度的大小,就可以使得水泵的工况点从空载工况点到极限工况点变化,达到控制流量,节约能量,适应用户要求的目的。

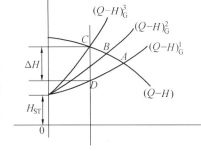

图 2.44　阀门调节工况点

但是,阀门调节是以增加阀门阻力(阻抗 S 增大),多消耗能量为前提的。如水泵在 C 点工作时,水泵提供的扬程比管路所需要的最小扬

程多 ΔH,这多出的 ΔH 扬程就是浪费。浪费的扬程为 $\Delta H = H_C - H_D$,即在关小的阀门上浪费(多消耗)了 $\Delta N = \rho g Q \Delta H / \eta$ 的功率。

阀门调节的优点是方便灵活,可用于经常性调节,如小型泵站,城市给水泵站则很少使用。

2.10.3　水泵调速运行

1.比例律

水泵样本上给出的水泵的各项参数,都是在额定转速下的参数,如果水泵转速改变,那么水泵的参数必然要发生改变。水泵转速改变前后,水泵叶轮满足相似条件,所以,将相似定律应用于转速不同时的同一水泵叶轮,就得到水泵叶轮的比例律,即

$$\frac{Q_2}{Q_1} = \frac{n_2}{n_1} \tag{2.86}$$

$$\frac{H_2}{H_1} = \left(\frac{n_2}{n_1}\right)^2 \tag{2.87}$$

$$\frac{N_2}{N_1} = \left(\frac{n_2}{n_1}\right)^3 \tag{2.88}$$

比例律是相似定律的一个特例,它表明了转速改变前后,水泵性能的变化规律。转速改变大大地增加了水泵的使用范围。

2.变速调节(也称调速运行)的计算问题

利用比例律,可以解决下面两类问题:

(1)第一类问题。

[已知]　水泵转速 n_1 及该转速下水泵的特性曲线 $(Q - H)_1$、$(Q - N)_1$ 和 $(Q - \eta)_1$。

[求]　水泵转速变到 n_2 时所对应的特性曲线 $(Q - H)_2$、$(Q - N)_2$ 和 $(Q - \eta)_2$。

[解]　此类问题的解题步骤可分为四步,用八个字表述,即"选点"、"计算"、"立点"和"连线"。

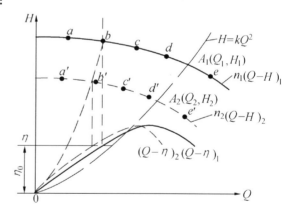

图 2.45　转速变化时特性曲线变化

①选点。在水泵特性曲线 $(Q - H)_1$ 上均匀选取一定数量的点,如图 2.45 所示,我们选定 a 点 (Q_a, H_a)、b 点 (Q_b, H_b)、c 点 (Q_c, H_c)、d 点 (Q_d, H_d) 和 e 点 (Q_e, H_e),并在坐标轴上查出各点对应的坐标值。

②计算。根据比例律进行计算,计算出选定的各点对应于 n_2 时的坐标。

$$Q'_a = \left(\frac{n_2}{n_1}\right) Q_a$$

$$H'_a = \left(\frac{n_2}{n_1}\right)^2 H_a$$

$$\cdots \quad \cdots \quad \cdots$$

$$Q'_e = \left(\frac{n_2}{n_1}\right) Q_e$$

$$H'_e = \left(\frac{n_2}{n_1}\right)^2 H_e$$

得到 a' 点（$Q_{a'}, H_{a'}$）、b' 点（$Q_{b'}, H_{b'}$）、c' 点（$Q_{c'}, H_{c'}$）、d' 点（$Q_{d'}, H_{d'}$）和 e' 点（$Q_{e'}, H_{e'}$）。

③ 立点。将上述根据比例律计算出的 a' 点至 e' 点，按照坐标值的大小落在坐标系中。

④ 连线。用光滑曲线将 a' 点至 e' 点连接起来，就得到转速为 n_2 时的扬程曲线 $(Q - H)_2$。

同理，根据比例第三定律，$N_2 = (n_2/n_1)^3 N_1$，可计算出上述各点对应于 n_2 时的功率值：$(Q_{a'}, N_{a'})$、$(Q_{b'}, N_{b'})$、$(Q_{c'}, N_{c'})$、$(Q_{d'}, N_{d'})$、$(Q_{e'}, N_{e'})$。

然后，将对应各功率点落在 $(Q - N)$ 坐标系中并连线，就得到转速为 n_2 时的功率曲线 $(Q - N)_2$。

转速为 n_2 时的效率曲线 $(Q - \eta)_2$，可通过效率计算公式 $\eta = \rho g Q H / N$ 计算效率值，得到对应于转速为 n_2 时各效率点坐标值，即 $(Q_{a'}, \eta_{a'})$、$(Q_{b'}, \eta_{b'})$、$(Q_{c'}, \eta_{c'})$、$(Q_{d'}, \eta_{d'})$、$(Q_{e'}, \eta_{e'})$。然后，将对应各效率点落在 $Q - \eta$ 坐标系中并连线，就得到转速为 n_2 时的效率曲线 $(Q - \eta)_2$。

效率曲线 $(Q - \eta)_2$ 也可通过作图法直接绘出，如图 2.45 所示，因为 a、b、c、d、e 各点与 a'、b'、c'、d'、e' 各点效率相等，所以，通过 a、b、c、d、e 各点的效率点画水平线与 a'、b'、c'、d'、e' 各点垂线的交点的连线就是转速为 n_2 时的效率曲线 $(Q - \eta)_2$。

(2) 第二类问题。

[已知]　水泵转速 n_1 时各特性曲线 $(Q - H)_1$、$(Q - N)_1$ 和 $(Q - \eta)_1$；

[求]　通过改变水泵转速方法，使得水泵工况点在 $A_2(Q_2, H_2)$ 点工作时的转速 n_2 是多少？当转速变到 n_2 时的特性曲线 $(Q - H)_2$、$(Q - N)_2$ 和 $(Q - \eta)_2$ 如何变化？

[解]　水泵转速改变前后仍然满足工况相似的条件，所以符合比例律。根据比例第一定律 $Q_2/Q_1 = (n_2/n_1)$，如果知道公式中的流量 Q_1 项，我们就可以求出转速 n_2 来。所以问题关键是找出流量 Q_1 项来，求解这类问题要用所谓的"相似工况抛物线法"。

联立比例定律第一和第二定律的公式，消去转速比 $\dfrac{n_1}{n_2}$，就得到

$$\frac{H_1}{Q_1^2} = \frac{H_2}{Q_2^2} = k \tag{2.89}$$

式中 k 为相似系数，表示所有工况相似的水泵工况点的扬程与流量平方的比值。即所有的相似工况点的连线是一条抛物线，称为"相似工况抛物线"，相似工况抛物线方程为

$$H = kQ^2 \tag{2.90}$$

相似工况抛物线上的各点都是相似的，由于"相似工况抛物线"上的各点的效率都是相等的，所以"相似工况抛物线"也称做"等效率曲线"。

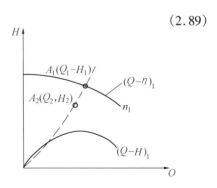

图 2.46　相似工况抛物线

将 A_2 点的坐标值 (Q_2, H_2) 代入式(2.90),求出 k 值,即可画出通过 A_2 点的相似工况抛物线,如图 2.46 所示。此抛物线与转速为 n_1 的 $(Q-H)_1$ 曲线相交于 A_1 点。A_1 与 A_2 点工况相似。根据公式 $Q_2/Q_1 = n_2/n_1$,即可求出 n_2 值。

求转速变到 n_2 时的特性曲线 $(Q-H)_2$、$(Q-N)_2$ 和 $(Q-\eta)_2$ 就回到第一类问题,所以就不再重复叙述了。

3. 改变转速的方法

实现变速调节的途径一般有两种方式。一种方式是电机转速不变,通过中间传送方式以达到改变转速的目的,属于这种调速方式最常见的有皮带传动、液力耦合器等。液力耦合器是用油作为传递力矩的介质,是属于滑差传动的一种;另一种方式是电机本身的转速可变,属于这种调速方式的有改变电机定子电压调速、改变电机定子极数调速、改变电机转子电阻调速、串联调速以及变频调速等多种。

4. 注意事项

(1)转速改变前后效率相等是在一定的转速范围内可以实现的,当转速变化超出一定范围时,效率变化就会较大而不能忽略。所以,实测的等效率曲线与理论上的等效率曲线不是完全一致的,只有在高效率范围内才吻合。

(2)变速调节工况点,只能降速,不能增速。因为水泵的力学强度是按照额定转速设计的,超过额定转速,水泵就有可能被破坏。

(3)长期调节,像冬季与夏季之间水量不同的调节,可用有级调节,如切削调节、齿轮调速调节等,也可用无级调节,如变频调速调节等。而短期调节,如白天和夜晚之间的水量调节只能用无级调节,也可用阀门调节、变频调速调节。

2.10.4　水泵换轮运行

1. 问题的提出

根据水泵基本方程式 $H_T = U_2 C_{2U}/g$,由 $U_2 = R_2\omega$ 可知:转速改变,则水泵性能改变;水泵叶轮外径改变,水泵性能也要改变。这样,改变叶轮外径就可以改变水泵特性曲线,从而改变工况点。

通过改变叶轮外径的方法可以用于工况点调节,叫做"切削调节"或"换轮运行"。其优点是简便易行,不增加能量损失;缺点是不灵活。一般用于长期调节。

2. 切削定律

由于叶轮切削前后几何不相似,所以不符合相似定律。这样,就需要找出叶轮切削前后水泵性能参数的关系,这个关系就称之为"切削定律"。

在下面两个条件下,来进行切削定律的推求。

(1)切削量较小,切削前后出水角不变,所以,切削前后水泵效率不变;

(2)切削前后叶轮出口面积不变,$F_2 \approx F'_2$。这是因为,切削以后虽然叶轮外径变小,但叶轮出口厚度增加,所以 $2\pi R_2 b_2 \approx 2\pi R'_2 b'_2$。

因为切削量很小,所以速度四边形不变。这样,切削前后仍然符合运动相似,对应速度四边形相似,即

$$\frac{U'_2}{U_2} = \frac{R'_2\omega}{R_2\omega} = \cdots = \frac{D'_2}{D_2}$$

① 切削第一定律(流量关系)。根据式(2.46)，$Q = \eta_V Q_T = \eta_V C_{2r}F_2$，得

$$\frac{Q'}{Q} = \frac{\eta'_V Q'_T}{\eta_V Q_T} = \frac{\eta'_V C'_{2r}F'_2}{\eta_V C_{2r}F_2}$$

当 λ 不太大时，η 近似不变，即 $\eta'_V = \eta_V$，而且 $F'_2 = F_2$，所以

$$\frac{Q'}{Q} = \frac{D'_2}{D_2} \tag{2.91}$$

式(2.91)表明，叶轮切削前后的流量比，等于切削前后叶轮的外径比。

② 切削第二定律(扬程关系)。根据式(2.45)，$H = \eta_H H_T = \dfrac{\eta_H C_{2u}U_2}{g}$，得

$$\frac{H'}{H} = \frac{\eta'_H H'_T}{\eta_H H_T} = \frac{\eta'_H C'_{2u}U'_2 g}{\eta_H C_{2u}U_2 g}$$

当 λ 不太大时，η 近似不变，即 $\eta'_H = \eta_H$，得

$$\frac{H'}{H} = \left(\frac{D'_2}{D_2}\right)^2 \tag{2.92}$$

式(2.92)表明，叶轮切削前后的扬程比，等于切削前后叶轮的外径比的平方。

③ 切削第三定律(功率关系)。根据式(2.3)，$N = \dfrac{\rho g Q H}{\eta}$，得

$$\frac{N'}{N} = \frac{\eta'\rho g Q'H'}{\eta \rho g Q H}$$

当 λ 不太大时，η 近似不变，即 $\eta' = \eta$，得

$$\frac{N'}{N} = \left(\frac{D'_2}{D_2}\right)^3 \tag{2.93}$$

式(2.93)表明，叶轮切削前后的功率比，等于切削前后叶轮的外径比的三次方。

式(2.91)、(2.92)和(2.93)就是切削定律的表达式。

叶轮切削前后的效率总是有些变化的，但是在规定的切削限量内，效率变化很小，可以认为近似不变，不同水泵的切削限量见表2.3，这是建立在大量试验资料的基础上的。

表 2.3　叶轮切削限量表

比转数 n_s	60	120	200	300	350	350 以上
最大允许切削量 /%	20	15	11	9	7	0
效率下降值	每切削 10%，效率下降 1%		每切削 4%，效率下降 1%			

3. 切削调节(也称换轮运行)的计算

把切削定律的公式与比例律的公式进行对比，就可以看出两者的形式相同，只是把比例律中的转速比换为外径比，所以，应用切削定律进行切削调节计算的问题也与比例律的应用问题相似。

(1) 第一类问题。

[已知]　水泵外径 D_2 及其对应的水泵特性曲线 $(Q - H)$、$(Q - N)$ 和 $(Q - \eta)$。

[求]　水泵外径变到 D'_2 时的特性曲线 $(Q' - H')$、$(Q' - N')$ 和 $(Q' - \eta')$。

[解]　此类问题的解题步骤也可以像比例律应用的第一类问题的解题步骤一样,共分为四步,用八个字表述"选点"、"计算"、"立点"和"连线"。

① 选点。在水泵特性曲线 $(Q - H)$ 上均匀选取一定数量的点,如图 2.47 所示,选定 1 点 (Q_1, H_1)、2 点 (Q_2, H_2)、3 点 (Q_3, H_3)、4 点 (Q_4, H_4)、5 点 (Q_5, H_5),并在坐标轴上查出各点对应的坐标值。

② 计算。根据切削定律进行计算,计算出选定的各点对应于 D'_2 时的参数值。

$$Q'_1 = \frac{D'_2}{D_1} \cdot Q_1$$

$$H'_1 = \frac{D'^2_2}{D^2_2} \cdot H_1$$

……　……　……

$$Q'_5 = \frac{D'_2}{D_2} \cdot Q_5$$

$$H'_5 = \frac{D'^2_2}{D^2_2} \cdot H_5$$

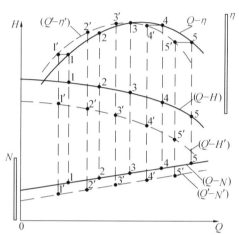

图 2.47　叶轮切削时特性曲线变化情况

从而得到 1′ 点 (Q'_1, H'_1)、2′ 点 (Q'_2, H'_2)、3′ 点 (Q'_3, H'_3)、4′ 点 (Q'_4, H'_4)、5′ 点 (Q'_5, H'_5) 的坐标值。

③ 立点。将上述根据切削定律计算出的 1′ 点至 5′ 点参数值,落在坐标系中。

④ 连线。用光滑曲线将 1′ 点至 5′ 点连接起来,就得到外径为 D'_2 时的扬程曲线 $(Q' - H')$。

同理,根据切削第三定律,$N' = (D'_2 / D_2)^3 N$,可计算出上述各点对应于 D'_2 时的功率值:(Q'_1, N'_1)、(Q'_2, N'_2)、(Q'_3, N'_3)、(Q'_4, N'_4)、(Q'_5, N'_5)。然后,将对应各功率点落在 $(Q - N)$ 坐标系中并连线,就得到外径为 D'_2 时的功率曲线 $(Q' - N')$。

外径为 D'_2 时的效率曲线 $(Q' - \eta')$,可通过效率计算公式 $\eta = \rho g Q H / N$ 计算效率值,得到各对应于外径为 D'_2 时各效率点坐标值 (Q'_1, η'_1)、(Q'_2, η'_2)、(Q'_3, η'_3)、(Q'_4, η'_4)、(Q'_5, η'_5)。然后,将对应各效率点落在 $(Q - \eta)$ 坐标系中并连线,就得到外径为 D'_2 时的效率曲线 $(Q' - \eta')$。

效率曲线 $(Q' - \eta')$ 也可通过作图法直接绘出,如图 2.47 所示。因为 1、2、3、4、5 各点与 1′、2′、3′、4′、5′ 各点效率相等,所以,通过 1、2、3、4、5 各点的效率点画水平线与 1′、2′、3′、4′、5′ 各点垂线的交点的连线就是外径为 D'_2 时的效率曲线 $(Q' - \eta')$。

(2) 第二类问题。

[已知]　水泵外径 D_2 及其特性曲线 $(Q - H)$、$(Q - N)$ 和 $(Q - \eta)$。

[求]　① 通过改变水泵外径方法,求使得水泵工况点在 $B(Q_B, H_B)$ 点工作时的外径 D'_2。
　　　　② 外径变到 D'_2 时的特性曲线 $(Q' - H')$、$(Q' - N')$ 和 $(Q' - \eta')$。

[解]　① 水泵外径改变前后不满足工况相似的条件,但是符合切削定律。根据切削第

一定律 $Q'/Q = D'_2/D_2$，如果知道公式中的流量 Q 项，就可以求出外径 D'_2 来。所以问题的关键是求出流量 Q，求解这类问题要用所谓的"切削抛物线法"。

我们联立切削定律第一和第二定律，消去外径比 D'_2/D_2，就得到

$$\frac{H}{Q^2} = \frac{H'}{Q'^2} = k$$

式中 k 为切削系数，表示所有满足切削定律水泵工况点的扬程与流量平方的比值 H/Q^2 是一个常数。即所有的满足切削定律的工况点在一条抛物线上，这条抛物线称做"切削抛物线"，切削抛物线方程为

$$H = kQ^2 \tag{2.94}$$

在切削抛物线上的点的效率都是相等的，所以"切削抛物线"也称做"等效率曲线"。

将 B 点的 Q_B、H_B 代入式(2.94)，求出 k 值，然后就可以画出切削抛物线，如图 2.48 所示。切削抛物线与水泵的 $(Q - H)$ 曲线交于 A 点 (Q_A, H_A)，A 点与 B 点的工况相似，效率相等。A 点对应的流量 Q_A 即为所求的 Q 值。将 Q_A 代入式(2.91)，即可求出叶轮切削之后的叶轮外径 D'_2。有时用切削量的百分数(%)表示切削量

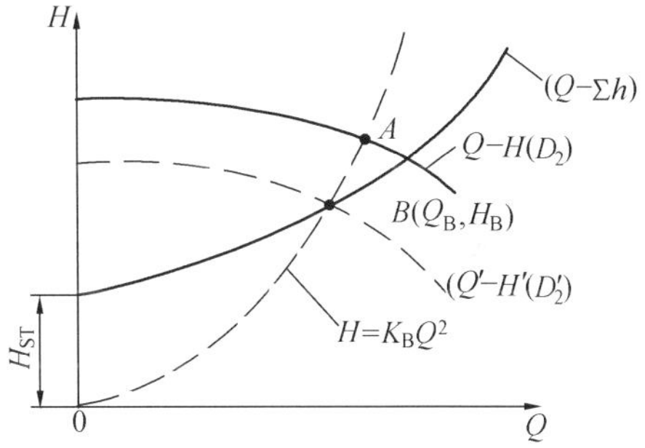

$$\text{切削量} /\% = \frac{D_2 - D'_2}{D_2} \cdot 100\% \tag{2.95}$$

图 2.48　切削抛物线求叶轮切削量

② 求出切削之后的叶轮外径 D'_2，再根据求解第一类问题的方法，就可画出叶轮外径为 D'_2 时所对应的特性曲线 $(Q' - H')$、$(Q' - N')$ 和 $(Q' - \eta')$。这里就不再重复。

4.型谱图

叶轮切削以后可以使得水泵的应用范围扩大。如图 2.49 所示为 12Sh-19 型水泵的 $Q - H$ 曲线，切削前($D = 290$ mm) 水泵的高效段为 AC 线段，切削后($D = 265$ mm) 的高效段是 CD 线段，那么 $ABCD$ 这个区域就称做水泵工作的高效方框图，这样，水泵高效工作就由一条线段扩大为一个区域，使得水泵更易于满足实际需要。

目前，叶轮切削一般用于清水泵中，水泵厂常常对同一台水泵，配上 $2 \sim 3$ 个外径不一样的叶轮以便用户采用。为使选泵方便，样本中通常

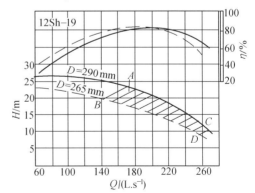

图 2.49　水泵高效率方框

将厂方所生产的某种型号的高效率方框图，成系列地绘在同一张坐标纸上，称为性能曲线型谱图，如图 2.50 所示。图中每一小方框表示一种水泵的高效工作区域。框内注明该水泵的型号、转速及叶轮直径。用户在使用这种型谱图选择水泵时，只需看所需要的工况点落在哪一块方框内，即选用哪一台水泵，十分简明方便。

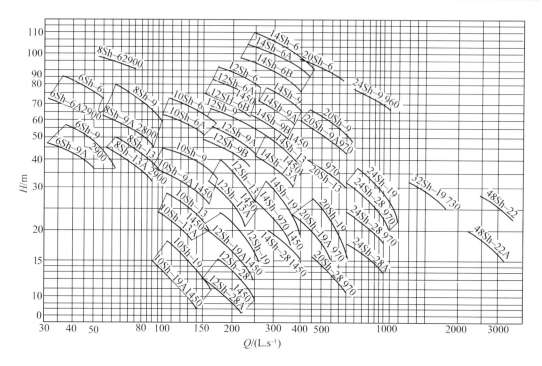

图 2.50　Sh 型离心泵性能曲线型谱图

5. 切削注意事项

(1) 切削限量，叶轮切削不能太大，否则，效率降低较多，各种水泵切削限量见表 2.3。

(2) 水泵不同，切削方式也就不同，如图 2.51 所示，低比转数的离心泵，前后盖板切削量相同；高比转数的离心泵，后盖板可以切的大一些；混流泵不适合切削，必须切削时，只应切削前盖板；轴流泵不能切削。

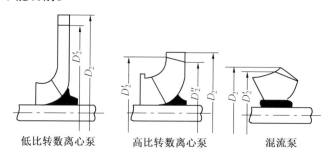

低比转数离心泵　　　高比转数离心泵　　　混流泵

图 2.51　叶轮的切削方式

(3) 叶轮切削后，叶片的出水边就显得比较厚。若沿着叶片出水边的弧面打磨锉边，使之变薄成刃状，则能大大改善叶轮的出水性能。

图 2.52 中 C 表示的是叶片锉边时，锉下表面的情况，两叶片之间的间距由 d 变为 d_F，这样叶轮出口面积就会增大，最高效率有所改善，最高效率向流量增大方向移动。

图 2.52 中 B 表示的是锉边锉上表面时，两叶片之间的间距基本不变，出水断面没有改善。

图 2.52 中 E 表示的是叶片进水边如能锉边成为锐角，则对其气蚀性能有所改善。

(4) 水泵厂家通常备有不同直径的叶轮,供使用者选用,应充分考虑使用。如 10 Sh-6 型水泵就有 460 mm 和 435 mm 两种直径的叶轮。

叶轮切削时应注意:所谓的切削不是说水泵使用者在使用的时候随时切削,而是要在泵出厂时备有几种叶轮,根据实际需要更换叶轮,所以"切削调节"也称之为"换轮运行"。

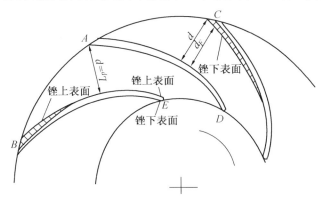

图 2.52　叶轮切削后叶片的锉尖

2.11　水泵的联合工作

由于用户的用水量是时刻变化的,而且变化的幅度常常是相当大的,为了适应用户的用水量变化,水泵站往往设置多台水泵联合工作,用以解决水量、水压变化时的供需矛盾,这是一种非常有效的节能措施。

如图 2.53(a) 所示,这种多台水泵联合运行,通过联络管共同向一个高地水池或一个城市给水管网送水的水泵工作情况,称做水泵"并联"工作。

1. 水泵并联工作的特点

(1) 增加给水量。输水干管中的总流量等于各台水泵工作流量之和。

(2) 可以通过开停水泵的台数来调节泵站的流量和扬程,以适应用户的用水变化,达到节能和安全供水的目的。

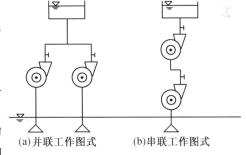

(a)并联工作图式　　　(b)串联工作图式

图 2.53　水泵联合工作示意图

(3) 水泵并联工作时,若有一台损坏,其他水泵仍可工作,继续供水,这样,水泵并联就提高了供水的安全性和调度的灵活性。

图 2.53 所示为(b) 水泵串联工作情况,是将水泵串联在一起,第一台水泵的压水管与第二台水泵的吸水管相接,第二台水泵直接从第一台水泵压水管吸水加压送水,从而使得水流被串联水泵连续加压,达到所需的高压。

2. 水泵串联工作的特点

(1) 增加总扬程,被输送的水流所获得的总扬程是各串联水泵实际工作扬程之和。

(2) 一台水泵有问题,其他水泵也不能工作。

（3）水泵串联工作可以用多级水泵代替工作，所以在工程中很少有水泵串联工作的。

2.11.1　水泵并联特性曲线的绘制

绘制水泵并联特性曲线的思路如下：用一台假想的水泵来代替并联工作的水泵，这个假想水泵的工况就等于并联水泵的工况，这个假想水泵的性能曲线也就等于并联水泵的性能曲线，那么这个假想的性能曲线就被称为并联特性曲线。这个假想水泵的特性曲线是什么样呢？这也是我们为解决并联水泵工况首先要解决的问题。

如图 2.53(a) 所示并联水泵工作时，其静扬程是相同的，如果不考虑水头损失，并联水泵的扬程也是相同的，即

$$H_1 = H_2 = H_总 \tag{2.96}$$

$$Q_1 + Q_2 = Q_总 \tag{2.97}$$

也就是说，式(2.96) 和(2.97) 所表示的就是假想水泵的工作参数。显然，假想水泵的工作扬程(并联水泵的工作扬程) 就等于各台并联水泵的扬程(不计损失)，假想水泵的流量就等于各台并联水泵流量之和，从而并联水泵的并联特性曲线(假想水泵的特性曲线) 就可以用"横加法" 求得，横加法就是在相同扬程条件下将流量叠加。

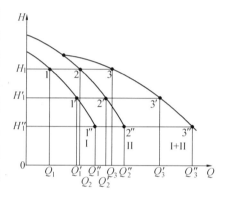

图 2.54　水泵并联 $Q - H$ 曲线

如图 2.54 所示，首先，将并联的两台水泵的($Q - H$) 曲线 I、II 绘在同一坐标图上；然后在不同扬程位置(H_1、H_1'、H_1'') 绘几条水平线，与曲线 I 分别交于 1、1′、1″ 点，与曲线 II 分别交于 2、2′、2″ 点；根据横加法的原则，分别计算出在 H_1、H_1'、H_1'' 扬程下，并联之后水泵的流量，并将其绘在坐标图上，得到 3、3′、3″ 点；最后用一条光滑曲线连接 3、3′、3″ 各点，即得到水泵并联后的特性曲线 I + II。

上述所谓的"横加法" 只适用于管路布置相同的并联水泵(静扬程相同、水头损失相同)，但在实际工程中管路布置往往不是相同的，水头损失也不相同，因而并联工作的各水泵扬程就不同，所以就不能直接使用"横加法" 求出并联特性曲线，只能用"折引特性曲线法" 求出折引并联特性曲线。

2.11.2　同型号、同水位、管路相同的两台水泵并联工况图解法

1. 首先绘制两台水泵并联特性曲线($Q - H$)$_{1+2}$

如图 2.55 所示，在坐标图上绘出 1、2 两台水泵的特性曲线，由于两台水泵型号相同，所以特性曲线相同。又因为两台水泵的管路布置相同(即阻抗 S 相同)，且是从同一水池吸水送往同一高地水池(即静扬程 H_{ST} 相同)，所以水从两台泵所获得的能量(扬程) 相同，即有

$$H_1 = H_{ST} + S_{AO}Q_1^2 + S_{OG}Q_{1+2}^2 = H_{ST} + \left(\frac{S_{AO}}{4} + S_{OG}\right)Q_{1+2}^2 \tag{2.98}$$

$$H_2 = H_{ST} + S_{BO}Q_1^2 + S_{OG}Q_{1+2}^2 = H_{ST} + \left(\frac{S_{BO}}{4} + S_{OG}\right)Q_{1+2}^2 \tag{2.99}$$

$$H_1 = H_2 = H_0$$

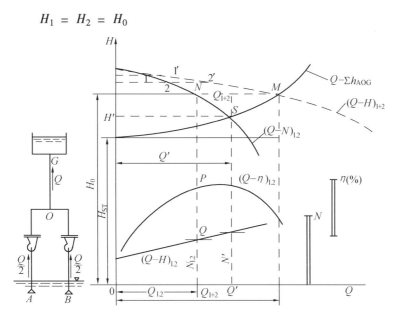

图 2.55　同型号、同水位、同对称布置的两台水泵并联

也就是说,水泵并联工作以后,总流量等于两台水泵流量之和,总扬程等于各水泵扬程。按照"横加法"原则,即可绘出 $(Q - H)_{1+2}$ 曲线,见图 2.55,$(Q - H)_{1+2}$ 曲线即是水泵 1 和水泵 2 的并联工作特性曲线。

2. 绘制管路系统特性曲线

根据上面的分析可知两台水泵的静扬程相同,管路中的水头损失也相同,即并联之后两台水泵的扬程相等,且等于总扬程,则有

$$H_0 = H_{ST} + \left(\frac{S_{AO}}{4} + S_{OG}\right)Q_{1+2} = H_{ST} + \left(\frac{S_{BO}}{4} + S_{OG}\right)Q_{1+2} \tag{2.100}$$

式(2.100)就是管路系统特性曲线方程,据此可绘制出管路系统特性曲线,见图 2.55 中的 $Q - \sum h_{AOG}$ 曲线。

3. 并联工况点的确定

$(Q - H)_{1+2}$ 曲线与 $(Q - \sum h_{AOG})$ 曲线的交点 M 就是并联两台水泵的工况点。

M 点所对应的流量 Q_M 即为水泵并联之后的总流量 Q_{1+2},该点对应的扬程 H_M 即为并联水泵的总扬程 H_0。两台水泵在并联工作时,各单泵工况点为 N 点,其对应的流量和扬程分别为 Q_N 和 H_N,$Q_N = Q_M/2$,$H_N = H_M$。

从 N 点作垂线,交 $(Q - \eta)$ 曲线于 p 点,为单泵效率点,$\eta_1 = \eta_2$;交 $(Q - N)$ 曲线于 Q 点,为单泵功率点,$N_1 = N_2$。并联工作时的总功率 $N = N_1 + N_2$,总效率 $\eta = \eta_1 = \eta_2$。

4. 单泵单独工作工况点

单泵的特性曲线 $(Q - H)_{1,2}$ 与管路特性曲线 $Q - \sum h_{AOG}$ 交于 S 点 (Q', H'),该点是一台水泵单独工作时的工况点,从图 2.55 中可以看出 $Q_{1台} < Q' < Q_{1+2}$。

在求解水泵并联工况点时应注意以下几点:

(1)两台水泵并联工作时的总流量并不等于单台泵单独工作时流量的两倍,即

$Q_{1+2} \neq 2Q', \Delta Q = Q_{1+2} - Q' < Q'$。管路特性曲线越陡，$\Delta Q$ 越少。

（2）水泵并联时的总扬程 $H_{1+2} = H_{1台} > H_S$，即水泵并联工作不仅仅能增加流量，扬程也有少量增加。

（3）一台水泵单独工作时的功率要远远大于并联工作时单泵的功率，所以选配电动机时应根据一台水泵单独工作时的功率来进行选择。

2.11.3　多台同型号水泵并联工作

多台同型号水泵并联工作的特性曲线同样可以用横加法求得，如图 2.56 所示为五台同型号水泵并联工作的情况。由图可知，水泵并联工作时，每增加一台水泵所增加的水量 ΔQ 并不相同，水泵并联越多，增加的水量 ΔQ 就越少。当两台水泵并联时，流量比单泵工作时增加了 90，三台泵并联时比两台泵并联时增加了 61，四台泵并联比三台泵并联增加了 33，五台泵并联时仅比四台泵并联增加了 16。由此可见，当水泵并联台数达到 4～5 台以上时，增加的流量 ΔQ 很小，已经没有意义了。

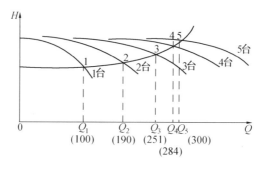

图 2.56　五台同型号水泵并联

所以，是否通过增加并联工作的水泵台数来增加水量，要通过工况分析和计算决定，不能简单地理解增加水泵台数就能成倍增加水量。尤其是改扩建工程，更要认真分析计算水泵并联工况，才能确定。

2.11.4　两台不同型号的水泵并联工作

如图 2.57 所示，当两台不同型号的水泵同时从吸水井吸水，送往高地水池时，由于水泵性能不同，管道布置和管道中的水头损失也不同，所以两台水泵的扬程也就不同。这样，就不能直接利用等扬程条件下的流量叠加原理，即横加法求得并联特性曲线。

图 2.57 为水泵装置系统简图，两个水泵的管路交会点 B 是水泵并联工作的要点，也是求得并联特性曲线的关键点。根据水力学的知识可以知道，在 B 点安装一只测压管，测压管的值只能有一个，即 B 点处的比能值只能有一个。不管是水泵 Ⅰ 输送到 B 点的水，还是水泵 Ⅱ 输送到 B 点的水，到达 B 点后，它所具有的比能一定相同。

所以，假想水泵分两步工作：第一步，水泵各自单独工作，分别通过 AB 管段和 CB 管段，把水提升到 B 点；第二步，两台水泵联合在 B 点工作，一起把水从 B 点通过 BD 管路送到 D 水池。因此，在求解这两台水泵并联工作工况点时，可以采用折引特性曲线的方法，先把两台水泵同时折引到 B 点，此时就可按"横加法"原理做出折引并联特性曲线。

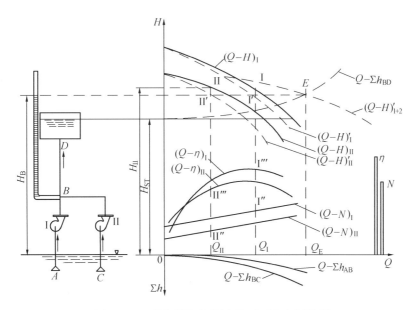

图 2.57 不同型号、相同水位下两台水泵并联

Ⅰ号泵折引到 B 点后的剩余水头(能量) H_B 为

$$H_B = H_I - \sum h_{AB} = H_I - S_{AB}Q_I^2 \tag{2.101}$$

式中 Q_I、H_I——Ⅰ号泵的流量和扬程;

S_{AB}——AB 管段的阻力系数;

H_B——B 点测压管高度,也是Ⅰ号泵折引到 B 点工作时的工作扬程。

同理,把Ⅱ号泵折引到 B 点后的剩余水头(能量) H_B 为

$$H_B = H_{II} - \sum h_{BC} = H_{II} - S_{BC}Q_{II}^2 \tag{2.102}$$

式中 Q_{II}、H_{II}——Ⅱ号泵的流量和扬程;

S_{BC}——BC 管段的阻力系数。

扣除了 $\sum h_{AB}$ 和 $\sum h_{BC}$ 后,Ⅰ号泵和Ⅱ号泵就在相同的扬程 H_B 下工作了,可以按照"横加法"原理做出并联特性曲线,求解工况点。具体求解步骤如下:

(1) 首先在横坐标下绘制 $(Q - \sum h_{AB})$ 和 $(Q - \sum h_{BC})$ 曲线;

(2) 用折引特性曲线法,在对应的流量条件下从水泵特性曲线 $(Q - H)_I$ 和 $(Q - H)_{II}$ 曲线上扣除水头损失 $\sum h_{AB}$ 和 $\sum h_{BC}$,得到折引特性曲线 $(Q - H)'_I$ 和 $(Q - H)'_{II}$;

(3) 由于扣除了差异 $\sum h_{AB}$ 和 $\sum h_{BC}$,此时可以应用等扬程下流量叠加的原理(横加法),绘出并联特性曲线 $(Q - H)'_{1+2}$;

(4) 绘制管路特性曲线 $Q - \sum h_{BD}$,与并联特性曲线 $(Q - H)'_{1+2}$ 交于 E 点,E 点就是并联水泵的工况点,该点对应的流量 Q_E,即为两台水泵并联工作的总出水量;

(5) 从 E 点引水平线,交 $(Q - H)'_I$ 曲线和 $(Q - H)'_{II}$ 曲线于Ⅰ'点和Ⅱ''点,由Ⅰ'点和Ⅱ''点向上作垂线交 $(Q - H)_I$ 曲线和 $(Q - H)_{II}$ 曲线于Ⅰ点和Ⅱ点;Ⅰ点就是Ⅰ号水泵的工况点 (Q_I, H_I),Ⅱ点就是Ⅱ号水泵的工况点 (Q_{II}, H_{II});

(6) 从 Ⅰ 点和 Ⅱ 点向下作垂线交 $(Q - N)_{\mathrm{I}}$ 曲线和 $(Q - N)_{\mathrm{II}}$ 曲线于 Ⅰ″ 点和 Ⅱ″ 点,交 $(Q - \eta)_{\mathrm{I}}$ 曲线和 $(Q - \eta)_{\mathrm{II}}$ 曲线于 Ⅰ‴ 点和 Ⅱ‴ 点。各点分别为两台水泵并联工作时功率点和效率点,Ⅰ″ 点对应 Ⅰ 号泵的功率值 N_{I};Ⅱ″ 点对应 Ⅱ 号泵的功率值 N_{II};Ⅰ‴ 点对应 Ⅰ 号泵的效率值 η_{I};Ⅱ‴ 对应 Ⅱ 号泵的效率值 η_{II}。两台水泵并联工作的总功率和总效率分别为

$$总功率 \qquad N = N_{\mathrm{I}} + N_{\mathrm{II}}$$

$$总效率 \qquad \eta = \frac{\rho g Q_{\mathrm{I}} H_{\mathrm{I}} + \rho g Q_{\mathrm{II}} H_{\mathrm{II}}}{N_1 + N_2}$$

这种扣除差异,再用"横加法"求并联特性曲线的求解工况点的方法也适用于管路布置不同的情况(例如,井群取水送至水厂的情况),以及水位不同的情况(例如,从不同的吸水井取水)。

2.11.5　一台水泵向两个并联工作的高地水池送水

如图 2.58 所示,是一台水泵向两个并联工作的高地水池送水情况,在管路分支点 B 点只能有一个水头,我们若在 B 点安装一根测压管则可以测出 B 点水头,依测压管水面高度 H_{B} 可以分析出水泵向两个不同高度的高地水池送水的几种情况:

(1) $H_{\mathrm{B}} > Z_{\mathrm{D}}$ 时,水泵向两个高地水池送水;

(2) $H_{\mathrm{B}} = Z_{\mathrm{D}}$ 时,D 水池处于暂时平衡状态,既不进水也不出水,水泵向 C 水池送水,属于单泵向一个水池送水的简单工况;

(3) $Z_{\mathrm{D}} > H_{\mathrm{B}} > Z_{\mathrm{C}}$ 时,水泵和 D 水池联合工作向 C 水池送水;

(4) $H_{\mathrm{B}} = Z_{\mathrm{C}}$ 时,D 水池向水泵和 C 水池送水,属于水池出流工况;

(5) $H_{\mathrm{B}} < Z_{\mathrm{C}}$ 时,两个高地水池联合工作向水泵送水,属于水轮机工况;

上述 (4) 和 (5) 两种情况类似于水轮机工况,在水泵工作中是不存在的,所以实际上只有三种水泵工作情况,而 (2)($H_{\mathrm{B}} = Z_{\mathrm{D}}$ 时)是水泵向 C 水池送水,属于单泵向一个水池送水的简单工况,已经学习过了,因而,我们只讨论 (1) 和 (3) 两种情况。

1. $H_{\mathrm{B}} > Z_{\mathrm{D}}$ 时,水泵向两个高地水池送水

若水泵扬程为 H_0,则 B 点的测压管水面高度 $H_{\mathrm{B}} = H_0 - \sum h_{\mathrm{AB}}$,$H_{\mathrm{B}}$ 表示水流到 B 点时剩余的能量,即在 B 点有一扬程为 H_{B} 的水泵(假想水泵)向 C 水池和 D 水池送水。

具体解题步骤如下:

(1) 在横坐标下面作 $(Q - \sum h_{\mathrm{AB}})$ 曲线;

(2) 从水泵特性曲线 $(Q - H)$ 上减去相应的 $\sum h_{\mathrm{AB}}$(在相同流量下),得到水泵的折引特性曲线 $(Q - H)'$;

(3) 根据公式 $H_{\mathrm{BC}} = Z_{\mathrm{C}} + \sum h_{\mathrm{BC}}$ 和 $H_{\mathrm{BD}} = Z_{\mathrm{D}} + \sum h_{\mathrm{BD}}$ 作 BD 段管路系统特性曲线 $(Q - \sum h_{\mathrm{BD}})$ 和 BC 段管路系统特性曲线 $(Q - \sum h_{\mathrm{BC}})$;

(4) 应用"横加法"原理,将上述两条管路系统特性曲线进行横加,可以得到并联管路特性曲线 $(Q - \sum h)_{\mathrm{BC+BD}}$;

(5) 水泵折引特性曲线 $(Q - H)'$ 和并联管路特性曲线 $(Q - \sum h)_{\mathrm{BC+BD}}$ 相交于 M 点。此 M 点的横坐标为通过 B 点的总流量;

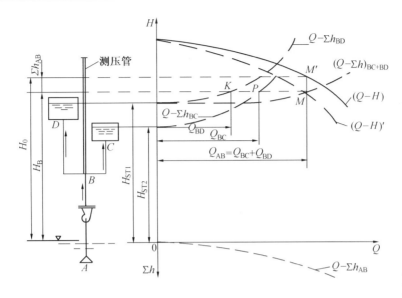

图 2.58　一台水泵向两个高地水池输水

（6）从 M 点作水平线交 $(Q-\sum h)_{BC}$ 曲线和 $(Q-\sum h)_{BD}$ 曲线于 P 点和 K 点；P 点的横坐标即为 C 水池的进水量 Q_{BC}，K 点的横坐标即为 D 水池的进水量 Q_{BD}；

（7）从 M 点向上作垂线交水泵特性曲线 $(Q-H)$ 于 M' 点，M' 点即为水泵的工况点，其纵坐标即为水泵的扬程 H_0。

水泵的功率和效率求解方法同前。

2.$Z_D>H_B>Z_C$ 时，水泵和 D 水池联合向 C 水池供水

如图 2.59 所示，当 $Z_D>H_B>Z_C$ 时，实际上是水泵和 D 水池通过 B 点联合工作向 C 水池送水，如若把 D 水池当做一台水泵（称之为 D 水泵）来对待，则此类问题的求解方法就和

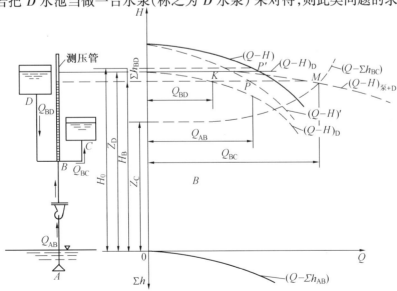

图 2.59　水泵与高地水池联合工作

大小泵并联工作求解方法相同,关键是先找出 D 水泵的工作特性曲线$(Q-H)_D$。

因为 D 水池就是水箱出流,D 水泵的工作特性曲线就是一条高度为 Z_D 的水平线,如图 2.59 所示。这样求解其工况点的步骤就为:

(1) 在横坐标下面作 AB 段水头损失特性曲线$(Q-\sum h_{AB})$;

(2) 分别在对应流量下从水泵的特性曲线$(Q-H)$ 或 D 水泵特性曲线$(Q-H)_D$ $(H=Z_D)$上减去水头损失$\sum h_{AB}$ 或 $\sum h_{BD}$;得到水泵和 D 水泵的折引特性曲线$(Q-H)'$ 和$(Q-H)_D$;

(3) 根据"横加法"将水泵和 D 水泵的折引特性曲线$(Q-H)'$ 和$(Q-H)_D$ 横加,得到水泵和 D 水泵的并联折引特性曲线$(Q-H)_{泵+D}$;

(4) 做出 BC 段管路系统特性曲线$(Q-\sum h_{BC})$;

(5) 水泵的并联折引特性曲线总和$(Q-H)_{泵+D}$ 与管路特性曲线$(Q-\sum h_{BC})$ 相交于 M 点,M 点就是并联工况点。该点对应的横坐标 Q_M 就是 C 水池的进水量,纵坐标 H_M 就是 B 点的测压管高度;

(6) 从 M 点引水平线交$(Q-H)'$ 和$(Q-H)_D$ 曲线于 P 点和 K 点;P 点的横坐标即为水泵的输水量 Q_{AB},K 点的横坐标即为 D 水池的出水量 Q_{BD};

(7) 从 P 点向上引垂线交水泵特性曲线$(Q-H)$ 于 P' 点,P' 点就是水泵工况点。该点的纵坐标即为水泵扬程。

2.11.6　多台并联水泵调速运行

1.同型号两台水泵,一台定速和一台调速并联运行工况

调速泵和定速泵并联工作时,通常存在两种情况:一种情况是调速泵的转速 n_1 和定速泵的转速 n_2 均为已知,求并联工况点。若 $n_1=n_2$,则属于同型号泵并联工况点问题,若 $n_1 \neq n_2$,则属于大小泵并联工况点问题,这类问题的求解,我们在前面已经叙述过,不再重复。

另一种情况是知道定速泵的转速 n_2 和并联工作的总流量 Q,求调速泵的转速 n_1。这类问题比较复杂,存在五个未知数,即定速泵的工况点值(Q_{II},H_{II}),调速泵的工况点值(Q_{I},H_{I}),以及调速泵的转速 n_1 等 5 个未知数。这种情况直接求解也比较复杂,但仍然可以用折引特性曲线法来求解。

求解思路是将大小泵并联步骤反向进行,如图 2.60 所示,已知定速泵的特性曲线$(Q-H)$、管路特性曲线

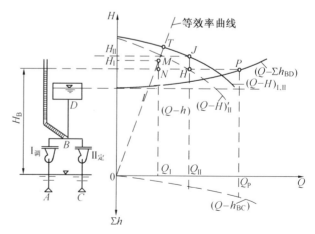

图 2.60　一调一定水泵并联工作

和总流量 Q_P。我们可以根据"横加法"的原理求解上述五个未知数,步骤如下:

(1) 画出同型号两台水泵的扬程特性曲线;

(2) 根据公式 $H = H_{ST} + S_{BD} Q_{BD}^2$ 绘出 BD 段管路特性曲线 $Q - \sum h_{BD}$;

(3) 从并联总流量 Q_p 向上引垂线,交 $Q - \sum h_{BD}$ 曲线于 P 点,P 点的纵坐标就是 B 点测压管高度 H_B;

(4) 由 $\sum h_{BC} = S_{BC} Q_{BC}^2$,在横坐标下面绘出 $Q - \sum h_{BC}$ 曲线,在对应流量条件下从定速泵的扬程特性曲线上减去 $\sum h_{BC}$,就得到定速泵的折引特性曲线 $(Q - H)'_{\text{II}}$;从 P 点向右引水平线,交曲线 $(Q - H)'_{\text{II}}$ 于 H 点;

(5) 由 H 点向上引垂线,交水泵特性曲线 $(Q - H)_{\text{I,II}}$ 于 J 点,J 点就是定速泵的工况点。J 点的横坐标即为定速泵的流量 Q_{II},纵坐标就是定速泵的扬程 H_{II};

(6) 调速泵的流量 $Q_{\text{I}} = Q_p - Q_{\text{II}}$,调速泵的扬程 $H_{\text{I}} = H_B + \sum h_{AB} = H_B + S_{AB} Q_{\text{I}}^2$;根据 $(Q_{\text{I}}, H_{\text{I}})$ 就可在图上绘出调速泵的工况点 M;

(7) 确定了调速泵的工况点 M,就可以根据相似工况抛物线法求出调速泵的转速 n_1。

步骤为:先由 $k = H_{\text{I}}/Q_{\text{I}}^2$,求得 k 值,再绘出通过 M 点的相似工况抛物线(等效率曲线)$H = kQ^2$,它与定速泵的特性曲线 $(Q - H)_{\text{I,II}}$ 相交于 T 点,T 点横坐标为 Q_T。最后,根据比例律 $n_1 = n_2 Q_{\text{I}}/Q_T$,就可以求出调速泵的转速 n_1。

2. 多台调速泵并联问题

泵站中有多台水泵并联工作时,调速泵与定速泵的配置比例应以充分发挥每台调速泵在调速运行时仍能在高效率范围内工作为原则。

若调速时,调速泵的效率下降忽略不计,则一台调速泵就能合理搭配定速泵运行,如图 2.61 所示,流量在 $Q_0 - Q_1$ 之间时,使用一台调速泵工作就可以满足需要;流量在 $Q_1 - Q_2$ 之间时,可以使用一台调速泵和一台定速泵并联工作;当流量在 $Q_2 - Q_3$ 之间时,可以使用一台调速泵和二台定速泵并联工作。若实际调速范围不大,效率下降不大时(或进行理论讨论时,理论上调速时效率不变),就属于此种情况。

但是,在实际工作中,调速时的效率变化往往很大,不能忽略,因而,采用单台调速泵和多台定速泵并联调速工作就会使得调速泵效率下降很多,增加能耗;所以,在实际工作中,就需要根据调速范围的大小配置适当的调速泵台数。

例如,图 2.62 所示的三台水泵并联工作就是采用一调二定配置方案的情况。

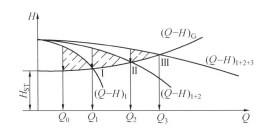

图 2.61　多台同型号调速泵、定速泵并联

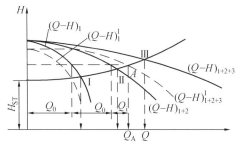

图 2.62　三台同型号调速泵、定速泵并联

若泵站要求供水量为 $Q_A(Q_2 < Q_A < Q_3)$ 时,开启两台定速泵、一台调速泵就可以满足需要,此时,泵站总供水量为 Q_A,每台定速泵的流量为 Q_0,调速泵的流量为 Q_i,定速泵和调速泵都处于高效率区工作。

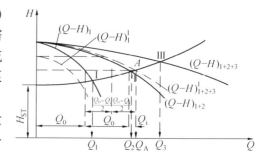

图 2.63　三台同型号调速泵、定速泵并联

若 Q_A 更小一些,接近 Q_2 时,调速泵的流量 Q_i 就非常小,如图 2.63 所示,调速泵的效率一定很低,不但不能节能,反而可能增加能耗。

如果改为二调一定配置方案,如图 2.63 所示,若泵站要求供水量为 $Q_A(Q_2 < Q_A < Q_3)$ 时,二台调速泵和一台定速泵同时工作,此时,泵站总供水量为 Q_A,定速泵的流量为 Q_0,每台调速泵的流量为 $(Q_0 + Q_i)/2$,远远大于 Q_i,因此,可以控制调速泵在高效率范围内,使得定速泵和调速泵都处于高效率区工作。

当泵站总供水量 $Q_A > Q_3$ 时,增加一台调速泵或定速泵就可以满足需要,三调一定的节能效果比二调二定要好。

显然,在实际工程中,多台泵并联工作时,调速泵的台数越多越好,这是因为调速泵台数越多,每台泵调速的范围就越小,效率下降就越小。但是很明显,调速泵台数越多,工程造价就会越高。

2.11.7　水泵串联运行

水泵串联工作就是将一台水泵的压水管作为另一台水泵的吸水管串在一起工作,第一台水泵从水池吸水加压送入第二台水泵,第二台水泵从第一台水泵的压水管吸水加压送出去,水流以同一流量依次流过每台水泵,水所获得的总能量等于各个水泵供给能量之和(图2.64)。显然串联之后的总流量等于每一台水泵的流量,总扬程等于每台水泵的扬程之和,即串联工作特性曲线可以在相同流量条件下将扬程叠加求得,我们称之为"竖加法"。

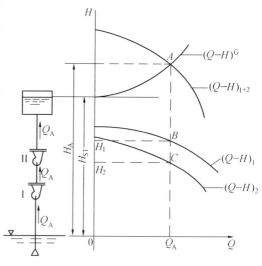

图 2.64　水泵串联工作

如图 2.64 所示,水泵 Ⅰ 和水泵 Ⅱ 的特性曲线分别为 $(Q - H)_1$ 和 $(Q - H)_2$,将它们竖加(流量相同,扬程相加),就得到串联特性曲线 $(Q - H)_{1+2}$,它与管路特性曲线 $(Q - H_{AD})^G$ 相交于 A 点,A 点就是水泵串联工况点。

从 A 点向下引垂线,交水泵 Ⅰ 和水泵 Ⅱ 的特性曲线 $(Q - H)_1$ 和 $(Q - H)_2$ 于 B 点和 C 点,则 B 点和 C 点分别为水泵串联工作时水泵 Ⅰ 和水泵 Ⅱ 的工况点。

在实际工程中,在同一泵站采用串联水泵工作不多见,这是因为:其一,目前生产的各种型号的水泵扬程已经能够满足给水排水工程对扬程的要求;其二,目前生产的多级水泵实际上就是水泵串联工作,实际工程可以用多级水泵代替水泵串联;其三,当长距离输水时,由于需要高扬程往往要水泵串联工作,但是,工程上不是采用在一个泵站内多台水泵串联工作,而是在一定距离设置中途加压泵站,采用泵站串联工作方法要比水泵串联工作减小扬程,这样可以使用低压管材,降低泄漏量。

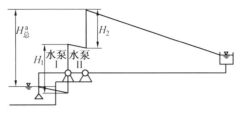

(a) 水泵串联工作

如图 2.65,加压泵站串联工作要比水泵串联工作总扬程降低 ΔH,由于泵站串联总扬程要比水泵串联总扬程低得多,所以,管道泄漏量要小得多。

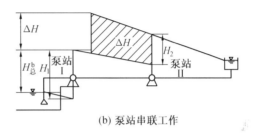

(b) 泵站串联工作

图 2.65　水泵串联与泵站串联

几点注意:(1) 水泵串联工作要求水泵设计流量应是接近的,否则,就不能保证水泵都在高效率下运行;严重时,可使得小泵过载或反而不如大泵单独运行;(2) 要考虑后续工作的水泵强度问题,因为后续工作的水泵要能承受高压。

2.12　水泵的吸水性能

前面讲述的水泵性能和理论都是有关水泵压水性能的,而水泵给水加压的前提是水要能进入水泵里面,这就涉及到水泵吸水性能。下面我们就将讨论水泵的吸水性能。

2.12.1　离心泵的真空

我们已经知道离心泵之所以能将水加压送出,是因为离心泵能够真空吸水,将水吸进水泵,如图 2.66 所示,水泵进口 1—1 断面处是处于真空的状态,在吸水池水面大气压的作用下,水从吸水池通过吸水管进入水泵。

水在流进水泵的过程中,吸水池水面绝对大气压与叶轮进口处的绝对压力差 $\dfrac{P_a}{\rho g} - \dfrac{P_1}{\rho g} = \dfrac{P_v}{\rho g}$ 转化成位置水头 H_{SS} 和速度水头 $\dfrac{v_1^2}{2g}$,并克服吸水管中的总水头损失 $\sum h_S$,所以,水泵进口处真空值的大小 $\dfrac{P_v}{\rho g}$ 与 H_{SS}、$\dfrac{v_1^2}{2g}$、$\sum h_S$ 有关。

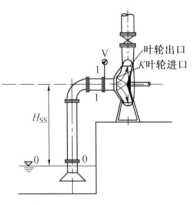

图 2.66　离心泵吸水装置

我们列 0—0 断面和 1—1 断面能量方程,得

$$\frac{P_a}{\rho g} = H_{SS} + \frac{P_1}{\rho g} + \frac{v_1^2}{2g} + \sum h_S \qquad (2.103)$$

整理后,得到

$$H_V = \frac{P_a - P_1}{\rho g} = H_{SS} + \frac{v_1^2}{2g} + \sum h_S \tag{2.104}$$

式中 H_V——水泵进口处真空值；

P_a——吸水池水面的绝对大气压；

P_1——水泵进口处的绝对压强；

v_1——水泵进口处的水流速度；

$\sum h_S$——水泵吸水管的总水头损失；

H_{SS}——水泵的吸水地形高度。

可见，水提升到 H_{SS} 高度是 $(P_a - P_1)/\rho g$ 压差作用的结果。压差 $(P_a - P_1)/\rho g$ 的一部分转化为 H_{SS} 和 $V_1^2/2g$，一部分用以克服吸水管中的总损失 $\sum h_S$。因此，从水泵吸水的角度来看，水泵进口处的真空值 H_V 越大越好，绝对压强 P_1 越小越好。

2.12.2　水泵的气蚀

水泵进口处(图 2.66 中 1—1 断面)的真空值 H_V 越大，该断面的绝对压力 P_1 就越小，当水从 1—1 断面流到水泵叶轮进口 K 点时，剩下的压力 P_K 就越小。水流越过 K 点后，被高速旋转的叶轮带着旋转，从而从叶轮获得能量，压力迅速提高，在叶轮出口处达到最大，所以，K 点的压力最低，即 $P_K = P_{\min}$。

从试验中得知，从 1—1 断面到 K 点的水头损失一般很大，包括摩擦损失、流道收缩、水流转弯和冲击损失等，可达 $4 \sim 5$ m。若 P_1 很小时，水流流到 K 点时剩下的压力 P_K 小于汽化压力 P_{va} 时，水就大量汽化，出现"冷沸"现象，同时由于压力下降溶解在水中的气体也自动逸出，形成大量气泡，气泡随着水流在叶轮中流到高压区后，被远远大于一个大气压的压力压破，一瞬间形成气穴空洞。周围的高压水冲向空洞，这种冲击力很大，在气穴空洞处造成相互碰撞，形成高达几百、几千大气压的压强，由于气泡多，这种碰撞的频率很高，可达每秒几万次，产生所谓的"微小水锤"现象。

这种微小水锤的压强虽然很大，但压力很小，一两次不会产生破坏现象，若每秒钟有几万次的微小水锤不断撞击，就会产生"水滴石穿"、"绳锯木断"的功效。

如果气穴现象发生在水流当中，如图 2.67 所示，仅仅产生微小的"啪！啪！"水击声，不会对叶轮有危害。如果气穴现象发生在叶片壁上，水击就会撞击叶片，每秒钟有几万次的微小水锤的撞击使金属叶片表面发生塑性变形和硬化，慢慢的金属就会疲劳、脆弱，发生剥蚀现象，出现裂缝，在叶片表面渐渐演变成蜂窝状空洞，以至叶片断裂，形成破坏。这种由于气穴现象导致的叶片腐蚀称之为"气蚀"。

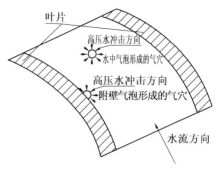

图 2.67　气穴现象示意图

这种气蚀现象不仅仅是由气穴原因造成的，微小水锤会在局部产生 $200 \sim 300$ ℃的高温，产生热电偶，发生电解氧化，进而产生化学腐蚀；蜂窝的侧壁与底之间产生电位差，引起电化学腐蚀。

气蚀刚开始时,表现在水泵外部的是产生轻微的振动和噪音(频率可达 600 ~ 25 000 次/s),然后是水泵的扬程和功率有所下降。如果外界条件促使气蚀更加严重时,水泵的各参数 H、N、η 急剧下降,水泵停止出水。

气蚀的发生,对水泵正常工作会有很大的影响,所以应采取措施,防止气蚀的发生,主要是控制 K 点压力 P_K 不能低于 P_{va}。

但是,叶轮中的压力很难计量和测定,在使用时都是把控制值从水泵叶轮中引出来,以 K 点的压力 P_K 加上 1—1 断面至 K 点的水头损失 $\sum h_S$,把控制值从 P_K 换成 P_1,用水泵进口处 1—1 断面的压力 P_1 作为控制条件,使得 P_1 大于允许值来防止气蚀发生。

水泵进口处 1—1 断面的压力允许值 $P_{允许}$ 在标准状态(一个标准大气压,摄氏 20 ℃ 水温)下用试验测定,不断改变试验条件使得水泵由不气蚀到发生气蚀,就可测得水泵气蚀时 1—1 断面的临界压力值 $P_{临界}$。实际使用时将这个临界压力值加上一个安全量 $P_{安全}$ 就得到 1—1 断面的允许最小压力值 $P_{允允许}$ 值,对应的真空值为允许真空值 $P_{v允许}$ 值。

对于离心泵来说,应用允许真空值 $P_{V允许}$ 值比允许最小压力值 $P_{允许}$ 值更方便,所以 1—1 断面的 $P_{V允许}/\rho g$ 就被称为允许吸上真空高度 H_S。

$$H_S = \frac{P_{V允许}}{\rho g} \tag{2.105}$$

要防止气蚀,水泵进口处 1—1 断面的实际真空值就必须小于允许吸上真空高度,即

$$H_V < H_S \tag{2.106}$$

H_S 就确定了水泵的吸水性能,称为允许吸上真空高度。如图2.68所示为离心泵($Q - H_S$)特性曲线示意图,随着流量 Q 的增加,H_S 值在减小,也就是说水泵流量越大,允许吸上真空高度就越小。

从防止气蚀的角度来说,H_V 越小越好。但是,前面我们已经知道,从水泵吸水角度来说,H_V 越大越好。结合两个方面考虑,水泵进口处的真空高度 H_V 值在保证不气蚀的条件下越大越好,也就是说,水泵的性能参数允许吸上真空高度 H_S 越大,其吸水性能越好。

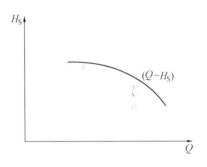

图 2.68 离心泵($Q - H_S$)特性曲线

2.12.3 离心泵的最大安装高度 H_{SS}

在实际工程中要防止发生气蚀,就必须满足 $H_V < H_S$。将式(2.104)代入此式,得到

$$H_{SS} + \frac{V_1^2}{2g} + \sum h_S = H_V < H_S \tag{2.107}$$

移项、整理式(2.107),得

$$H_{SS} < H_S - \frac{V_1^2}{2g} - \sum h_S \tag{2.108}$$

把上式中的不等号改成等号,计算得到的 H_{SS},是水泵的最大安装高度,即

$$H_{SS} = H_S - \frac{V_1^2}{2g} - \sum h_S \tag{2.109}$$

要保证实际安装高度$[H_{SS}]_{实际} < [H_{SS}]_{最大}$，才能保证吸水而不发生气蚀。

在使用允许吸上真空高度H_S时，应注意以下几点：

(1) H_S随Q变化而变化，应用公式(2.109)计算H_{SS}时，要用最大流量所对应的允许吸上真空高度H_S。

(2) 为要安装高度H_{SS}尽可能大，应尽可能使$V_1^2/2g$和$\sum h_S$小；使管径加大，水流速度减小，水头损失$\sum h_S$减小；也可减少管路上的管件和配件，使得水头损失$\sum h_S$减少，达到增大安装高度H_{SS}的目的。

(3) 气蚀试验是在一个标准大气压、$t = 20\ ℃$的标准条件下进行的，在实际工程条件不符合标准条件时需修正H_S值，其修正公式为

$$H'_S = H_S - (10.33 - h_a) - (h_{va} - 0.24) \tag{2.110}$$

式中 H'_S——修正后采用的允许吸上真空高度(m)；

H_S——水泵厂给定的允许吸上真空高度(m)；

h_a——安装地点的大气压(mH_2O)；

h_{va}——实际水温下的饱和蒸汽压力。

表2.4所列为海拔高度与大气压的关系。

表2.4   海拔高度与大气压的关系

海拔 /m	− 600	0	100	200	300	400	500	600	700	800	900	1 000	1 500	2 000	3 000	4 000	5 000
大气压 /mH_2O	11.3	10.33	10.2	10.1	10.0	9.8	9.7	9.6	9.5	9.4	9.3	9.2	8.6	8.4	7.3	6.3	5.5

* 为了与工程沿用习惯相一致，在此，大气压单位也用mH_2O。

表2.5所列为水温与饱和蒸汽压力h_{va}的关系。

表2.5   水温与饱和蒸汽压

水温 /℃	0	5	10	20	30	40	50	60	70	80	90	100
饱和蒸汽压力 /mH_2O	0.06	0.09	0.12	0.24	0.43	0.75	1.25	2.02	3.17	4.82	7.14	10.33

从式(2.110)和表2.4、表2.5可知，如果温度升高，则汽化压强h_{va}上升，容易气蚀；如果地势升高，当地大气压h_a下降，容易发生气蚀。

2.12.4   气蚀余量

对于某些轴流泵、热水锅炉给水泵等，安装高度H_{SS}往往是负值，通常用"气蚀余量"衡量它们的吸水性能。

气蚀余量是指水泵进口处具有的超过汽化压强的那部分富余能量(通常以泵轴为基准面)，用H_{SV}表示气蚀余量，则气蚀余量计算式就为

$$H_{SV} = (P_1/\rho g + V_1^2/2g - h_{va}) \tag{2.111}$$

一般通过试验确定气蚀余量临界值$[H_{Sv}]_{临界}$。临界气蚀余量加上安全量($H_{安全}$)就为不

发生气蚀的允许(最小)气蚀余量,为保证不发生气蚀,实际气蚀余量$[H_{SV}]_{实际}$ 就必须大于允许气蚀余量$[H_{SV}]_{允许}$,即

$$[H_{SV}]_{实际} > [H_{SV}]_{允许} \tag{2.112}$$

允许气蚀余量$[H_{SV}]_{允许}$ 越小,水泵吸水性能越好;允许气蚀余量$[H_{SV}]_{允许}$ 越大,水泵的吸水性能越差。根据式(2.103)$\dfrac{P_a}{\rho g} = \dfrac{P_1}{\rho g} + \dfrac{V_1^2}{2g} + H_{SS} + \sum h_S$,得

$$[H_{SV}]_{实际} = \frac{P_1}{\rho g} + \frac{V_1^2}{2g} - h_{Va} = \frac{P_a}{\rho g} - H_{SS} - \sum h_S - h_{Va} \tag{2.113}$$

式(2.113)为水泵进口处实际气蚀余量计算式,移项、整理后得

$$H_{SS} = \frac{P_a}{\rho g} - H_{SV} - \sum h_S - h_{Va} \tag{2.114}$$

由于$[H_{SV}]_{允许}$ 往往很大,通常大于一个大气压,所以水泵的安装高度 H_{SS} 多为负值,这样水泵就应安装在水下。

应用气蚀余量时,应注意:

(1)允许气蚀余量 H_{SV} 随流量 Q 变化而变化,流量增加,气蚀余量 H_{SV} 也增加,如图 2.69 所示。

(2)允许气蚀余量 H_{SV} 不必修正,这是因为气蚀余量的基准面是水泵泵轴(立式泵为叶轮中心线),所以不用修正海拔高度影响;而气蚀余量定义式中已经包括饱和蒸汽压,所以也不用修正温度影响。

(3)用允许吸上真空高度 H_S,还是用气蚀余量 H_{SV}来衡量水泵的吸水性能,应根据水泵类型,本着使用方便

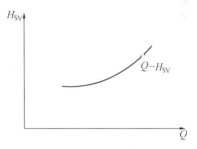

图 2.69　$Q - H_{SV}$ 曲线

的原则确定,一般由水泵厂家在样本中给出。使用者使用哪一个参数计算 H_{SS},取决于水泵样本给定的参数资料。

2.12.5　气蚀的防止

为防止水泵发生气蚀现象,在水泵站实际计算时,就要注意保证水泵的吸水条件,即

$$[H_{SV}]_{实际} > [H_{SV}]_{允许}$$
$$[H_v] < [H_S]$$

在具体设计时,可以从如下几个方面考虑:

(1)选定合适的安装高度 H_{SS}。考虑到水泵长期使用后性能会下降,在设计时要把计算出来的安装高度 H_{SS} 调低一些,以适应长期使用后,水泵允许吸水真空高度 H_S 的降低。

(2)尽可能减小管路水头损失 $\sum h_S$,使得水泵进口处设计气蚀余量尽可能大一些。

(3)若出现气蚀现象,可采取减小流量的措施,提高实际气蚀余量,防止发生气蚀。

(4)在进行泵站设计时,一定要考虑最不利工况,用最不利工况进行计算,以确保水泵吸水条件。

(5)水泵叶轮应选用硬度大、光洁度好的材料。硬度大可抗气蚀;光洁度好,可减少气泡在叶轮金属壁面上的粘附,减小气蚀的危害。

(6) 改善水流进入水泵的流态,以减小泵内的水头损失。

2.13　离心泵的维护和使用

离心泵机组的正确启动、运行与停车是泵站输配水系统安全、经济供水的前提。学会对离心泵机组的操作管理技术与掌握离心泵机组的性能理论,对于从事给水排水工程的技术人员而言是相当重要的。

2.13.1　水泵启动前的准备工作

水泵启动前应该检查一下各处螺栓连接的完好程度,检查轴承中润滑油是否足够、干净,检查出水阀、压力表及真空表上的旋塞阀是否处于合适位置,供配电设备是否完好,然后,进一步进行盘车、灌泵等工作。

盘车就是用手转动机组的联轴器,凭经验感觉其转动的轻重是否均匀,有无异常声响。目的是为了检查水泵及电动机内有无不正常的现象,例如,是否有转动零件松脱后卡住、杂物堵塞、泵内冻结、填料过紧或过松、轴承缺油及轴弯曲变形等问题。

灌泵就是水泵启动前,向水泵及吸水管中充水,以便启动后即能在水泵入口处造成抽吸液体所必须的真空值。从理论力学可知液体离心力为

$$J = \rho W \cdot \omega^2 r \tag{2.115}$$

式中　　J——转动叶轮中单位体积液体之离心力(kg);

W——液体体积(当 J 为单位体积液体之离心力时, $W = 1$)(m^3);

ω——角速度(1/s);

r——叶轮半径(m);

ρ——液体密度(kg/m^3)。

从式(2.115)可知,同一台水泵,当转速一定时,液体的密度越大,由于惯性而表现出来的离心力也越大。空气的密度约为水的1/800,灌泵后,叶轮旋转时在吸入口处能产生的真空值一般为 0.8 mH_2O 左右,而如果不灌泵,叶轮在空气中转动,水泵吸入口处只能产生 0.001 mH_2O 的真空值,这样低的真空值,当然是不足以把水抽上来。

对于新安装的水泵或检修后首次启动的水泵有必要进行转向检查。检查时,可将两个靠背轮脱开,开动电动机,检查其转向是否与水泵厂规定的转向一致,如果不一致,可以改接电源的相线,也即将3根进线中的任意两根对换,然后接上再试。

准备工作就绪后,即可启动水泵。启动时,工作人员与机组不要靠得太近,待水泵转速稳定后,即应打开真空表与压力表上的阀,此时,压力表上读数应上升至零流量时的空转扬程,表示水泵已经上压,可逐渐打开压力闸阀,此时,真空表读数逐渐增加,压力表读数应逐渐下降,配电屏上电流表读数应逐渐增大。启动工作待闸阀全开时,即告完成。

水泵在闭闸情况下,运行时间一般不应超过 2 ~ 3 min,如果时间太长,则泵内液体发热,可能会造成事故,应及时停车。

2.13.2 运行中应注意问题

(1)检查各个仪表工作是否正常、稳定。电流表上的读数是否超过电动机的额定电流,

电流过大或过小,都应及时停车检查。电流过大,一般是由叶轮中杂物卡住、轴承损坏、密封环互摩、泵轴向力平衡失效、电网中电压低等原因引起的。电流过小的原因有:吸水底阀或出水闸阀打不开或开不足,水泵气蚀等。

（2）检查流量计上指示数是否正常,也可根据出水管水流情况来估计流量。

（3）检查填料盒处是否发热,滴水是否正常。滴水应呈滴状连续渗出,才算符合正常要求。滴水情况一般是反映填料的压紧适当程度,运行中可调节压盖螺栓来控制滴水量。

（4）检查泵与电动机的轴承和机壳温升情况。轴承温升,一般不得超过周围温度,一般为 35 ℃,最高不超过 75 ℃。在无温度计时,也可用手摸,凭经验判断,如感到烫手时,应停车检查。

（5）注意油环,要让它自由地随同泵轴做不同步的转动。随时听机组声响是否正常。

（6）定期记录水泵的流量、扬程、电流、电压、功率等有关技术数据,严格执行岗位责任制和安全技术操作规程。

2.13.3　水泵的停车

停车前先关闭出水闸阀,实行闭闸停车。然后,关闭真空表及压力表上阀,把泵和电动机表面的水和油擦净。在无采暖设备的房屋中,冬季停车后,要考虑水泵不致冻裂。

2.13.4　水泵的故障和排除

离心泵常见的故障及其排除见表 2.6。

表 2.6　离心泵常见故障及排除

故　　障	产　生　原　因	排　除　方　法
启动后水泵不出水或出水不足	1.泵壳内有空气,灌泵工作没做好 2.吸水管路及填料有漏气 3.水泵转向不对 4.水泵转速太低 5.叶轮进水口及流道堵塞 6.底阀堵塞或漏水 7.吸水井水位下降,水泵安装高度太大 8.减漏环及叶轮磨损 9.水面产生漩涡,空气带入泵内 10.水封管堵塞	1.继续灌水或抽气 2.堵塞漏气,适当压紧填料 3.对换一对接线,改变转向 4.检查电路,电压是否太低 5.揭开泵盖,清除杂物 6.清除杂物或修理 7.核算吸水高度,必要时降低安装高度 8.更换磨损零件 9.加大吸水口淹没深度或采取防止措施 10.拆下清通
水泵开启不动或启动后轴功率过大	1.填料压得太死,泵轴弯曲,轴承磨损 2.多级泵中平衡孔堵塞或回水管堵塞 3.靠背轮间隙太小,运行中二轴相顶 4.电压太低 5.实际液体的密度远大于设计液体的密度 6.流量太大,超过使用范围很多	1.松一点压盖,矫直泵轴,更换轴承 2.清除杂物,疏通回水管路 3.调整靠背轮间隙 4.检查电路,向电力部门反映情况 5.更换电动机,提高功率 6.关小出水闸阀

续表 2.6

故　障	产　生　原　因	排　除　方　法
水泵机组振动和噪音	1.地脚螺栓松动或没填实 2.安装不良,联轴器不同心或泵轴弯曲 3.水泵产生气蚀 4.轴承损坏或磨损 5.基础松软 6.泵内有严重摩擦 7.出水管存留空气	1.拧紧并填实地脚螺栓 2.找正联轴器不同心度,矫直或换油 3.降低吸水高度,减少水头损失 4.更换轴承 5.加固基础 6.检查咬住部位 7.在存留空气处,安装排气阀
轴承发热	1.轴承损坏 2.轴承缺油或油太多(使用黄油时) 3.油质不良,不干净 4.轴弯曲或联轴器没找正 5.滑动轴承的甩油环不起作用 6.叶轮平衡孔堵塞,使泵轴向力不能平衡 7.多级泵平衡轴向力装置失去作用	1.更换轴承 2.按规定油面加油,去掉多余黄油 3.更换合格润滑油 4.矫直或更换泵油,找正联轴器 5.放正油环位置或更换油环 6.清除平衡孔上堵塞的杂物 7.检查回水管是否堵塞,联轴器是否相碰,平衡盘是否损坏
电动机过载	1.转速高于额定转速 2.水泵流量过大,扬程低 3.电动机或水泵发生机械损坏	1.检查电路及电动机 2.关小闸阀 3.检查电动机及水泵
填料处发热、漏渗水过少或没有	1.填料压得太紧 2.填料环装的位置不对 3.水封管堵塞 4.填料盒与轴不同心	1.调整松紧度,使滴水呈滴状连续渗出 2.调整填料环位置,使它正好对准水封管管口 3.疏通水封管 4.检修,改正不同心地方

2.14　轴流泵与混流泵

　　轴流泵和混流泵都是大、中流量,中、低扬程。尤其是轴流泵,扬程一般为 4~15 m 左右,多用于大流量小扬程的情况。例如,大型钢铁厂、火力发电厂的循环水泵站,城市雨水提升泵站、大型污水泵站、大型灌溉泵站以及长距离城市输水工程中的中途加压提升泵站等,采用轴流泵和混流泵是十分普遍的。

2.14.1　轴流泵的基本构造

　　轴流泵的外形就像一根弯水管,其泵壳直径与水泵进口直径相差不大,即可以垂直(立式) 安装,又可以水平(卧式) 安装,也可以倾斜(斜式) 安装。

　　如图 2.70(a) 所示为立式半调式轴流泵的外形图。图 2.70(b) 所示为该泵的结构图,其基本部件有:吸入管、叶片、轮毂体、导叶、泵壳、泵轴、上下轴承、填料盒以及叶片角度的调节机构等。

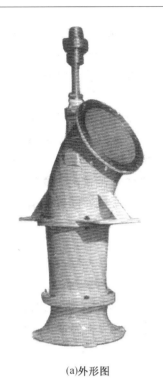

(a)外形图

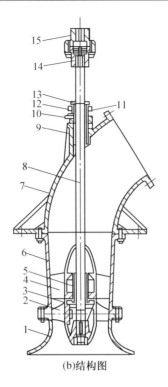

(b)结构图

图 2.70　立式半调型轴流泵

1— 吸入管;2— 叶片;3— 轮毂体;4— 导叶;5— 下导轴承;6— 导叶管;7— 出水弯管;8— 泵轴
9— 上导轴承;10— 引水管;11— 填料;12— 填料盒;13— 压盖;14— 泵联轴器;15— 电动机联轴器

1. 吸入管

为了改善轴流泵进口处的水流条件,一般采用类似流线型的喇叭口或做成流道形式(如肘形)。

2. 叶轮

叶轮是由叶片和轮毂组成的,轮毂体是用来固定叶片,由泵轴带动轮毂旋转,轮毂带动叶片。叶轮是轴流泵的主要工作部件,是轴流泵的核心部件,其性能的好坏直接影响着轴流泵性能的好坏。叶轮按其调节的可能性,可以分为全调式、半调试和固定式三种。

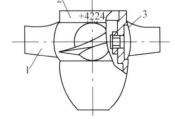

固定式轴流泵的叶片与安装叶片的轮毂体是铸成一体的,叶片的安装角度不能调节。半调式轴流泵其叶片是用螺栓栓紧在轮毂体上,可调整叶片在轮毂体上的安装角度,进而改变轴流泵的性能,如图 2.71 所示。全调式轴流泵就是根据不同扬程和流量的要求,在停机或不停机的条件下,不用

图 2.71　半调式叶片

1— 叶片;2— 轮毂体;3— 调节螺母

拆卸轴流泵而通过一套油压调节机构来改变叶片安装角度,进而改变轴流泵的性能。全调式叶轮的调节机构比较复杂,多用于大型轴流泵。

3. 导叶

轴流泵中的液体在叶轮的提升作用下呈螺旋形上升运动,除了轴向运动外,还有旋转运

动。由于旋转运动,液体就会损失能量,造成能量损失。因而,在叶片上方安装了固定在泵壳上不运动的导叶片,水流流经导叶时就消除了旋转运动,把旋转动能变为压能,从而降低了能量损失。导叶的作用就是把叶轮中向上流出的水流的螺旋形旋转运动变为轴向运动,一般轴流泵的导叶有 6 ~ 12 片。

4.泵壳

轴流泵外形有如一段大弯管,其上有安装固定轴流泵的设施。

5.轴和轴承

泵轴是用来传递扭矩的,即把电机的转动力矩传递给叶轮。在大型轴流泵中,为了在轮毂体内布置调节、操作机构,泵轴厂通常把泵轴做成空心轴,在里面安置调节操作油管。轴承在轴流泵中按其功能有两种:一是导轴承,主要用来承受径向力,起到径向定位作用;二是推力轴承,其主要作用是在立式轴流泵中,用来承受水流作用在叶片上的方向向下的轴向推力,水泵转动部件重量以及维持转子的轴向位置,并将这些推力传到机组的基础上去。

6.密封装置

泵轴与泵壳交接处的轴封,一般多采用压盖填料型的轴封装置。

2.14.2　轴流泵工作原理

轴流泵的工作是以空气动力学中机翼的升力理论为基础的。其叶片截面与机翼的形状相似,称之为翼型。

如图 2.72 所示,根据流体力学知识,我们知道当流体流过流线型机翼时,会在机翼上下分离成两股流,它们分别经过机翼的上表面和下表面,由于沿机翼上表面的路程要比下表面路程长一些,会造成机翼上面流速大、压力小,机翼下面流速小、压力大,流体对机翼的合力 F 是向上的,这个升力大于机翼重量时,就使得机

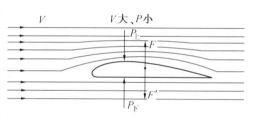

图 2.72　机翼升力示意图

翼向上升,这就是飞机升空的原理。同样,机翼对对于流体也产生一个反作用力 F',此 F' 力的大小与 F 相等,方向向下,作用在流体上。

轴流泵就是将翼型叶片倾斜固定在叶轮的轮毂上,如图 2.73 所示,翼型叶片随着轮毂旋转而在流体水中运动(旋转运动),流体相对流过翼型叶片,翼型叶片的流线型恰好与机翼相反,使得翼型叶片上面流速小、压力大,翼型叶片下面流速大、压力小,流体对翼型叶片的合作用力是向下的,而翼型叶片对流体的作用力是向上的。

这样在不断高速旋转运动的翼型叶片的作用下,液体因获得能量而被提升,图 2.74 就是液体流过翼型叶片时的展开示意图。

轴流泵内部的液体存在着两种运动,其一是液体随叶轮做圆周运动(牵连运动);其二是在升力的作用下做轴向运动(相对运动)。

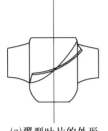
(a)翼型叶片的外形

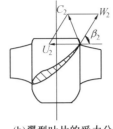
(b)翼型叶片的受力分析

图 2.73　轴流泵叶轮

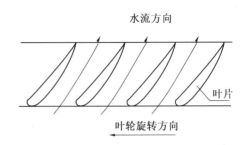

图 2.74　轴流泵叶轮(展开图)产生升力示意图

我们已知,不论叶片泵内部的叶片形状如何,水流情况怎样,能量转换的大小都决定于进出口的水流速度(速度四边形)。基本方程式(2.17)、式(2.27)表明,理论扬程只与水泵进出口的水流速度有关,即基本方程式对轴流泵也适用,即 $H_T = C_{2u} U_2 / g$。

若考察同一个质点(质点 1),若其在叶轮进口、出口的旋转半径 R 不变,质量不变,则 $U_2 = U_1 = R\omega$,水泵扬程就等于

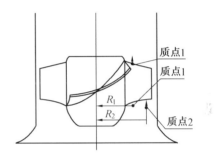

图 2.75　不同半径的质点进入叶轮的情况

$$H_T = \frac{C_2^2 - C_1^1}{2g} + \frac{U_2^2 - U_1^1}{2g} + \frac{W_1^2 - W_2^2}{2g}$$

$$H_T = \frac{(C_2^2 - C_1^1) + (W_2^2 - W_1^1)}{2g} \tag{2.116}$$

若考察不同质点,则其在叶轮进口、出口的旋转半径 R 不同,所以旋转线速度 U 不同,其速度三角形也不同。因为 $U = R\omega$,所以,半径 R 越大,质点的线速度 U 就越大($U_2 > U_1$),其速度三角形就越大,半径大质点 2 获得的扬程 H_T^2 就大于半径小质点 1 获得扬程 H_T^1 (图 2.75)。

由于不同半径的质点获得的能量不同,流出叶轮后就会有能量交换,在能量交换过程中将损失许多能量。水泵设计制造者为使得各个质点的扬程 H_T 相同,就改变叶片出口安装角的大小,使得半径 R 较大的叶片处的出水角 β_2 小,C_{2u} 变小;半径 R 较小的叶片处的出水角 β_2 大,C_{2u} 变大,从而使得各处质点的扬程 H_T 相同,减少了能量损耗,提高了叶轮的效率。

由于半径 R 越大,出水角 β_2 就越小,叶片就变成扭曲形状(类似家用风扇的叶片),如图 2.73 和 2.74 所示。

2.14.3　轴流泵的性能特点

如图 2.76 所示:

(1) 当 $Q = Q_设$ 时,扬程 H_T 分布均匀,效率 η 最高,扬程随流量 Q 变化平缓。

(2) 当 $Q \neq Q_设$ 时,H_T 分布不均匀,流线偏转,效率 η 降低,扬程随流量 Q 变化较陡。

(3) $Q < Q_设$ 严重时,不同的质点扬程 H 也就不同,会造成回流(图 2.77),压力高的水流质点流向压力低处,反复加压,造成扬程 H 急剧上升,使得($Q - H$)曲线陡峭,效率 η 急剧下降。

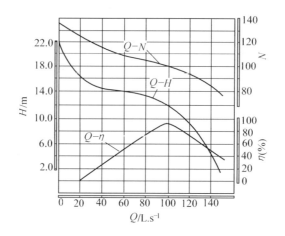

图 2.76　轴流泵特性曲线

（4）轴流泵的扬程曲线（$Q-H$）较陡，$Q=0$ 时，空载扬程 H_0 最大，$H_0=H_{max}$。

（5）功率曲线（$Q-N$）是一条下降曲线，空载功率 N_0 最大，$N_0=N_{max}$，所以，轴流泵要开闸启动。

（6）效率曲线（$Q-\eta$）高效区窄，效率变化大，不能用关小闸阀的方法调节流量，只有在设计流量下才能保证能量均匀，调节流量时，可用改变叶片安装角的方法，出水管上的阀门只供检修用。

（7）变角调节。改变叶片安装角调节轴流泵工况点的方法称为变角调节。变角调节根据叶轮的构造有全调节和半调节两种方式。

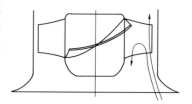

图 2.77　叶轮产生回流示意图

把各种安装角度的等效率曲线、等功率曲线绘在同一张图上，就得到通用特性曲线图（图 2.78）。有了这种图，可以很方便地根据所需的工作参数来确定适当的叶片安装角，或用这种图来选择水泵。

2.14.4　轴流泵的吸水性能

轴流泵的吸水性能用气蚀余量 H_{sv} 表示的。由于轴流泵的比转数 n_S 较大，所以轴流泵的流量 Q 较大，气蚀余量 H_{sv} 很大，有的甚至达到 12 m，叶轮进入水下才能工作，安装高度 H_{SS} 为负值，深度由水泵样本给出，不用计算安装高度，在设计和安装时，务必注意。

由于安装高度为负值，使用气蚀余量就比使用允许吸上真空高度直观明确，概念清楚。

2.14.5　混流泵

混流泵的工作原理和构造，介于离心泵和轴流泵之间，基本方程式仍适用混流泵。从外形上看，有的类似卧式离心泵，有的类似立式轴流泵，如蜗壳式混流泵（图 2.79）类似单吸式离心泵，导叶式混流泵（2.80）类似立式轴流泵，其构造部件也基本类似，只是叶轮形状稍有不同（斜向）。

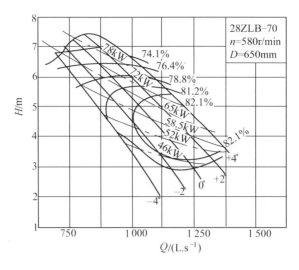

图 2.78　轴流泵的通用特性曲线

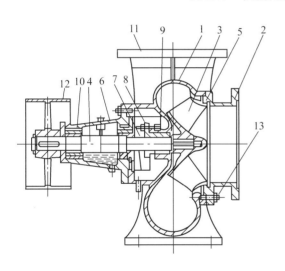

图 2.79　蜗壳式混流泵构造装配图

1— 泵壳;2— 泵盖;3— 叶轮;4— 泵轴;5— 减漏环;6— 轴承盒;7— 轴套;8— 填料压盖;9— 填料;10— 滚动轴承;11— 出水口;12— 皮带轮;13— 双头螺丝

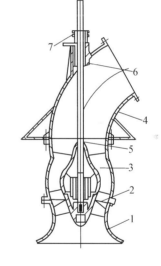

图 2.80　导叶式混流泵构造图

1— 进水喇叭;2— 叶轮;3— 导叶体;4— 出水弯管;5— 泵轴;6— 橡胶轴承;7— 填料盒

思考题与习题

1. 简述离心泵的工作原理及工作过程。

2. 离心泵的基本结构有哪些?

3. 离心泵的主要零部件有哪些,如何进行分类?

4. 水泵的基本性能参数有哪些?分别是如何定义的?

5. 试述水流在叶轮中的运动状态?

6. 离心泵基本方程式的内容是什么?是如何推导的?

7. 叶片安装角对叶轮性能有何影响?

8. 水泵内部的能量损失有哪些?

9. 离心泵装置的工作扬程和设计扬程如何确定?

10. 如图 2.81 所示,水泵从一个密闭水箱抽水,输入另一个密闭水箱,水箱内的水面与泵轴齐平,试问:

(1) 该水泵装置的静扬程 H_{ST} 是多少?

(2) 水泵的吸水地形高度 H_{SS} 是多少?

(3) 水泵的压水地形高度 H_{sd} 是多少?

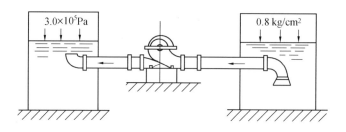

图 2.81　密闭式离心泵装置

11. 三台水泵三种抽水装置如图 2.82(a)、(b)、(c) 所示。三台泵的泵轴都在同一标高上,其中(b)、(c) 装置的吸水箱是密闭的,(a) 装置吸水井是敞开的。要使 $H_{SS(a)}$ = $H_{SS(b)}$ = $H_{SS(c)}$ 时,则图中的 H_A、P_c 各是多少?

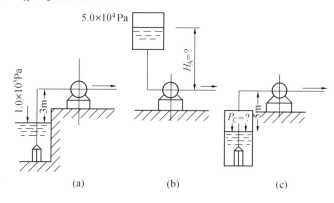

图 2.82　三种抽水装置

12. 如图 2.83 所示的岸边取水泵房,水泵由河中直接抽水输入高地密闭水箱中。已知条件:水泵流量 Q = 160 L/s 管道均采用铸铁管。吸水及压水管道中的局部水头损失假设各为 1 m。

吸水管:管径 D_s = 400 mm,长度 l_1 = 30 m;

压水管:管径 D_d = 350 mm,长度 l_2 = 200 m;

水泵的效率 η = 70%;其他标高值见图 2.83。

试问:

(1) 水泵吸入口处的真空表读数为多少 mH$_2$O?相当于真空度为 % 多少?

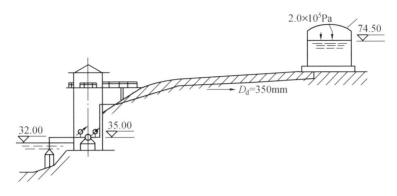

图 2.83　岸边取水泵房

(2) 水泵的总扬程 H 是多少?

(3) 电动机输给水泵的功率 N 是多少?

13. 现有一台离心泵装置如图 2.84 所示,试证该离心泵装置的扬程公式应为

$$H = H_{ST} + \sum h + \frac{U_3^2}{2g}$$

14. 现有一台离心泵,测量其叶轮的外径 $D_2 = 280$ mm,宽度 $b_2 = 40$ mm,出水角 $\beta_2 = 30°$,假设此水泵的转速 $n = 1\,450$ r/min,试绘制其 $(Q_T - H_T)$ 理论特性曲线。

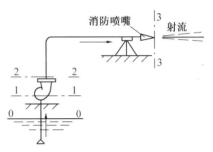

图 2.84　水泵喷射出流

15. 一台输送清水的离心泵,现用来输送相对密度为水的 1.3 倍的液体,该液体的其他物理性质可视为与水相同,水泵装置均同,试问:

(1) 该泵在工作时,其流量 Q 与扬程 H 的关系曲线有无变化?在相同的工作情况下,水泵所需要的功率有无变化?

(2) 水泵出口处的压力表读数(kg/cm^2) 有无变化?如果输送清水时,水泵的压力扬程 H_d 为 50 m,此时压力表读数应为多少 kg/cm^2?

(3) 如该水泵将液体输往高地密闭水箱时,密闭水箱内的压力为 2.0×10^5 Pa(如图 2.85 所示),试问此时该水泵的静扬程 H_{ST} 应为多少?

16. 什么是水泵的工况点?决定水泵工况点的因素有哪些?

17. 什么叫管路系统水头损失特性曲线?什么叫管路系统特性曲线?

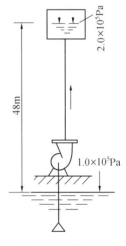

图 2.85　题 15 工况示意图

18. 什么叫折引特性曲线?

19. 离心泵装置的工况点如何确定?水箱出流的工况点如何确定?

20. 水泵叶轮的相似条件是什么?

21. 水泵叶轮相似定律的内容是什么?比例律的内容是什么?

22. 什么叫相似准数(比转数)?

23. 水泵工况调节的措施有哪些?

24. 切削定律的内容是什么?

25. 在图 2.86 所示的水泵装置上,在出水闸阀前后装 A、B 两只压力表,在进水口处装上一只真空表 C,并均相应地接上测压管。现问:

(1) 闸阀全开时,A、B 压力表的读数以及 A、B 两根测压管的水面高度是否一样?

(2) 闸阀逐渐关小时,A、B 压力表的读数以及 A、B 两根测压管的水面高度有何变化?

(3) 在闸阀逐渐关小时,真空表 C 的读数以及它的测压管内水面高度如何变化?

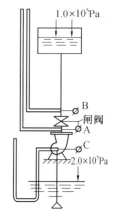

26. 如图 2.87 所示,A 点为该水泵装置的极限工作点,其相应的效率为 η_A。当闸阀关小时,工作点由 A 点移至 B 点,相应的效率为 η_B。由图可知 $\eta_B > \eta_A$,现问:

(1) 关小闸阀是否可以提高效率?此现象如何解释?

(2) 如何推求关小闸阀后该泵装置的效率变化公式?

图 2.86　题 25 工况示意图

27. 某取水工程进行初步设计时,水泵的压水管路可能有两种走向,如图 2.88(a) 及 (b) 所示,试问:

(1) 如果管道长度、口径、配件等都认为近似相等,则这两种布置,对泵站所需要的扬程是否一样?为什么?

(2) 如果在图 2.88(a) 的布置中,将最高处的管道改为明渠流,对水泵的工况有何影响?对电耗有何变化?为什么?

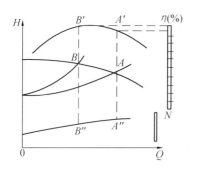

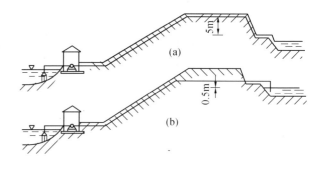

图 2.87　题 26 工况点示意图　　　　图 2.88　取水泵房管道走向比较

28. 同一台水泵,在运行中转速由 n_1 变为 n_2,试问其比转数 n_S 是否发生相应的变化?为什么?

29. 在产品试制中,一台模型离心泵的尺寸为实际泵的 1/4 倍,并在转速 $n = 730$ r/min 时进行试验。此时测出模型泵的设计工况为:出水量 $Q_m = 11$ L/s,扬程 $H_m = 0.8$ m。如果模型泵与实际泵的效率相等。试求:实际水泵在 $n = 960$ r/min 时的设计工况流量和扬程。

30. 某循环水泵站中,夏季为一台 12Sh-19 型离心泵工作。水泵叶轮直径 $D_2 = 290$ mm,管路中阻力系数 $S = 225$ s²/m⁵,静扬程 $H_{ST} = 14$ m。到了冬季,用水量减少了,该泵站须减少

12% 的供水量,为了节电,到冬季拟将另一备用叶轮切小后装上使用。问:该备用叶轮应切削外径百分之几?

31.水泵并联及串联运行的特点是什么?

32.试论述 4 台同型号并联工作的泵站,采用一调三定、三调一定或采用二调二定方案做调速运行时,其节能效果有何不同?

33.某机场附近一个工厂区的给水设施如图 2.89 所示。

已知:采用一台 14 SA-10 型离心泵工作,转速 $n = 1\ 450$ r/min,叶轮直径 $D = 466$ mm,管道阻力系数 $S_{AB} = 200\ s^2/m^5$,$S_{BC} = 130\ s^2/m^5$,试问:

(1)当水泵与密闭压力水箱同时向管路上 B 点的四层楼房室内供水时,B 点的实际水压等于保证 4 层楼房屋所必须的自由水头时,问 B 点出流的流量应为多少(m³/h)?

(2)当水泵向密闭压力水箱输水时,B 点的出流量已知为 40 L/s,问水泵的输水量及扬程应为多少?输入密闭压力水箱的流量应为多少?

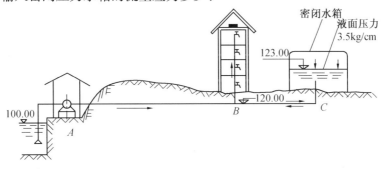

图 2.89　厂区给水设施

34.什么是水泵的气蚀?有何危害?如何采取措施进行防止?

35.什么叫允许吸上真空高度?什么叫气蚀余量?

36.24Sh-19 型离心泵的铭牌上注明:在抽升 20 ℃ 水温的水时,$H_s = 2.5$ m。现问:

(1)该泵在实际使用中,其水泵吸入口的真空表值 H_V 只要不大于 2.5 mH₂O,是否就能保证该泵在运行中不产生气蚀?

(2)铭牌上 $H_s = 2.5$ m 是否意味着,该泵在叶轮中的绝对压力最低不能低于 10.33 m – 2.5 m = 7.83 mH₂O 高?为什么?

37.12Sh-19A 型离心泵,流量为220 L/s时,在水泵样本中的($Q - H_S$)曲线上查得其允许吸上真空高度 $H_S = 4.5$ m,泵进口直径为 300 mm,吸水管从喇叭口到泵进口的总水头损失为 1.0 m,试计算在标准状态下其最大安装高度 H_{SS}。

38.水泵在运行中应注意哪些问题?

39.离心泵常见的故障有哪些?如何排除?

40.轴流泵的基本构造有哪些?比较其与离心泵构造的异同。

41.轴流泵的工作原理是什么?

42.分析轴流泵的工作性能及特点。

第3章 常用水泵介绍

水泵的构造形式很多,其分类方法也各不相同,可以从各个角度来提出分类:有卧式的、立式的;有抽清水的、有抽污水的;有单级单吸、单级双吸和多级多段式的等等。对某一具体型号的水泵,往往是采用几个分类名称的组合,而以其中主要的特征来命名。下面将给水排水工程中常见的水泵分别介绍如下。

3.1 IS 型单级单吸清水离心泵

IS 型单级单吸清水离心泵是根据国际标准 ISO 2858 所规定的性能和尺寸设计的,它是现行水泵行业首批采用此标准设计的新系列产品。本系列泵共 29 个品种,其效率平均比老产品提高 3.67%。

该泵主要结构有泵体、泵盖、轴、密封环、轴套和悬架轴承部件等组成,如图 3.1 所示。泵体和泵盖为后开门结构形式,其优点是检修方便,即不用拆卸泵体、管路和电动机,只需拆下加长联轴器的中间连接件,就可以退出转子部件进行检修。悬架轴承部件支撑着泵的转子部件。为了平衡泵的轴向力,在叶轮前、后盖板上设有平衡孔。滚动轴承承受泵的径向力和残余轴向力。该泵采用填料密封时,由填料压盖、填料环和填料组成。在轴通过填料腔的部位装有轴套,以保护泵轴,防止磨损。轴套和轴之间装有 O 形密封圈,以防进气和漏水。

泵的传动方式是通过加长弹性联轴器与电动机相连,从电动机方向看,泵为顺时针方向

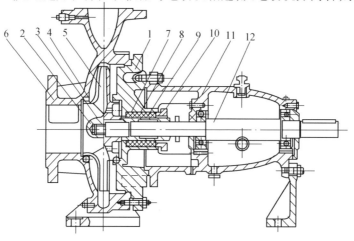

图 3.1 IS 型泵结构

1—泵体;2—叶轮螺母;3—止动垫圈;4—密封环;5—叶轮;6—泵盖;7—轴套;8—填料环;9—填料;10—填料压盖;11—悬架轴承部件;12—轴

旋转。

IS 型泵系列单级单吸离心泵,用于输送清水或物理性质类似于清水的其他液体之用,温度不高于 80 ℃,适用于工业和城市给水、排水及农田灌溉。

该泵的性能范围:流量(Q)6.3 ~ 400 m³/h;扬程(H)5 ~ 125 m;转速(n)1 450 r/min 和 2 900 r/min。

型号意义:例 IS 80 – 65 – 160(A)

IS——采用 ISO 国际标准的单级单吸清水离心泵;

80——水泵入口直径(mm);

65——水泵出口直径(mm);

160——叶轮名义直径(mm);

A——叶轮外径经第一次切削。

3.2　Sh 型单级双吸离心泵

Sh 型泵主要由泵体、泵盖、轴承、转子等部件组成,如图 3.2 所示。该泵为单级双吸叶轮,泵体为水平中开。泵的吸入管和排出管均在泵轴中心线下方成水平方向,并与泵体铸成一体。泵体与泵盖的分开面在轴中心线上方,无需拆卸管路及电动机即可检修泵的转动部件。该泵滚动轴承用油脂润滑,滑动轴承用稀油润滑。轴向力由双吸叶轮平衡,残余轴向力由滚动轴承平衡。该泵采用填料密封,在轴封处装有可更换的轴封。

泵的传动是通过弹性联轴器由电动机驱动,从传动端看,泵为逆时针方向旋转。

Sh 型单级双吸离心泵用来输送不含固体颗粒及温度不超过 80℃的清水或物理、化学性质类似水的其他液体。适合于工厂、矿山、城市给排水,也可用于电站、大型水利工程、农田排灌等。

该泵的性能范围:流量(Q)为 144 ~ 11 000 m³/h;扬程(H)为 11 ~ 125 m。

型号意义:例 6Sh – 9A

6——水泵入口直径(in);

Sh——单级双吸中开式离心泵;

9——泵的比转数除以 10 的整数;

A——叶轮外径经第一次切削。

与 Sh 型泵的结构形式相类似的水泵有 SA 型和 S 型,还有一种 SLA 型立式双吸离心泵,它是将 SA 型泵的泵轴改为立式安装,除上下两轴承体内装有向心球轴承外,上端轴承体内还装有止推轴承,以承受泵的轴向推力及转动部分的重量。习惯上把这种泵称为"立式安装",目的是使泵房平面面积减小,布置紧凑。但从安装和维修角度讲,它不如卧式泵方便。

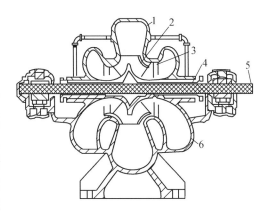

图 3.2　Sh 型泵结构(使用滑动轴承)

1— 泵盖;2—叶轮;3—泵体密封环;
4—轴套;5—泵轴;6—泵体

3.3 D型多级离心泵

多级泵相当于将几个叶轮同时安装在一根轴上串联工作,轴上叶轮的个数就代表泵的级数。多级泵工作时,液体由吸入管吸入,顺序地由一个叶轮压出进入后一个叶轮,每经过一个叶轮,液体的比能就增加一次。所以,泵的总扬程是按叶轮级数的增加而增加。

多级泵的泵体是分段式的,由一个前段、一个后段和数个中段组成,用螺栓连接成一个整体。它的叶轮都是单吸式的,吸入口朝向一边。泵壳铸有蜗壳形的流道,水从一个叶轮流入另一个叶轮,以及把动能转化为压能的作用是由导流器来进行的。导流器的结构图如图3.3(a)所示,它是一个铸有导叶的圆环,安装时用螺母固定在泵壳上。水流通过导流器时,犹如水流经过一个不动的水轮机的导叶一样,因此,这种带导流器的多级泵通常称为导叶式离心泵(又称透平式离心泵)。图3.3(b)表示泵壳中水流运动的情况。

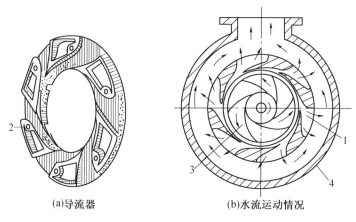

(a)导流器   (b)水流运动情况

图3.3 导叶式离心泵

1—流槽;2—固定螺栓孔;3—水泵叶轮;4—泵壳

D型泵为卧式安装,吸入口水平,排出口垂直向上。泵由泵体、叶轮、轴、导叶、导叶套和平衡盘等主要零部件组成,如图3.4所示。转子的轴向力由平衡盘平衡。轴承采用滚动轴承,用黄油润滑。轴封采用机械密封和填料密封,在填料密封的填料箱中通入有一定压力的水,起水封作用。从驱动方向看,泵为顺时针方向旋转。

D型泵用来输送不含固体颗粒、温度低于80 ℃的清水或物理化学性质与清水类似的液体,适用于矿山、工厂和城市给排水。

该泵性能范围:流量(Q)为6.3~450 m³/h;扬程(H)为50~650 m。

型号意义:例 D150-30×3

D——多级节段式离心泵;

150——泵设计点流量(m³/h);

30——泵设计点单级扬程(m);

3——泵的级数。

图3.5所示为分段多级式离心泵中液流的示意图。其轴向推力将随着叶轮个数的增加而增大。所以,在分段多级离心泵中,轴向力的平衡是一个不容忽视的问题,为了消除轴向

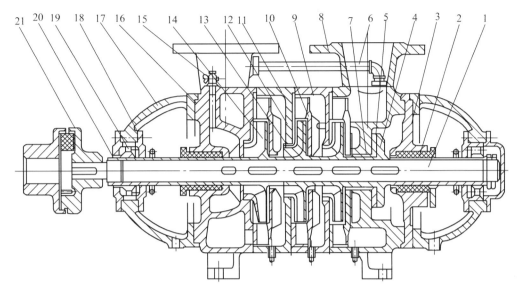

图 3.4　D 型泵结构

1— 轴；2—轴套；3—尾盖；4—平衡盘；5—平衡板；6—平衡水管；7—平衡套；8—排出段；9—中段；10—导叶；11—导叶套；12—次级叶轮；13—密封环；14—首级叶轮；15—气嘴；16—吸入段；17—轴承体；18—轴承盖；19—轴承；20—轴承螺母；21—联轴器

推力,通常在水泵最后一级,安装平衡盘装置,如图 3.6所示。

　　此平衡盘以键销固定于轴上,随轴一起旋转。它与泵轴及叶轮可视为同一个刚性体,而泵壳及泵座则视为另一个刚性体。当最后一级叶轮出口的压力水有一部分经轴隙a流至平衡盘时,平衡室内将有一个 ΔP 的力作用在平衡盘的内表面上,其值为 $\Delta P' = \rho g h A$(A 为平衡盘的面积),其方向与水泵的轴向力 ΔP 相反。如 $\Delta P'$ 接近 ΔP 时,对泵轴而言,意味着使它向左移动的力和使它向右移动的轴向力平衡,所以我们称 $\Delta P'$ 为轴向力的平衡力。在水泵运行中,由于水泵的出水压力是变化的,因此,轴向力 $\Delta P'$ 也是变化的,当 $\Delta P > \Delta P'$ 时,泵轴及平衡盘向右移动,盘隙 b 变小,泄漏量也变小,但因轴隙 a 是始终不变的,此时,平衡室内就进水多而出水少,平衡室压力 $\rho g h A$ 值增大,也即向左的平衡力 $\Delta P'$ 就增大,很快地它增长至 $\Delta P' = \Delta P$ 值时,轴和平衡盘又从右边拉回到原来平衡位置。

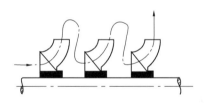

图 3.5　分段多级式离心泵中液流示意

　　分段多级泵中装了平衡盘以后,不论水泵工作情况如何变化,在平衡室内一定能自动地使 $\Delta P'$ 调整至与 ΔP 相等。并且,这种调整是随时进行的。在水泵运行中,平衡盘始终处于一种动态平衡之中,泵的整个转动部分始终是在某一平衡位置的左右做微小的轴向脉动。一般水泵厂在水泵的总装图上,对装上平衡盘后的水泵,轴的窜动量都提有明确的技术要求。这里,轴缝a的作用,主要是造成一水头损失值,以减少泄漏量。盘隙b的作用,主要是控制泄漏量,以保证平衡室内维持一定的压力值。平衡盘直径应适当比水泵吸入口直径大一些,以保证 $\Delta P'$ 能与 ΔP 平衡。轴隙、盘隙、盘径这三者在水泵制作的设计中,都需要具体计算。另外采用了平衡盘后,就不采用止推轴承,因为止推轴承限制了泵转动部分的轴向移动,使平衡

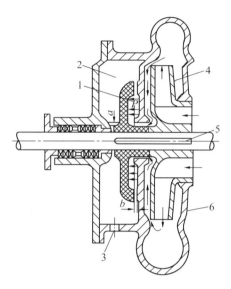

图 3.6　平衡盘

1—平衡盘;2—平衡室;3—通大气孔;
4—叶轮泵;5—键;6—泵壳

盘失掉自动平衡轴向力这个最大的优点。

　　此外,对多级泵而言,消除轴向力的另一途径是将各个单吸式叶轮作"面对面"或"背靠背"的布置,如图 3.7 所示。一台四个单吸式叶轮的多级泵,可排成犹如两组双吸式叶轮在工作,这样,可基本上消除由于叶轮受力的不对称性而引起的轴向推力。但是,一般而言,这类布置将使泵的结构较为复杂一些。

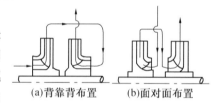

(a)背靠背布置　　(b)面对面布置

图 3.7　叶轮对称布置

3.4　DG 型锅炉给水泵

　　DG 型水泵是用来输送不含固体颗粒、温度低于 105 ℃的清水或物理化学性质类似清水的液体,适用于小型锅炉给水和类似热水的介质。

　　DG 型水泵多为卧式安装,吸入口和排出口均为垂直向上。泵的前段、中段和后段用螺栓联结成一体。泵由泵体、叶轮、轴、导叶、导叶套和平衡盘等零部件组成,其结构如图 3.8 所示。转子的轴向力由平衡盘平衡,轴承为滚动轴承,黄油润滑。轴封为浮环式密封、机械密封和填料密封。密封腔内通有一定压力的水,起水封、水冷和水润滑作用。电动机与泵轴通过弹性联轴器直联驱动,从驱动端看,泵为顺时针方向旋转。

　　该泵的性能范围:流量(Q)为 6.5 ~ 450 m³/h;扬程(H)为 50 ~ 650 m。

　　型号意义:例 DG 85-67 × 3

　　DG——多级节段式锅炉给水泵;

　　85——泵设计点流量(m³/h);

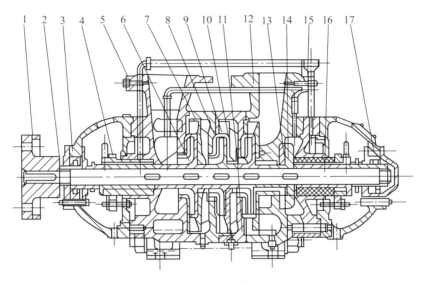

图 3.8　DG 型泵结构

1— 柱销弹性联轴器;2—轴;3—滚动轴承部件;4—水冷填料;5—吸入段;6—密封环;7—中段;8—叶轮;9—导叶;10—导叶套;11—螺栓;12—排出段;13—平衡套(环);14—平衡盘;15—填料盒体;16—水冷室盖;17—轴承

67——泵设计点单级扬程(m);

3——泵的级数。

3.5　TC 型自吸泵

　　TC(TCD)型泵为单级、单吸离心式自吸泵,可用来输送清水及物理化学性质与清水类似的液体,液体的最高温度不超过 80 ℃。此种水泵的结构简单、体积小、重量轻,具有良好的自吸性能;使用时不需安装底阀,维修操作方便,只要在第一次启动前往泵内灌满水即可进行抽水,以后启动可不再灌水。此种水泵很适合于小型稻田、菜地、园林的灌溉,鱼塘、工厂、学校、别墅的供水,工程施工、地下室、下水沟排水等之用。

　　TC 型泵的主要零件有:泵体、泵盖、叶轮、轴、轴承等,如图 3.9 所示。泵体内具有涡形流道,流道外层周围有容积较大的气水分离腔,泵体下部铸有座角作为固定泵用,泵体的进出水口可用胶管或法兰管连接。当配胶管时,进口胶管接头座附有止回阀,以阻止停机液体倒流。泵体涡形流道内装有闭式单吸叶轮,泵盖上具有密封室,轴承体内装黄油以润滑轴承,泵轴后端装 V 带轮或联轴器,用电动机或内燃机来带动泵。TC 泵进口在泵的正前方的水平方向,出水是垂直向上或用弯头朝上 45°方向。

　　该泵的性能范围:流量(Q)为 6～120 m^3/h;扬程为(H)4.8～87 m;转速(n)为 2 600～2 900 r/min。

　　型号意义:例 3TC-15

　　3——泵吸入口直径(in);

　　TC——离心自吸泵;

15——泵设计点扬程(m)。

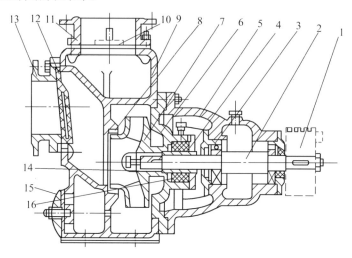

图 3.9　TC 型(TCD)自吸泵结构

1— 带轮(联轴器);2—轴;3—轴承;4—填料压盖;5—轴承体;6—泵盖;7—叶轮;8—密封环;9—泵体;10—引水塞;11—出水管接头座;12—吸入止回阀;13—吸水管接头;14—轴套;15—放水塞;16—骨架油封

3.6　IH 型单级单吸化工离心泵

IH 型单级单吸化工离心泵是根据国际标准 ISO 2858 进行设计的,并按国际标准 ISO 5199/DIS 制造的,其技术经济指标与老产品比较,效率平均提高了 5% 左右,气蚀余量降低了 2 m 左右,是国家推广的节能替代产品。

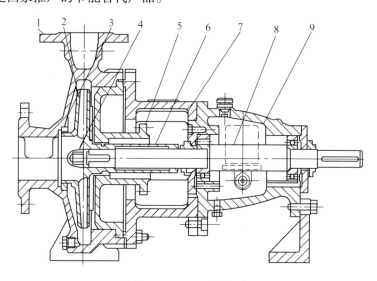

图 3.10　IH 型泵结构

1— 泵体;2—叶轮;3—密封环;4—叶轮螺母;5—泵盖;
6—密封部件;7—中间支架;8—轴;9—悬架部件

　　IH 泵主要是由泵体、叶轮、泵盖、轴、轴套、密封环、叶轮螺母、中间支架、悬架部件等组成,如图 3.10 所示。该泵为后开门结构型式,其特点是不用拆卸与泵体连接的进、出口管路,也不用拆卸电动机,只需拆下加长联轴器的中间连接件,就可以拆除泵的转子部件进行检修,使维修工作十分方便。悬架体、轴承部件支承着泵的转子部件。为了平衡轴向力,在叶轮前盖板处设有密封环,在叶轮后盖板上设有背叶片。滚动轴承承受泵的径向力和残余的轴向力。在强腐蚀条件下,有时需要将中间支架用耐腐蚀材料制造。轴封一般采用机械密封,最常用的是非平衡型内装式单端面机械密封,以防止泄漏和进气。根据工作条件也可采用外装式机械密封、平衡型机械密封和双端面机械密封。在某些情况下,还需要密封附加装置,如旋风分离器、孔板、换热器等。对于悬浮颗粒和腐蚀性较弱的介质,最经济的轴封型式是软填料密封,软填料密封由填料压盖、填料环、轴套、软填料等组成。传动由电动机通过加长联轴器传动泵轴。从电动机方向看,泵为顺时针方向旋转。

　　IH 型泵主要用于化工、石油、石油化工、冶金、轻工、印染、制药、环保、海水淡化、海上采油等工业部门,用来输送没有固体颗粒的有机或无机化工介质、石油产品及有腐蚀性的液体。

　　该泵的性能范围:流量(Q)为 3.4 ~ 460 m³/h;扬程(H)为 3.6 ~ 132 m;温度(t)为 20 ~ 180 ℃,最高工作压力为 1.6 MPa。

　　型号意义:例 IH 80-50-200AS$_1$-306

　　IH——符合国际标准的单级单吸化工泵;

　　80——泵入口直径(mm);

　　50——泵出口直径(mm);

　　200——叶轮名义直径(mm);

　　A——叶轮外径经第一次切削;

　　S$_1$——泵的轴封型式,见 GB 5656;

　　306——泵零件的材料代号,见 GB 2100。

3.7　WL 型立式排污泵

　　WL 型污水泵是杂质泵的一种,它与清水泵的不同之处在于:叶轮的叶片少,流道宽,便于输送带有纤维或其他悬浮杂质的污水。另外,在泵体的外壳上开设有检查、清扫孔,便于在停车后清除泵壳内部的污浊杂质。

　　WL 型系列立式排污泵是在吸收国外先进技术的基础上研制而成的,该产品具有以下三个特点:高效节能;功率曲线平坦,可以在全性能范围内运行而无过载之忧;无堵塞,防缠性能良好,采用单叶片,大流道叶轮,能顺利地输送含大固体颗粒、食品塑料袋等长纤维或其他悬浮物的液体,能抽送直径为 100 ~ 250 mm、纤维长度为 300 ~ 1 500 mm 的大颗粒固体块。该种水泵适用于输送城市生活污水、工矿企业污水、泥浆、粪便、灰渣及纸浆等浆料,还可用做循环泵、给排水用泵及其他用途。

　　WL 型系列泵为单级单吸立式污水泵,液体沿泵轴的轴线成 70°方向流出。其主要部件由蜗壳、叶轮、泵座体、支撑管、轴、电动机座等组成,如图 3.11 所示。叶轮有两种规格,一种

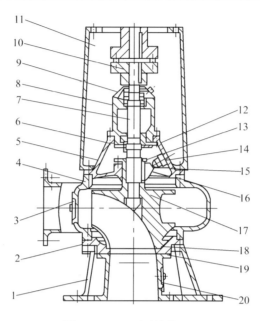

图 3.11　WL 型泵结构

1—底座;2—前泵盖;3、20—手孔盖;4—泵体;5—后泵盖;6—下轴承架;7—轴;8—轴承架;9—上轴承盖;10—弹性联轴器;11—电动机支架;12—挡水圈;13—填料压盖;14—汽油杯;15—填料;16—填料杯;17—叶轮;18—密封环;19—进口锥管

是三叶片叶轮,另一种是单叶片叶轮。叶轮在蜗壳和泵座体组成的工作室中工作,将介质由工作室经出口弯头排出。泵的轴向密封由一套机械密封和两个骨架油封组成,防止介质沿轴向冲向轴承,以确保轴承的使用寿命。支撑管由冷拉钢管制成,作为连接电动机座与泵座体之用。泵的传动方式是通过联轴器与电动机连接,泵的旋转方向,从电动机端看为顺时针方向旋转。

WL 型立式排污泵的泵体和进水管上都设有手孔,以供排出杂物,液体沿轴向吸入,水平方向排出。电动机与泵的联接方式有两种:一是电动机联轴器装在与泵体连为一体的支架上;二是电动机单独设基础,通过带万向节的传动轴与泵轴联接。

型号意义:例 200WLI(II)480-13

200——泵出口直径(mm);

WL——立式排污泵;

I——电动机直联式;

II——加卡轴万向节联接式;

200——叶轮名义直径(mm);

480——泵设计点流量(m³/h);

13——泵设计点扬程(m)。

3.8 WW 型无堵塞污水污物泵

WW 型无堵塞污水污物泵是适应现代工业发展的新型杂质泵。它广泛用于冶金、矿山、煤炭、电力、石油、化工等工业部门和城市污水处理、港口河道疏浚等作业。该种型号泵的最大的特点是:可以抽送大块矿石,抽送含有杂草、麦穗、稻草等大量纤维状物质的污水而不会产生堵塞现象。它被用做化工流程泵时,不会因被抽送液体结晶而堵塞。如用来抽送鱼虾,则能保证鱼虾不被叶轮绞死打烂。所以,WW 型无堵塞污水污物泵是一种很理想的高性能杂质泵。

WW 型无堵塞污水污物泵是一种单级单吸离心泵,其结构如图 3.12 所示。该泵采用单叶片流道闭式叶轮,泵的进出口口径和叶轮流道的最小过流部位的尺寸相同。这样就保证了被抽送介质中的最大颗粒固体物质能顺利通过,从而达到泵的无堵塞效果。WW 型无堵塞污水污物泵的轴封采用外供水冲洗的填料盒,用软填料密封。WW 型无堵塞污水污物泵也可用于抽送带腐蚀性的液体,例如,用做化工泵,则可采用机械密封,并设水冷却系统。泵是通过弹性联轴器由电动机驱动。WW 型无堵塞污水污物泵采用滚动轴承支承,滚动轴承用稀油润滑。

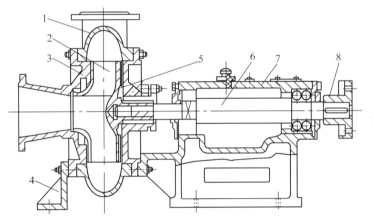

图 3.12 WW 型无堵塞污水污物离心泵结构图

1—泵体;2—叶轮;3—前盖;4—支架;5—后盖;6—泵轴;7—托架;8—联轴器

该泵的性能范围:流量(Q)为 20～500 m³/h;扬程(H)为 5～30 m。

型号意义:例 150WW260-14

150——进出口口径(mm);

WW——无堵塞污水污物泵;

260——泵设计点流量(m³/h);

14——泵设计点扬程(m)。

3.9　JC 型深井泵

JC 型泵是用来从深井中提取地下水的设备,供以地下水为水源的城市、工矿企业及农田灌溉之用。该型泵适用于输送常温、无腐蚀性的清水,水中不允许含有任何油类,含砂量应小于 0.01%（质量分数）、水质为中性（pH 值为 6.5 ~ 8.5）。

如图 3.13 所示,该泵是由单个或多个离心式叶轮、导流壳、扬水管和泵座等部件组成。泵座和原动机位于井口上部,原动机的动力通过与扬水管同心的传动轴传递给叶轮轴。支撑传动轴和泵轴的轴承用泵抽送的清水润滑,传动装置中的滚动或滑动轴承用干油或稀油润滑,轴封为填料密封。

该型泵传动由原动机以 YLB 型专用立式空心轴电动机驱动为主,也可用普通立式或卧式电动机或内燃机通过传动装置来驱动。常用的传动装置有:皮带轮传动装置、齿轮箱传动装置和普通立式电动机增设推力装置等。各种传动装置都设有承受水泵轴向推力的轴承和防止反转的止逆结构及调整水泵轴向串量的机构。从传动装置顶端向下看泵,泵为逆时针方向旋转。

型号意义:例 100JC10-3.8×13

100——适用于最小井筒内径(mm);

JC——长轴深井泵;

10——泵设计点流量(m³/h);

3.8——泵设计点单级扬程(m);

13——泵的级数。

3.10　潜　水　泵

潜水泵主要是由电机、水泵和扬水管三个部分组成的,电机与水泵连在一起,完全浸没在水中工作,这种泵广泛地应用于工矿及城市给水排水工程中。由于潜水泵是在水中运行的,故其在结构上有一些特殊的要求,特别是潜水电动机较一般电动机有特殊要求,通常有干式、半干式、湿式和充油式电动机等几种类型。

干式电动机采用电动机内充入压缩空气或在电动机的轴伸端用机械密封等办法来阻止水或潮气进入电动机内腔,以保证电动机的正常运行。半干式电动机是仅将电动机的定子密封,而让转子在水中旋转。湿式电动机是在电动机定子内腔充以清水或蒸馏水,转子在清水中转动,定子绕组采用耐水绝缘导线,这种湿式电动机结构简单,应用较多。充油式电动机就是在电动机内充满绝缘油(如变压器油),防止水和潮气进入电机绕组,并起绝缘、冷却

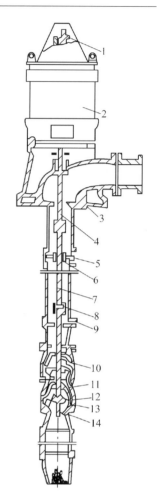

图 3.13　JC 型深井泵结构

1—轴调节螺母;2—电动机;3—泵座;4—电动机轴;5—轴承体;6—轴承体衬套;7—传动轴;8—联轴器;9—扬水管;10—壳体轴承衬套;11—泵壳;12—叶轮;13—锥形套;14—泵轴

和润滑作用。

　　潜水泵的主要特点是:(1)电机与水泵合为一体,不用长的传动轴,重量轻;(2)电动机与水泵均潜入水中,不需修建地面泵房;(3)由于电动机一般是用水来润滑和冷却的,所以维护费用小。

　　很多型号的潜水泵都设有自动耦合装置,在泵出口端设有滚轮,在导轨内上下滚动,耦合装置保证泵的出水口与固定在基础上的出水弯管自动耦合和脱接,泵的检修工作可在池外进行。竖向导轨下端固定于弯管支座之上,上端与污水池顶梁或墙(出口弯管侧)内预埋钢板焊接固定。轴承与潜水电动机共用。轴封采用机械密封,传动与潜水电动机同轴,由电动机直接驱动。

　　如图 3.14 所示为 QWB 型立式潜水污水泵的结构示意图。吸入口位于泵的底部,排出口为水平设置。选用立式潜水电动机与泵体直联,过负荷保护装置和浸水保护装置保证了运转的安全。图 3.15 所示为 QWB 型泵的外形及安装示意。

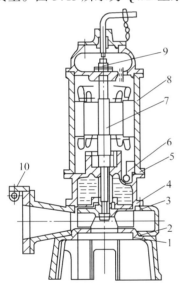

图 3.14　QWB 型立式潜污泵结构图

1— 进水端盖;2—O 形密封圈;3—泵体;4—叶轮;5—浸水检出口;6—机械密封;7—轴;8—电动机;9—过负荷保护装置;10—连接部件

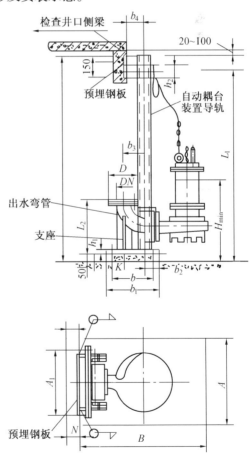

图 3.15　QWB 型泵外形和安装尺寸

QWB 型泵适用于输送 40 ℃以下的工矿企业排放的工业废水、生活污水、粪便或含有纤维、纸屑等非磨蚀性固体的液体。液体的 pH 值在 5～9 范围内,固体颗粒直径小于 20 mm。该泵广泛应用于矿山建设、市政工程以及医院、宾馆、饭店污水杂物的排放,也可用做采油、水处理及农田灌溉等。

型号意义:例 80QWB-0.3-10

80——排出口直径(mm);

QWB——潜水污水泵;

0.3——设计点流量(m^3/min);

10——泵总扬程(m)。

3.11 GD 型管道泵

GD 型泵一般供输送温度低于 80℃无腐蚀性的清水或物理、化学性质类似清水的液体。用不锈钢制造过流部件,则可输送奶类、饮料、酱油等卫生液体。泵可以直接安装在水平管道中,小型泵还可以安装在竖直管道中运行,也可多台串联或并联运行,适合工业系统中途加压、空调循环水输送及城市高层建筑给水使用。

GD 型管道泵是立式单吸单级离心泵。泵的出入口在同一水平方向上,并互成 180°,泵主要由泵体、泵盖、叶轮、轴、机械密封等零件组成。口径 100 mm 及以下的泵与电动机共轴,叶轮直接装在电动机上,轴向力由电动机轴承承受。泵无支承角与有支承角两种支撑方式。口径 125 mm 及以上的泵,泵轴与电动机分开,泵轴由中间轴承体轴承支承,电动机轴套入泵轴内。整机有底座支承,轴封采用机械密封。泵由电动机直接驱动,从电动机端部看,泵为顺时针方向旋转。GD 型管道泵的结构如图 3.16 所示。

该泵的性能范围:流量(Q)为 6～200 m^3/h;扬程(H)为 13～78 m。

型号意义:例 GD150-315A

GD——管道离心泵

150——泵出入口直径(mm);

315——叶轮名义直径(mm);

A——泵叶轮外径经第一次切削。

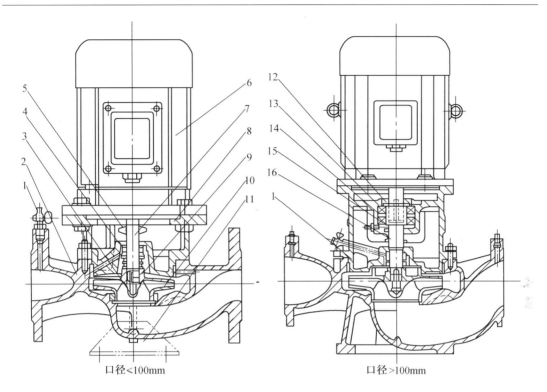

口径<100mm　　　　　　　　　　口径>100mm

图 3.16　GD 型管道泵结构

1—放气阀;2—泵体;3—叶轮螺母;4—机械密封;5—挡水圈;6—电动机;7—电动机轴;8—盖架;9—叶轮;10—密封环;11—支撑脚;12—轴承盖;13—轴承;14—轴承垫圈;15—弹性挡圈;16—联接轴

3.12　TC 型液下泵

TC 型液下泵是立式单级单吸悬臂式结构,主要用于输送含有固体颗粒的各种温度和浓度的无机酸和有机酸,以及各种碱溶液和盐溶液,也可以用来输送磷复肥装置中的料浆。该泵主要用于化工、石油化工、采矿、造纸业、水泥厂、炼钢厂、自来水厂、食品厂等工业部门。

TC 型液下泵采用圆柱管连接泵的水力部件和底座,液体由另一个圆柱形出液管排出,泵可以装有闭式叶轮(TCN 型),也可以装有开式叶轮(TCF 型)。TC 型泵的主要特点是在液下部位的泵轴、叶轮、泵壳之间不设轴承,不采用轴封,因而可以输送含有固体颗粒的介质。泵插入液下的深度与电动机极数和所配用轴承架的规格大小有关,可以在 700 ~ 1 800 mm 之间变化;还可根据用户的需要,配带吸入管。立式电动机安装在底座上,用联轴器与泵相连进行传动。TC 型管道泵的结构如图 3.17 所示。

该泵的性能范围:流量(Q)为 5 ~ 400 m³/h;扬程(H)为 2.5 ~ 110 m;温度(t)为 20 ~ 200℃。

型号意义:例 TCN3310(A)-V-4.1540

TC——液下泵;

N——闭式叶轮(F 为开式叶轮);

3310——泵基本型号;

A——泵叶轮外径经第一次切削;

V——轴承架号;

4——电动机极数;

1540——液下长度值。

3.13 射 流 泵

射流泵也称水射器,基本结构如图 3.18 所示,由喷嘴 1,吸入室 2,混合管 3 以及扩散管 4 等部分所组成。构造简单,工作可靠,在给排水工程中经常应用。

3.13.1 工作原理

如图 3.19 所示,高压水以流量 Q_1 由喷嘴高速射出时,连续挟走了吸入室 2 内的空气,在吸入室内造成不同程度的真空,被抽升的液体在大气压力作用下,以流量 Q_2 由管 5 进入吸入室内,两股液体 $(Q_1 + Q_2)$ 在混合管 3 中进行能量的传递和交换,使流速、压力趋于拉平,然后,经扩散管 4 使部分动能转化为压能后,以一

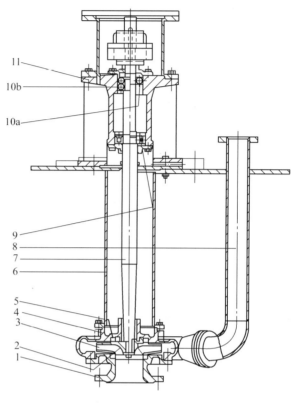

图 3.17 TC 型管道泵结构

1—吸入盖;2—密封环;3—叶轮;4—泵体;5—密封环;6—支撑管;7—泵轴;8—排液管;9—轴承;10—轴承;11—轴承架

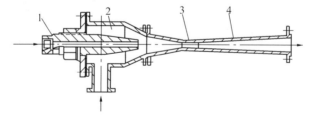

图 3.18 射流泵构造

1—喷嘴;2—吸入室;3—混合管;4—扩散管

定流速由管道 6 输送出去。在图 3.19 中:

H_1— 喷嘴前工作液体具有比能(mH$_2$O);

H_2— 射流泵出口处液体具有比能,也即射流泵的扬程(mH$_2$O);

Q_1— 工作液体的流量(m^3/s);

Q_2— 被抽液体的流量(m^3/s);

F_1— 喷嘴的断面积(m^2);

F_2— 混合室的断面积(m^2)。

射流泵的工作性能一般可用下列参数表示

流量比　$\alpha = \dfrac{被抽液体流量}{工作液体流量} = \dfrac{Q_2}{Q_1}$

压头比　$\beta = \dfrac{射流泵扬程}{工作压力} = \dfrac{H_2}{H_1 - H_2}$

断面比　$m = \dfrac{喷嘴断面}{混合室断面} = \dfrac{F_1}{F_2}$

3.13.2　射流泵计算

射流泵的计算通常是按已知的工作流量和扬程,以及实际需要抽吸的流量和扬程来确定射流泵各部分的尺寸。计算常采用试验数据和经验公式来进行。目前,这方面的公式与图表甚多,在实际中,有时因适用条件的差异,加工精度的不同,使用的数据彼此出入还较大。因此,在实用中可按运行情况作适当调整。表 3.1 所示为射流泵效率较高时(达 30% 左右),其参数 α、β、m 之间的关系。

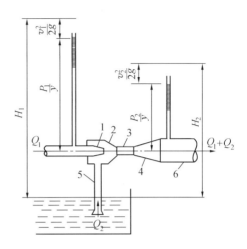

图 3.19　射流泵工作原理
1— 喷嘴;2—吸入室;3—混合管;4—扩散管;
5—吸水管;6—压出管

表 3.1　射流泵 α、β、m 参数关系

m	0.15	0.20	0.25	0.30	0.40	0.50	0.60	0.70	0.80	0.90	1.00
α	2.00	1.30	0.95	0.78	0.55	0.38	0.30	0.24	0.20	0.17	0.15
β	0.15	0.22	0.30	0.38	0.60	0.80	1.00	1.20	1.45	1.70	2.00

下面举例说明利用参数来计算射流泵尺寸的方法。

[例]　如图 3.19 所示,已知抽吸流量 $Q_2 = 5$ L/s,射流泵扬程 $H_2 = 7$ mH$_2$O,喷嘴前工作液体所具比能 $H_1 = 33$ mH$_2$O。求射流泵各部分尺寸。

[解]　(1)工作液体流量 Q_1

$$\beta = \frac{H_2}{H_1 - H_2} = \frac{7}{33 - 7} = \frac{7}{26} = 0.27$$

查表 3.1 得:流量比 $\alpha = 1.12$;断面比 $m = 0.23$,因此

$$Q_1/(\mathrm{m^3 \cdot s^{-1}}) = \frac{Q_2}{\alpha} = \frac{0.005}{1.12} = 0.0045$$

(2)喷嘴及混合室断面积。由水力学中管嘴计算公式得知

$$Q_1 = F_1 \varphi \sqrt{2gH_1}$$

式中　φ— 喷嘴的流量系数,取 $\varphi = 0.95$;

F_1— 喷嘴断面积(m^2)。

所以

$$F_1/\mathrm{m^2} = \frac{Q_1}{\varphi \sqrt{2gH_1}} = \frac{0.0045}{0.95 \sqrt{2 \times 9.8 \times 33}} = 0.000\,186(186\ \mathrm{mm^2})$$

喷嘴直径　　　　　$d_1/\text{mm} = 1.13\sqrt{F_1} = 1.13\sqrt{186} = 15.4$

混合管断面积　　　$F_2/\text{mm}^2 = \dfrac{F_1}{m} = \dfrac{186}{0.23} = 807$

混合管直径　　　　$d_2/\text{mm} = 1.13\sqrt{F_2} = 1.13\sqrt{807} = 32$

（3）喷嘴与混合管间距 l。一般资料提出：$l = (1-2)d_1$ 较为合适，这里可取 $l = 16 \sim 30$ mm

（4）混合管型式及长度 L_2。混合管有圆柱形和圆锥形两种，经过试验对比，在技术条件相同条件下，圆柱形射流泵的效能普遍优于圆锥形混合管，这是因为前者混合管较长，工作液与被抽吸液在其中能充分混合，能量传递也很充分，因而效能较高。本例题采用圆柱形混合管。长度 L_2 根据许多试验资料表明按 $L_2 = (6-7)d_2$ 较佳。本例题采用 $L_2/\text{mm} = 6d_2 = 6 \times 32 = 192$。

（5）扩散管长度 L_3 及扩散管锥角 θ。按实验推荐扩散管圆锥角 θ 以不超过 $8° \sim 10°$ 为佳，扩散管长度 $L_3 = \dfrac{d_3 - d_2}{2\text{tg}\dfrac{\theta}{2}}$。

如取 $\theta = 8°$，d_3 取 67 mm（公称直径为 70 mm），则

$$L_3/\text{mm} = \frac{67-32}{2\text{tg}4°} = \frac{17.5}{0.0699} = 250$$

（6）喷嘴长度 L_1。收缩圆锥角一般不大于 $40°$，喷嘴的另一端与压力水管相连接。这里 $Q_1 = 4.5$ L/s，压力水管管径取 50 mm，则

$$L_1/\text{mm} = \frac{50-15}{2\text{tg}20°} = \frac{17.5}{0.364} = 45$$

（7）射流泵效率 η

$$\eta = \frac{\rho g Q_2 H_2}{\rho g Q_1 (H_1 - H_2)} = \alpha\beta = 1.12 \times 0.27 = 0.3$$

（8）关于吸入室的构造，应保证实现 l 值的调整范围，同时使吸水口位于喷口的后方，吸水口处被吸水的流速不能太大，务使吸入室内真空值 $H_s < 7$ mH$_2$O。

3.13.3　射流泵的应用

射流泵优点有：① 构造简单、尺寸小、重量轻、价格便宜；② 便于就地加工，安装容易，维修简单；③ 无运动部件，启闭方便，当吸水口完全露出水面后，断流时无危险；④ 可以抽升污泥或其他含颗粒液体；⑤ 可以与离心泵联合串联工作从大口井或深井中取水。

射流泵的缺点是效率较低。在给排水工程中一般用于：

（1）用做离心泵的抽气引水装置，在离心泵泵壳顶部接一射流泵，当水泵启动前，可用外接给水管的高压水，通过射流泵来抽吸泵体内空气，达到离心泵启动前抽气引水的目的。

（2）在水厂中利用射流泵来抽吸液氯和矾液，俗称"水老鼠"。

（3）在地下水除铁曝气的充氧工艺中，利用射流泵作为带气、充气装置，射流泵抽吸的始终是空气，通过混合管进行水气混合，以达到充氧目的。这种水、气射流泵一般称为加气阀。

（4）在排水工程中，作为污泥消化池中搅拌和混合污泥用泵。近年来，用射流泵作为生物处理的曝气设备及气浮净化法的加气水设备发展异常迅速。

（5）与离心泵联合工作以增加离心泵装置的吸水高度。如图 3.20 所示，在离心泵的吸水管末端装置射流泵，利用离心泵压出的压力水作为工作液体，这样可使离心泵从深达 30 ～ 40 m 的井中提升液体。目前，这种联合工作的装置已常见，它适用于地下水位较深的地区或牧区解决人民生活用水、畜牧用水和小面积农田灌溉用水。

（6）在土方工程施工中，用于井点来降低基坑的地下水位等。

3.14　气　升　泵

气升泵又名空气扬水机。它是以压缩空气为动力来升水、升液或提升矿浆的一种装置。其基本构造是由扬水管 1、输水管 2、喷嘴 3 和气水分离箱 4 等四部分组成；构造简单，在现场可以利用管材就地装配。

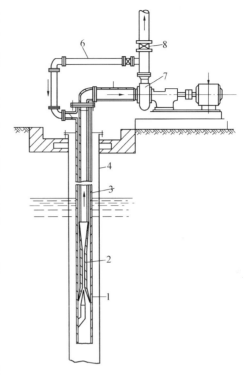

图 3.20　射流泵与离心泵联合工作
1— 喷嘴；2— 混合管；3— 套管；4— 井管；5— 水泵吸水管；6— 工作压力水管；7— 水泵；8— 闸阀

3.14.1　工作原理

图 3.21 为一个带有气升泵的钻井示意。地下水的静水位为 0—0，来自空气压缩机的压缩空气由输气管 2 经喷嘴 3 输入扬水管 1，于是，在扬水管中形成了空气和水的水气乳状液，沿扬水管上涌，流入气水分离箱 4。在该箱中，水气乳状液以一定的速度撞在伞型钟罩 7 上，由于冲击而达到了水气分离的效果，分离出来的空气经气水分离箱顶部的排气孔 5 逸出，落下的水则借重力流出，由管道引入清水池中。

扬水管中水之所以能被抽升，一般是按连接管原理来解释的。因为，水气乳液的密度小于水（一般上升的水气乳液相对密度为 0.15 ～ 0.25 左右），密度小的液体液面高，在高度为 h_1 的水柱压力作用下，根据液体平衡的条件，水气乳液便上升至 h 的高度，其等式如下

$$\rho_W h_1 = \rho_m H = \rho_m(h_1 + h) \tag{3.1}$$

式中　　ρ_W——水的密度（kg/m³）；

ρ_m——扬水管内水气乳液的密度（kg/m³）；

h_1——井内动水位至喷嘴的距离，称为喷嘴淹没深度（m）；

h——提升高度（m）。

只要 $\rho_W h_1 > \rho_m H$ 时,水气乳液就能沿扬水管上升至管口而溢出,气升泵就能正常工作。将(3.1)式移项可得

$$h = \left(\frac{\rho_w}{\rho_m} - 1\right)h_1 \qquad (3.2)$$

由上式可知,要使水气乳液上升至某高度 h 时,必须使喷嘴下至动水位以下某一深度 h_1,并需供应一定量的压缩空气,以形成一定的 ρ_m 值。水气乳液的上升高度 h 越大,其密度 ρ_m 就应越小,需要消耗的气量也应越大,而喷嘴下至动水位以下的深度也就应越大。因此,压缩气量和喷嘴淹没深度是与水气乳液上升高度 h 值直接有关的两个因素。

实际上,根据上述液体平衡条件得出的关系,在运动的气水混合物条件下并不正确。因为,在气升泵中,能量的消耗不仅是把液体从低处提高到高处,而且还要克服运动中的阻力和传给液体以动能。重量比水小得多的气泡上升运动是液体能够上升的一个重要原因。但是,气体与液体在管内的混合运动情况是比较复杂的。在许多情况下,需凭借试验数据来分析和解决问题。

式(3.2)中,当 h_1 为常数时,可以做出如图 3.22 所示的升水高度 h 和水气乳液密度 ρ_m 之间的理论关系曲线。如图中实线所示,由在 ρ_m 接近于零时,升水高度将趋向于无穷大。当 $\rho_W h_1 = \rho_m H$ 时,即没有通入空气时,升水高度 h 为零。从试验可知,如果 ρ_m 小到某一个临界值 ρ'_m 时,则再减

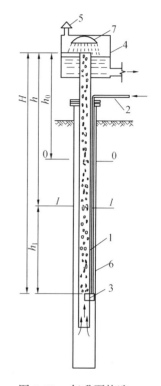

图 3.21　气升泵构造
1—扬水管;2—输气管;3—喷嘴;
4—气水分离箱;5—排气孔;
6—井管;7—伞形钟罩

小 ρ_m 就会引起升水高度 h 的减小,因为水力阻耗很快增长和空气泡过大使水流发生断裂的缘故。因此,实际的 $h = f(\rho_m)$ 的关系曲线将如图 3.22 上的虚线所示。

根据许多试验结果可以知道,要使气升泵具有较佳的工作效率 η,必须注意 h、h_1 和 H 三者之间应有一个合理的配合关系。h_1 和 H 的关系一般用淹没深度百分数 m 表示,即

$$m/\% = \frac{h_1}{H} \times 100 \qquad (3.3)$$

根据升水高度 h 选择较佳的 m 值时,可参照表 3–2 所示的试验资料,由表 3.2 可看出:在升水高度很小时,淹没深度大大地超过了升水高度;故气升泵在抽升地下水时,要求井打得比较深,以便满足喷嘴淹没深度的要求。例如,已知抽水高度 $h = 30$ m 时,查表 3.2 得 $m = 0.7$,代入式(3.3)可求出 $h_1 = 70$ m。也就是说,该装置在升水高度为 30 m 时,喷嘴淹没在动水位以下要 70 m。

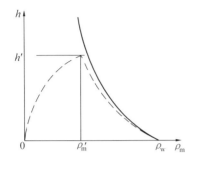

图 3.22　$h - \rho_m$ 曲线

表 3.2　升水高度与较佳 m 值关系

升水高度 h/m	较佳的 m 值 /%
< 40	70 ~ 65
40 ~ 45	65 ~ 60
45 ~ 75	60 ~ 55
90 ~ 120	55 ~ 50
120 ~ 180	45 ~ 40

3.14.2　气升泵装置总图

图 3.23 为气升泵装置的总图。现以空气流径为序,对各组部件作一扼要介绍。

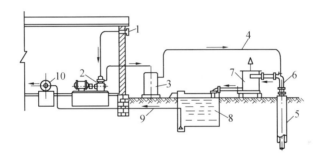

图 3.23　气升泵装置总图

1— 空气过滤器;2— 空气压缩机;3— 风罐;4— 输气管;5— 井管;
6— 扬水管;7— 空气分离器;8— 清水池;9— 吸水管;10— 水泵

1.空气过滤器

它是空气压缩机的吸气口,其作用是防止灰尘等侵入空气压缩机。常用的结构形式是多块油浸穿孔板,以一定的间距排列在框架上,邻板之间的孔眼互相错开,空气穿过前一板块的孔眼后就碰在后一块板的油壁上,空气中尘土就被粘在油壁上,这样就达到了过滤目的。一般空气过滤器安装在户外离地 2 ~ 4 m 高的背阳地方。

2.风罐

风罐功能是使空气在罐内消除脉动,能均匀地输送到扬水管中去(如往复式空气压缩机的输气量是不均匀的)。另外,风罐还起着分离压缩空气中挟带的机油和潮气的作用。为了考虑到罐内油挥发的气体遇到高温产生爆炸的可能性,风罐应置于室外。风罐构造如图 3.24 所示。风罐容积近似可取下值[W 表示空气压缩机风量(m^3/min),V 表示风罐容积(m^3)]:

风量小于 6 m^3/min 时:$V/m^3 = 0.2W$

风量为 6 ~ 30 m^3/min 时:$V/m^3 = 0.15W$

风量大于 30 m^3/min 时:$V/m^3 = 0.1W$

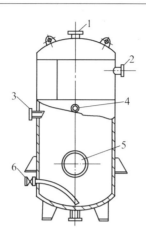

图 3.24　风罐
1— 接安全阀;2— 接输气管;3— 接进气管;
4— 接压力表;5— 检查孔;6— 排污阀

3.输气管

管内气流速度不大于 15 ~ 20 m/s,一般采用 7 ~ 14 m/s 计算输气管直径。在实际工作压力为 3 ~ 8 kg/cm² 时,可根据每分钟所需气量值查表 3.3 来确定输气管直径。

表 3.3　输气管直径的确定

所需气量 /(m³·min⁻¹)	直径 /mm	所需气量 /(m³·min⁻¹)	直径 /mm
0.17 ~ 0.50	15 ~ 20	11.70 ~ 16.70	63 ~ 76
0.50 ~ 1.00	20 ~ 25	16.70 ~ 27.00	76 ~ 89
1.00 ~ 1.70	25 ~ 32	27.00 ~ 38.40	89 ~ 102
1.70 ~ 3.40	32 ~ 38	38.40 ~ 50.00	102 ~ 114
3.40 ~ 6.70	38 ~ 51	50.00 ~ 70.00	114 ~ 127
6.70 ~ 11.70	51 ~ 63		

为了排去输气管中的凝结水,管路应向井倾斜,坡度 0.01 ~ 0.005。

4.喷嘴

喷嘴的作用是在扬水管内形成水气乳液。为了使空气与水充分混合,气泡的直径不宜大于 6 mm,由于空气不应集中在一处喷出,需设布气管按布气管与扬水管的布置方式,喷嘴在扬水管中的位置有并列布置、同心布置及同心并列组合式布置共 3 种,如图 3.25 中(a)、(b)、(c)所示。同心布置是一段钻有小孔眼的布气管,长约 1.5 ~ 2.0 m 左右,下端"焊死",上端与输气管连接置于扬水管中央位置。

一般喷嘴上小孔眼的直径均在 3 ~ 6 mm 间,小孔是向上斜钻的,这样能使压缩空气向上喷射,则升水效果更好。

5.扬水管

扬水管直径过小时,井内水位降落大,抽水量将受到限制。扬水管直径过大时,升水产生间断,甚至不能升水。扬水管直径的决定与水气乳液的流量(即抽水量和气量之和)、流速和升水高度以及布气管的布置形式等因素有关。一般可按水气乳液流出管口前流速 6 ~ 8 m/s 来计算管径,也可由表 3.4 查得。扬水管长度应比喷嘴管的底部长 3 ~ 5 m,以免气泡逸出管外;为防止锈蚀,管壁内外应做防锈处理。扬水管与布气管并列布置虽使井孔稍增大些,但扬水管直径较同心布置时为小,且扬水管内水头损失也较小。因此,一般较多采用并联布置。

6.气水分离箱

气水分离箱的形式很多,常用的是带伞形反射罩的分离箱,如图 3.26 所示。

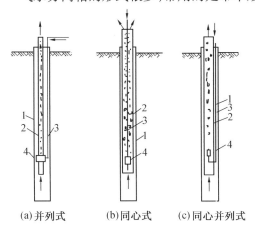

(a)并列式　　(b)同心式　　(c)同心并列式

图 3.25　喷嘴布置

1— 井管;2— 扬水管;3— 输气管;4— 喷嘴

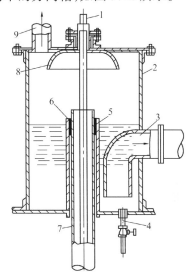

图 3.26　气水分离器

1— 输气管;2— 集水箱;3— 出水管;4— 放空管;5— 外套管;6— 填料;7— 扬水管;8— 反射钟罩;9— 排气管

表 3.4　管路作不同形式布置时,直径与流量关系

流量 /(L·s^{-1})	管径 /mm					
	并列布置			同心布置		
	扬水管 (D)	布气管 (d)	井筒 (D_0)	扬水管 (D)	布气管 (d)	井筒 (D_0)
1 ~ 2	40	12	100	–	–	–
2 ~ 3	50	12 ~ 20	100	50	12.5	75
3 ~ 5	63	20 ~ 25	150	63	20	100
5 ~ 6	63	20 ~ 25	150	75	20	100
6 ~ 9	75	25 ~ 30	150	88	25	125
9 ~ 12	88	25 ~ 30	200	100	32	150
12 ~ 18	100	30 ~ 38	200	125	38	175
18 ~ 30	125	38 ~ 50	250	150	50 ~ 63	200
30 ~ 45	150	50 ~ 63	300	200	75	250
45 ~ 60	175	50 ~ 63	350	–	–	–
60 ~ 75	200	63 ~ 75	350 ~ 400	250	88	300
75 ~ 120	250	75 ~ 88	400 ~ 450	300	11	350
120 ~ 180	300	88 ~ 100	450 ~ 500	–	–	–

3.14.3　气升泵计算

气升泵计算包括:求定空气压缩机性能参数和气升泵各部件尺寸。

1.求定空气压缩机性能参数

(1)风量(W_2):气升泵正常工作时,每分钟所需的空气体积(W_1)(m^3/min),可按下式计算(空气体积指的是换算成一个大气压力下的自由空气体积)

$$W_1/(m^3 \cdot min^{-1}) = \frac{QW_0}{60} \tag{3.4}$$

式中　W_0——提升 1 m^3 的水所需之风量。对于并列布置的风管,可按下式计算

$$W_0/(m^3 \cdot m^{-3}) = \frac{h}{a\lg\dfrac{h(K-1)+10}{10}} \tag{3.5}$$

式中　a——与淹没系数 K 有关的系数($K = \dfrac{H}{h}$),见表 3.5。

表 3.5　淹没系数 K 与 a 关系

K	4.0	3.35	2.85	2.5	2.2	2.0	1.8	1.7	1.55
a	14.3	13.9	13.6	13.1	12.4	11.5	10.0	9.0	7 ~ 8

如果是同心布置时,空气的比流量将比并列布置大一些,可将上述 W_0 乘以 1.05 ~ 1.20。考虑管路的漏气损失,空气压缩机应生产的风量 W_2 为

$$W_2/(m^3 \cdot min^{-1}) = (1.1 \sim 1.2)W_1 \tag{3.6}$$

(2)风压:气升泵抽水的先决条件之一是压缩空气的风压要大于从喷嘴至静水位间的水柱压力。此压力称为压缩空气的启动压力 P_1,则

$$P_1/Pa = 0.1[(Kh - h_0) + 2] \times 1.01 \times 10^5 \tag{3.7}$$

式中　h_0——静水位至扬水管口之间的高差(m)。

气升泵正常运行时的风压称为压缩空气的工作压力 P_2,它等于喷嘴至动水位之间的水柱压力与空气管路内压头损失之和(在空气压缩机距管井不远时压头损失不超过 5 m),所以

$$P_2/Pa = 0.1[h(K-1) + 5] \times 1.01 \times 10^5 \tag{3.8}$$

(3)空气压缩机的实际轴功率(N):实际轴功率 N 即为发动机实际输向空气压缩机的能量,即

$$N/kW = 1.25N_0 \tag{3.9}$$

式中　N_0——空气压缩机的计算轴功率(kW),可按下式计算

$$N_0 = N_1 W_2 P_2$$

其中　N_1——单位轴功率(kW)。

单位轴功率 N_1 取决于空气压缩机的工作压力 P_2 值,可参阅表 3.6 所示。

表 3.6 单位轴功率与工作压力关系

工作压力 $P_2/10^5$Pa	1.01	2.02	3.03	4.04	5.05	6.06	7.07
单位轴功率 N_1/kW	1.427	1.400	1.250	1.180	1.100	1.030	0.933

(4) 气升泵效率 η

$$\eta = \frac{1\ 000 Qh}{1.36\ N75} \tag{3.10}$$

式中 Q—— 抽水量(m^3/s)。

2. 气升泵各部件尺寸的求定

扬水管、输水管的直径,可按抽水量大小由表(3.4)查出,喷嘴位置可由 $H = Kh$ 来决定。

[**例**]   如图 3.21 所示的气升泵装置,已知钻井深度为 125 m,$h_0 = 30$ m,$h = 60$ m,$K = 2$,井管直径 250 mm,预计抽水流量 $Q = 0.014\ m^3$/s $= 50\ m^3$/h。采取并列布置,试计算该装置的各主要参数值。

[**解**]   (1) 风量计算

当 $h = 60$ m 时,则 H/m $= Kh = 2 \times 60 = 120$。

压缩空气比流量

$$W_0 = \frac{h}{a \lg \dfrac{h(K-1) + 10}{10}}$$

由表(3.9)查得:$a = 11.5$,则

$$W_0/(m^3 \cdot m^{-3}) = \frac{60}{11.5 \lg \dfrac{60(2-1) + 10}{10}} = 6.2$$

$$W_1/(m^3 \cdot min^{-1}) = \frac{QW_0}{60} = \frac{50 \times 6.2}{60} = 5.2$$

所以,空气压缩机风量

$$W_2/(m^3 \cdot min^{-1}) = 1.2W_1 = 1.2 \times 5.2 = 6.24$$

(2) 风压计算

压缩空气启动压力 P_1/Pa $= 0.1 \times [(Kh - h_0) + 2] \times 10^5$

故 P_1/Pa $= 0.1 \times [(2 \times 60 - 30) + 2] \times 10^5 = 9.2 \times 10^5$

压缩空气工作压力 P_2/Pa $= 0.1 \times [h(K-1) + 5] \times 10^5$

$$P_2/Pa = 0.1 \times [60 \times (2-1) + 5] \times 10^5 = 6.5 \times 10^5$$

(3) 空气压缩机实际轴功率计算

因为 N_0/kW $= N_1 W_2 P_2$。由表 3.6 查得:当 $P_2 = 6.5 \times 10$ Pa,$N_1 = 0.98$,(用插入法求得),所以

$$N_0/kW = 0.98 \times 6.24 \times 6.5 = 40.8$$

空气压缩机的实际轴功率为

$$N/kW = 1.25 N_0 = 51$$

(4) 气升泵效率计算

$$\eta/\% = \frac{1\,000Qh}{1.36\,N75} = \frac{1\,000 \times 0.014 \times 60}{1.36 \times 51 \times 75} = 16$$

因此,气升泵与深井泵相比,它的效率显然是很低的。然而,其最大的优点是井孔内无运动部件,构造简单,工作可靠。在实际工程中,不但可用于井孔抽水,而且还可用于提升泥浆、矿浆、卤液等。对于钻孔水文地址的抽水试验,石油部门的"气举采油"以及矿山中井巷排水等方面,气升泵的应用常具有独特之处。

3.15　往复泵

往复泵主要由泵缸、活塞(或塞柱)和吸、压水阀所构成。它的工作是依靠在泵缸内做往复运动的活塞(或塞柱)来改变工作室的容积,从而达到吸入和排出液体的目的。由于泵缸内主要工作部件(活塞或塞柱)的运动为往复式的,因此,称为往复泵。

3.15.1　工作原理

图3.27所示为往复泵的工作示意。柱塞7由飞轮通过曲柄连杆机构来带动,当柱塞向右移动时,泵缸内造成低压,上端压水阀3被压而关闭,下端的吸水阀4便被泵外大气压作用下的水压力推开,水由吸水管进入泵缸,完成了吸水过程。相反,当塞柱由右向左移动时,泵缸内造成高压,吸水阀被压而关闭,压水阀受压而开启,由此将水排出,进入压水管路,完成了压水过程。如此,周而复始,柱塞不断进行往复运动,水就间歇而不断地被吸入和排出。活塞或柱塞在泵缸内从一顶端位置移至另一顶端位置,这两顶端之间的距离 S 称为活塞行程长度(也称冲程);两顶端叫做死点。活塞往复一次(即两冲程),泵缸内只吸入一次和排出一次水,这种泵称为单动往复泵。单动往复泵的理论流量(不考虑渗漏时) Q_T 为

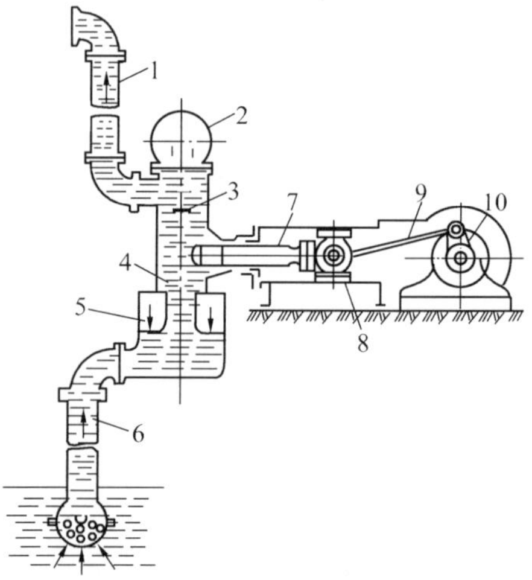

$$Q_T/(m^3 \cdot min^{-1}) = FSn = \frac{\pi D^2}{4}Sn \quad (3.11)$$

图 3.27　往复泵工作示意

1—压水管路;2—压水空气室;3—压水阀;4—吸水阀;5—吸水空气室;6—吸水管路;7—柱塞;8—滑块;9—连杆;10—曲柄

式中　　F——塞柱(或活塞)端面积(m^2);

n——柱塞每分钟往复次数(次/min);

S——冲程(m)。

实际上,在往复泵内,吸水阀和压水阀的开关动作均略有延迟现象,有一部分水漏回吸水管和泵缸。另外,由于塞柱、填料盒的不紧密等也造成水漏损和吸入空气。因此,往复泵的实际流量 Q,一定小于理论流量 Q_T。其值可用容积效率 η_V 来表示

$$Q = \eta_V Q_T \, (m^3/s) \quad (3.12)$$

构造良好的大型往复泵容积效率 η_V 较高,小型往复泵的容积效率 η_V 较低,一般 η_V 约

为 85% ～ 99% 之间。

往复泵多采用曲柄连杆作传动机构,由理论力学可知,当曲柄做等角速度旋转时,活塞或塞柱的速度变化为正弦曲线;活塞在两个死点时,速度为零,加速度达最大值,在中间位置时,速度最大,加速度为零。由于柱塞面积 F 为一常数,因此,水泵供水量与柱塞速度变化的规律一样,也按正弦曲线规律变化,如图 3.28(a) 所示。由图可知,单动往复泵的出水是极不稳定的。为了改善这种不均匀性,可将三个单动往复泵互成 120°,用一根曲轴连接起来,组成一台三动泵,当曲轴每转一周,三个活塞(或塞柱) 分别进行一次吸入和排出水体,其流量变化如图 3.28(c) 所示,出水比较均匀。

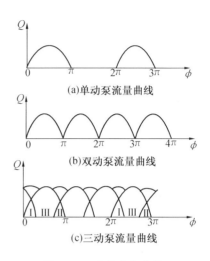

图 3.28   流量变化曲线

图 3.29 所示为双作用往复泵,也称双动泵。在计算时要考虑到活塞杆的截面积 f 对流量的影响。当活塞每往复一次的时间内,双动泵的理论出水量为

$$Q_T/(\text{m}^3 \cdot \text{min}^{-1}) = (2F - f)sn \tag{3.13}$$

其出水量变化曲线如图 3.28(b) 所示。为了尽可能使往复泵均匀地供水,以及减少管路内由于流速变化而造成液体的惯性力作用,一般常在压水及吸水管路上装设密闭的空气室,借室内空气的压缩和膨胀作用,来达到缓冲调节的效果。

往复泵的扬程是依靠往复运动的活塞,将机械能以静压形式直接传给液体。因此,往复泵的扬程与流量无关,这是它与离心泵不同的地方。它的实际扬程仅取决于管路系统的需要和泵的能力,即它应该包括水的静扬程高度 H_{ST},吸、压水管中的水头损失之和(包括出口的流速水头)$\sum h$,因此

$$H/\text{m} = H_{ST} + \sum h \tag{3.14}$$

图 3.30 为往复泵的特性曲线图,其扬程与流量无关,理论上应是平行于纵坐标轴 H 的直线,但实际上因液体难免没有泄漏,且随泵的扬程增加,泄漏也严重,所以,实际的特性曲线如图 3.30 中虚线所示。

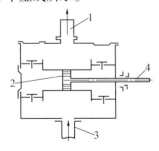

图 3.29   双动泵示意

1— 出水管;2— 活塞;3— 吸水管;4— 活塞杆

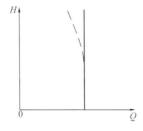

图 3.30   往复泵特性曲线

3.15.2　性能特点和应用

往复泵的性能特点可归结为：

（1）扬程取决于管路系统中的压力、原动机的功率以及泵缸本身的机械强度，理论上可达无穷大值。供水量受泵缸容积的限制，因此，往复泵的性能特点是高扬程、小流量的容积式水泵。

（2）必须开闸启动。如果按离心泵的方式启动，即在压水闸关闭下启动水泵，将会使水泵或原动机发生危险，传动机构有折断之虞。

（3）不能用闸阀来调节流量。因为关小闸阀非但不能达到减小流量的目的，反而，由于闸阀的阻力而增大原动机所消耗的功率，因此，管路上的闸阀只作检修时隔离之用，平时须常年开闸运行。另外，由于流量与排出压力无关，因此，往复泵适宜输送粘度随温度而变化的液体。

（4）在给水排水泵站中，如果采用往复泵时，则必须有调节流量的设施，否则，当水泵供水量大于用水量时，管网压力将遽增，易引起炸管事故。

（5）具有自吸能力。往复泵是依靠活塞在泵缸中改变容积而吸入和排出液体的，运行时吸入口与排出口是相互间隔各不相通的，因此，泵在启动时，能把吸入管内空气逐步抽上排走，因而，往复泵启动时可不必先灌泵引水，具有自吸能力。有的为了避免活塞在启动时与泵缸干磨，缩短启动时间和启动方便，所以，也有在系统中装设底阀的。

（6）出水不均匀，严重时可能造成运转中产生振动和冲击现象。

表 3.7　往复泵与离心泵比较

项　　　　目	往　　复　　泵	离　　心　　泵
流量	较小，一般不超过 200 ~ 300 m³/h	很大
扬程	很高	较低
转数（往复次数）	低，一般小于 400 次/min	很高，常用为 3 000 r/min
效率	较高	较低
流量调节及计量	不易调节，流量一般为恒定值，可计算	流量调节容易，范围广，要用专门仪表计量
适宜输送液体介质	允许粘度较大液体、不宜含颗粒液体	不宜输送粘度较大液体，但可以输送污水等
流量均匀度	不均匀	基本均匀，脉动小
结构	较复杂，零件多	简单，零件少
体积、重量	体积大，重量大	体积小，重量轻
自吸能力	能自吸	一般不能自吸，需灌泵
操作管理	操作管理不便	操作管理方便
造价	较高	较低

表 3.7 为往复泵与离心泵优缺点的比较。由表可以看出，虽然在城市给排水工程中，往复泵已被离心泵逐渐取代，但它在某些工业部门的锅炉给水方面，在输送特殊液体方面，在要求自吸能力高的场合下，仍有其独特的作用。

3.16　螺　旋　泵

螺旋泵也称阿基米德螺旋泵。近代的螺旋泵,在荷兰、丹麦等国应用较早,目前已推广到各国,广泛应用于灌溉、排涝以及提升污水、污泥等方面。

3.16.1　工作原理

螺旋泵的提水原理与我国古代的龙骨水车十分相似。如图 3.31 所示,螺旋泵倾斜放置在水中,由于螺旋轴对水面的倾角小于螺旋叶片的倾角,当电动机通过变速装置带动螺旋轴时,螺旋叶片下端与水接触,水就从螺旋叶片的 P 点进入叶片,水在重力作用下,随叶片下降到 Q 点,由于转动时的惯性力,叶片将 Q 点的水又提升至 R 点,而后在重力作用下,水又下降

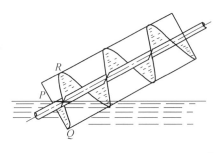

图 3.31　提水原理

至高一级叶片的底部,如此不断循环,水沿螺旋轴被一级一级地往上提起,最后,升到螺旋泵的最高点而出流。由于螺旋泵提升原理不同于离心泵和轴流泵,因此,它的转速十分缓慢,一般仅在 20 ~ 90 r/min 之间。

3.16.2　螺旋泵装置

螺旋泵装置由电动机 1、变速装置 2、泵轴 3、叶片 4、轴承座 5 和泵外壳 6 等部分所组成,如图 3.32 所示。泵体连接着上下水池,泵壳仅包住泵轴及叶片的下半部,上半部只要安装小半截挡板,以防止污水外溅。泵壳与叶片间,既要保持一定的间隙,又要做到密贴,尽量减少液体侧流,以提高泵的效率,一般叶片与泵壳之间保持 1 mm 左右间隙。大中型泵壳可用预制混凝土砌块拼成,小型泵壳一般采用金属材料卷焊制成,也可用玻璃钢等其他材料制作。

图 3.32 中的特性曲线表明:当进水水位升高到泵轴上边缘的 F 处,流量为最高值,假如水位继续上升,则泵的流量就不会增加。不仅如此,由于进水水位增高,叶片在水中做无用的搅拌,螺旋泵的轴功率加大,而效率会下降。

影响螺旋泵效率的参数主要有以下几个:

(1)倾角(θ):指螺旋泵轴对水平面的安装夹角。它直接影响泵的扬水能力,倾角太大时,流量下降。

(2)泵壳与叶片的间隙:间隙越小,水流失越小,泵效率越高。为了保持微量的间隙,要求螺旋叶片外圆的加工精密,同时,泵壳内表面要求光滑平整。

(3)转速(n):实验资料表明,螺旋泵的外径越大,转速宜越小,泵外径小于 400 mm 时,其转速可达 90 r/min 左右;外径为 1 m 时,转速约 50 r/min 为宜;当泵外径达 4 m 以上时,转速骤降至 20 r/min 左右为宜。

(4)扬程(H):螺旋泵是低扬程水泵。扬程低时,效率高;扬程太高时,泵轴过长,挠度大,对制造、运行都不利。螺旋泵扬程一般在 3 ~ 6 m 左右。

(5)泵直径(D):泵的流量取决于泵的直径。一般资料认为:泵直径越大,效率越高。泵的

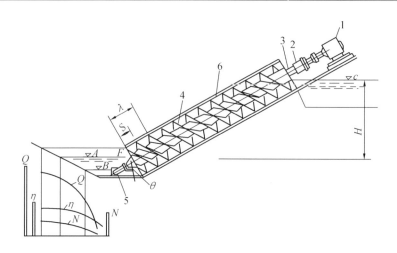

图 3.32 螺旋泵装置

1— 电动机;2— 变速装置;3— 泵轴;4— 叶片;5— 轴承座;6— 泵壳;A— 最佳进水位;B— 最低进水位;C— 正常出水位;H— 扬程;θ— 倾角;S— 螺距

直径与泵轴直径之比以 2:1 为宜;如果比例不当,如叶片直径大,轴径过小时,则由于泵在旋转时产生离心力,被螺旋泵带上的水反而不多,反之,盛水空间小,效率低。

(6) 螺距(S):沿螺旋叶片环绕泵轴呈螺旋形旋转 360° 所经轴向距离,即为一个螺旋导程 λ。螺距 S 与导程 λ 的关系为

$$S = \frac{\lambda}{Z} \tag{3.15}$$

其中,Z 为螺旋头数,也即叶片数,一般为 1、2 片至 4 片左右。当 $Z = 1$ 时,导程就等于螺距(即 $S = \lambda$)。目前,大型螺旋泵一般采用 1 片;中型采用 1 ~ 2 片;小型采用 2 ~ 4 片。泵的直径 D 与螺距 S 之比的最佳值为 1。也就是说,泵直径为 1 m 时,其螺距也宜为 1 m。

(7) 流量(Q)及轴功率(N):螺旋泵的流量与螺旋叶片外径 D、螺距 S、转速 n 和叶片扬水断面率 α 有关,如下式

$$Q/(\mathrm{m^3 \cdot min^{-1}}) = \frac{\pi}{4}(D^2 - d^2)\alpha S n \tag{3.16}$$

式中　　d—— 泵轴直径(m);

　　　　D—— 水泵叶轮外径(m);

　　　　S—— 螺距(m);

　　　　n—— 转速(r/min)。

轴功率可由 $N/\mathrm{kW} = \dfrac{\rho g Q H}{\eta}$ 来计算。

3.16.3　螺旋泵优缺点

优点:(1) 提升流量大,省电。例如,提升高度为 3.5 m,流量为 500 m³/h,采用螺旋泵只需 7.5 kW 电动机,如用其他类型泵,却要配 10 kW 的电动机。(2) 螺旋泵只要叶片接触到水面就可把水提升上来,并可按进水位的高度,自行调节出水量,水头损失小,吸水井可以避免不必要的静水压差。(3) 由于不必设置集水井以及封闭管道,泵站设施简单,减少土建费用,有

的甚至可将螺旋泵直接安装在下水道内工作。(4) 离心式污水泵在泵前要设帘格,以去除碎片和纤维物质,防止堵塞水泵。而螺旋泵因叶片间间隙大,不需要设帘格,可以直接提升杂粒、木块、碎布等污物。(5) 结构简单、制造容易。另外由于低速运转,因此,机械磨损小,经常维修简单。(6) 离心泵由于转速高,将破坏活性污泥绒絮,而螺旋泵是缓慢地提升活性污泥,对绒絮破坏较少。

　　缺点:(1)扬程一般不超过 6 ~ 8 m,在使用上受到限制。(2)其出水量直接与进水水位有关,故不适用于水位变化较大的场合。(3) 螺旋泵必须斜装,占地较大些。

思考题

　　1.在给水工程中常用的水泵有哪些?各有什么特点?

　　2.在排水工程中常用的水泵有哪些?各有什么特点?

　　3.水泵型号中的 IS、Sh、D、DG、TC、IH、WL、WW、JC、GD、TC 等字母的含义是什么?

第 4 章　给水泵站工艺设计

水泵、管道及电机(简称泵、管、机)三者构成了泵站中的主要工艺设施。为了掌握泵站设计与管理技术,对于泵站中的选泵依据、选泵要点、水泵机组布置、基础安装要求、吸压水管管径确定、闸阀布置与管道安装要求以及电机电气设备的选用等方面的知识,是很有必要进行深入了解和掌握的。除此以外,对于保证泵、管、机正常运行所必须的辅助设施,如计量、充水、起重、排水、通风、减噪、采光、交通以及水锤消除等方面的设备与设施的选用也必须有基本的了解与掌握。本章将对上述内容分别阐述。

4.1　给水泵站的作用及分类

水泵是不能自己单独工作的,它必须和管道、电机组合成一体才能工作,水泵、管道、电机构成了泵站的主要工艺部分。因而,要正确设计和管理水泵站不但需要掌握水泵工作原理和安装要求,还要掌握泵站的设计和管理技术,如选泵、水泵布置、基础设计、吸压水管路设计和阀门及管配件安装等技术。

4.1.1　给水泵站的作用

水泵站中的核心就是水泵,所以水泵的作用就是泵站的作用,即给水增加能量,达到输送水的目的。另外,为了保证水泵平稳工作,水泵站往往设有一定容积的蓄水池,所以泵站还有能调节水量的作用。

4.1.2　水泵站的组成

给水泵站机械间的组成主要包括:

(1)水泵机组:包括水泵和电动机,这是泵站的心脏,是泵站中最重要的组成部分;

(2)吸压水管路系统:指水泵的进水管路(也称吸水管路)和出水管路(也称压水管路),水泵通过吸水管路从吸水井吸水,通过压水管路送给用户;

(3)吸水井:也称集水池,水泵吸水管从这里进行吸水;

(4)控制、调节和安全设备:指管路上安装的各种功能的截止阀、止回阀、安全阀、水锤消除器等;

(5)计量和检查设备:指流量计、压力计、真空表、电流表、电压表等;

(6)启动引水设备:指真空引水和灌水设备,如真空泵、引水罐等;

(7)电气设备:电机的启动、配电设备;

(8)通讯、自动控制设备;

(9)起重设备:指安装、检修用的吊车、电动葫芦等。

（10）排水设施：指排水泵，排水沟，集水坑等；

（11）其他：包括采暖、通风、照明、结构等。

此外，在泵站中与机械间配套的，还有高、低压变电所、控制室、值班室等。

一个水泵站往往由上述几个部分或全部组成，水泵机组是水泵站的核心设备，其他部分都对水泵机组正常良好的工作起着不可替代的保证作用。

4.1.3　给水泵站的分类

在泵站的分类中，按照水泵机组设置的位置与地面的相对标高关系，泵站可分为地面式泵站、地下式泵站与半地下式泵站；按照操作条件及方式，泵站可分为人工手动控制、半自动化、全自动化和遥控泵站等四种。半自动化泵站是指开始的指令是由人工按动电钮，使电路闭合或切断，以后的各操作程序是利用各种继电器来控制。全自动化的泵站中，一切操作程序则都是由相应的自动控制系统来完成的。遥控泵站的一切操作均是在远离泵站的中央控制室进行的。在给水工程中，按泵站在给水系统中作用可分为：取水泵站、送水泵站、加压泵站及循环泵站等四种。

1. 取水泵站

取水泵站在水厂中也称一级泵站。在地面水水源中，取水泵站一般由吸水井、泵房及闸阀井等三部分组成，其工艺流程如图 4.1 所示。取水泵站由于它具有靠江临水的特点，所以河道的水文、水运、地质以及航道的变化等都会直接影响到取水泵站本身的埋深、结构型式以及

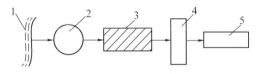

图 4.1　地面水取水泵站工艺流程
1—水源；2—吸水井；3—取水泵站；4—闸阀井；
5—净化厂

工程造价等。我国西南及中南地区以及丘陵地区的河道水位涨落悬殊，设计最大洪水位与设计最枯水位相差常达 $10 \sim 20$ m 之间。为了保证泵站能在最枯水位抽水的可能性，以及保证在最高洪水位时，泵房筒体不被水淹没，整个泵房的高度就很大，这是一般山区河道取水的共同特点。这类泵房一般采用圆形钢筋混凝土结构。这类泵房平面面积的大小，对于整个泵站的工程造价影响甚大，所以在取水泵站的设计中有"贵在平面"的说法。机组及各辅助设施的布置中应尽可能地充分利用泵房内的面积，水泵机组及电动闸阀的控制可以集中在泵房顶层集中管理，底层尽可能做到无人值班，仅定期下去抽查。

设计取水泵房时，在土建结构方面应考虑到河岸的稳定性，在泵房筒体的抗浮、抗裂、防倾覆、防滑坡等方面均应有周详的计算。在施工过程中，应考虑争取在河道枯水位时施工，要有比较周全的施工组织计划。在泵房投产后，在运行管理方面必须很好地使用通风、采光、起重、排水以及水锤防护等措施。此外，取水泵站由于其扩建比较困难，所以在新建给水工程时，应充分地认识到它的"百年大计，一次完成"特点。泵房内机组的布置，可以近远期相结合。对于机组的基础、吸压水管的穿墙嵌管，以及电气容量等都应考虑到远期扩建的可能性。

在近代的城市给水工程中，由于城市水源的污染、市政规划的限制等诸多因素的影响，水源取水点的选择常常是远离市区，取水泵站是远距离输水的工程设施。因此，对于水锤的防护问题、泵站的节电问题、远距离沿线管道的检修问题以及调度室的通讯问题等都是值得

注意的。

对于采用地下水作为生活饮用水水源而水质又符合饮用水卫生标准时,取水井的泵站可直接将水送到用户。

2. 送水泵站

送水泵站在水厂中也称为二级泵站,其工艺流程如图 4.2 所示。通常是建在水厂内,它抽送的是清净水,所以又称为清水泵站。送水泵站的供水情况直接受用户用水情况的影响,其出厂流量与水压在一天内各个时段中是不断变化的。送水泵站的吸水井,它既要有利于水

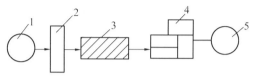

图 4.2　送水泵站工艺流程
1—清水池;2—吸水井;3—送水泵站;4—管网;
5—高地水池(水塔)

泵吸水管道布置,也要有利于清水池的维修。吸水井形状取决于吸水管道的布置要求,送水泵房一般都呈长方形,吸水井一般也为长方形。

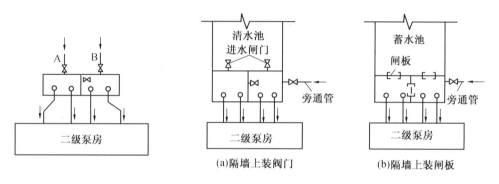

图 4.3　分离式吸水井　　　　　　　图 4.4　池内式吸水井

吸水井型式有分离式吸水井和池内吸水井两种。分离式吸水井如图 4.3 所示,它是邻近泵房吸水管一侧设置的独立构筑物。平面布置一般分为独立的两格,中间隔墙上安装阀门,阀门口径应足以通过邻格最大的吸水流量,以便当进水管 A(或 B)切断时泵房内各机组仍能工作。分离式吸水井可提高泵站运行的安全性。池内吸水井如图 4.4 所示,它是在清水池的一端用隔墙分出一部分容积作为吸水井。吸水井分成两格,图(a)为隔墙上装阀门,图(b)为隔墙上装闸板,两格均可独立工作。吸水井一端接入来自另一只清水池的旁通管。当主体清水池需要清洗时,可关闭隔墙上的进水阀(或阀板),吸水井暂由旁通管供水,泵房仍能维持正常工作。

送水泵站吸水井水位变化范围小,通常不超过 3 ~ 4 m,因此泵站埋深较浅。一般可建成地面式或半地下式。送水泵站为了适应管网中用户水量和水压的变化,必须设置各种不同型号和台数的水泵机组,从而导致泵站建筑面积增大,运行管理复杂。水泵的调速运行在送水泵站中尤其显得重要。送水泵站在城市供水系统中的作用,犹如人体的心脏,通过主动脉以及无数的支微血管,将血液送到人体的各个部位上去。在无水塔管网系统中工作的送水泵站,这种类比性就更加明显。

3. 加压泵站

城市给水管网面积较大,输配水管线很长或在给水对象所在地的地势很高,城市内地形

起伏较大的情况下,通过技术经济比较,可以在城市管网中增设加压泵站。在近代大、中型城市给水系统中实行分区分压供水方式时,设置加压泵站已十分普遍。如上海、武汉等特大城市供水区域大,供水距离有的长达 20 多 km。为了保证远端用户的水压要求,在高峰供水时最远端的水头损失达 80 m(按管道中平均水力坡降为 0.4% 计算),加上服务水头 20 m,则要求高峰出厂水压达 100 mH$_2$O。这样,不仅能耗大,且造成邻近水厂地区管网中压力过高,管道漏失率高,卫生器具易损坏。而在非高峰季节,当用水量降为高峰流量的一半时,管道水头损失可降为 20 m 左右,出厂水压只要求 40 mH$_2$O 即可。为此,在上海市先后增设了近25 座加压泵站,使水厂的出厂水水压控制在 35 ~ 55 mH$_2$O 之间,从而大大节省了电耗,如上海自来水公司的电耗平均为 210 kWh/1 000 m^3,远远低于国内平均水平 340 kWh/1 000 m^3。

加压泵站的工况取决于加压所用的手段,一般有两种方式:一是采用在输水管线上直接串联加压的方式,如图 4.5 (a)所示。这种方式,水厂内送水泵站和加压泵站将同步工作,一般用于水厂位置远离城市管网的长距离输水的场合。二是采用清水池及泵站加压供水方式(又称水库泵站加压供水方式),即厂内送水泵站将水输入远离水厂、接近管网

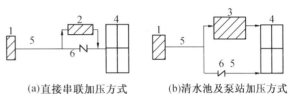

图 4.5 加压泵站供水方式
1— 二级泵站;2—增压机房;3—水库泵站;
4—配水管网;5—输水管;6—逆止阀

起端处的清水池内,由加压泵站将水输入管网,如图 4.5(b)所示。这种方式可以使城市中用水负荷借助于加压泵站的清水池调节,从而使水厂的送水泵站工作制度比较均匀,有利于调度管理。此外,水厂送水泵站的出厂输水干管因时变化系数 $K_{时}$ 降低或均匀输水,从而可使输水干管管径减小。当输水干管越长时,其经济效益就越可观。

4.循环泵站

在某些工业企业中,生产用水可以循环使用或经过简单处理后回用。在循环系统的泵站中,一般设置输送冷、热水的两组水泵,热水泵将生产车间排出的废热水,压送到冷却构筑物内进行降温,冷却后的水再由冷水泵抽送到生产车间使用。如果冷却构筑物的位置较高,冷却后的水可以自流进入生产车间供生产设备使用时,则可免去一组冷水泵。有时生产车间排出的废水温度并不高,但含有一些机械杂质,需要把废水先送到净水构筑物进行处理,然后再用水泵送回车间使用,这种情况下就不设热水泵。有时生产车间排出的废水,既升高了温度又含有一定量的机械杂质,其处理工艺流程如图 4.6 所示。

一个大型工业企业中往往设有好几个循环给水系统。循环水泵站的工艺特点是其供水对象所要求的水压比较稳定,水量亦仅随季节的气温改变而有所变化;供水安全性要求一般都较高,因此水泵备用率较大,水泵台数较多,有时一个循环泵站内冷热水泵数量可达 20 ~ 30 台。在确定水泵数目和流量时,要考虑一年的水温变化,因此,可选用多台同型号水泵,

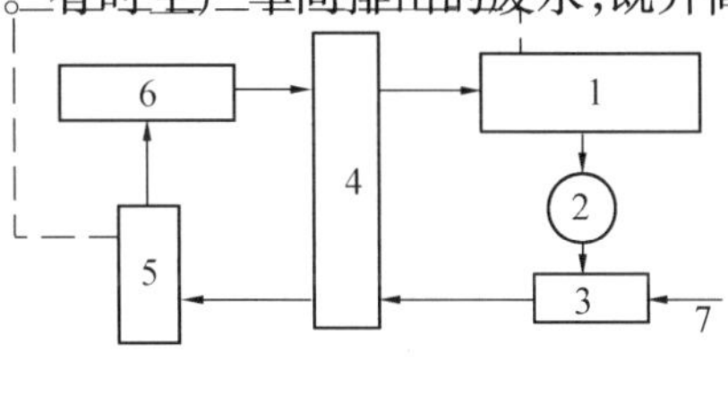

图 4.6 循环给水系统工艺流程
1— 生产车间;2—净水构筑物;3—热水井;
4—循环水泵;5—冷却构筑物;
6—集水池;7—补充新鲜水

不同季节开动不同台数的泵来调节流量。循环水泵站通常位于冷却构筑物或净水构筑物附近。

为了保证水泵良好的吸水条件和便于管理,水泵最好采用自灌式,即让水泵泵轴的标高低于吸水井的最低水位,因此循环水泵站大多是半地下式的。

4.1.4　泵站的设计流量和扬程

1.泵站的设计流量

水泵站的设计流量与用户的用水水量、用水性质、给水系统的工作方式有关,可参见各专业书籍的有关章节。

一级泵站的设计流量,有两种可能的情况。

(1)泵站从水源取水,输送到净水构筑物。为了减少取水构筑物、输水管道和净水构筑物的尺寸,节约基建投资,在这种情况下,通常要求一级泵站中的水泵昼夜均匀工作,因此,泵站的设计流量应为

$$Q_r = \frac{aQ_d}{t}$$

式中　　Q_r——一级泵站中水泵所供给的流量(m^3/h);

　　　　Q_d——供水对象最高日用水量(m^3/d);

　　　　a——为计及输水管漏损和净水构筑物自身用水而采用的系数,一般取 $a = 1.05 \sim 1.1$;

　　　　t——为一级泵站在一昼夜内工作小时数。

(2)泵站将水直接供给用户或送到地下集水池。当采用地下水作为生活饮用水水源,而水质又符合卫生标准时,就可将水直接供给用户。在这种情况下,实际上是起二级泵站的作用。

如送水到集水池,再从那里用二级泵站将水供给用户,由于在给水系统中没有净水构筑物,此时泵站的流量为

$$Q_r = \frac{\beta Q_d}{t}$$

式中　　β——给水系统中自身用水系数,一般取 $\beta = 1.01 \sim 1.02$。

对于供应工厂生产用水的一级泵站,其中水泵的流量应视工厂生产给水系统的性质而定。如为直流给水系统,则泵站的流量应按最高日最高时用水量计算。用水量变化时,可采取开动不同台数泵的方法进行调节。对于循环给水系统,泵站的设计流量(即补充新鲜水量)可按平均日用水量计算。

二级泵站一般按最大日逐时用水变化曲线来确定各时段中水泵的分级供水线。分级供水的优点在于管网中水塔的调节容积远比均匀供水时小。但是,分级不宜太多,因为分级供水需设置较多的水泵,将增大泵站面积,清水池的调节容积也要加大。此外,二级泵站的输水管直径也要相应加大,因为必须按最大一级供水流量来设计输水管道的直径。

通常对于小城市的给水系统,由于用水量不大,大多数采用泵站均匀供水方式,即泵站的设计流量按最高日平均时用水量计算。这样,虽然水塔的调节容积占全日用水量的百分比

值较大,但其绝对值不大,在经济上是合适的。对于大城市的给水系统,有的采取无水塔、多水源、分散供水系统,因此宜采取泵站分级供水方式,即泵站的设计流量按最高日最高时用水量计算,而运用多台或不同型号的水泵的组合来适应用水量的变化情况。对于中等城市的给水系统,输水管路越长,越宜采用均匀供水方式,以节省基建投资。

2.泵站的设计扬程

水泵站的设计扬程与用户的位置和高度、管路布置及给水系统的工作方式等有关,其计算公式为

$$H = H_{ss} + H_{sd} + \sum h_s + \sum h_d + H_{安全} \tag{4.3}$$

式中 H—— 水泵的设计扬程(mH_2O);

  H_{ss}—— 水泵吸水地形高度,与水泵安装高度和吸水井水位变化有关(mH_2O);

  H_{sd}—— 水泵压水地形高度,与地形高差、用户要求的水压(自由水压)有关(mH_2O);

  $\sum h_s$—— 水泵吸水管水头损失,与吸水管的长度、布置、管径、管材等有关(mH_2O);

  $\sum h_d$—— 水泵压水管水头损失,与压水管的长度、布置、管径、管材等有关(mH_2O);

  $H_{安全}$—— 为保证水泵长期良好稳定工作而取的安全水头(mH_2O),根据情况取 $2 \sim 3$ m 以内。

4.2 确定工作泵的型号和台数

选泵的依据:工程所需的水量和水压及其变化规律。

选泵的原则要求:在满足最不利工况的条件下,考虑各种工况,尽可能节约投资、减少能耗。从技术上对流量 Q、扬程 H 进行合理计算,对水泵台数和型号进行选定,满足用户对水量和水压的要求。从经济和管理上对水泵台数和工作方式进行确定,做到投资、维修费最低,正常工作能耗最低。

4.2.1 满足最不利工况

下面以一个例子介绍考虑最不利工况的选泵方法和步骤。

[**例题**]   一个小区给水泵站的管路总长度 $L = 3\,000$ m,管径为 $DN = 500$ mm,管材为钢管,最大工况时的流量 $Q_{max} = 800$ m³/h,最小流量 $Q_{min} = 400$ m³/h,吸水井最低水位与最不利点地形高差 $H_{ST} = 1$ m,自由水压 $H_C = 12$ m,泵站内部水头损失 $h_{泵站} = 2$ m,安全水头取 $H_{安全} = 1.5$ m,在最大流量 Q_{max} 时从泵站至最不利点的管路水头损失 $\sum h = 3.3$ m。试选择水泵?

[**解**]   选泵步骤如下:

(1)首先确定水泵站设计供水量,泵站最大供水量 $Q_{max} = 800$ m³/h $= 0.22$ m³/s;最小供水量 $Q_{min} = 400$ m³/h $= 0.11$ m³/s;

(2)计算水泵站设计扬程 $H/m = H_{ST} + H_C + \sum h + h_{泵站} + H_{安全} = 1.0 + 1.0 + 3.3 +$

2.0 + 1.5 = 19.8;

总水头损失(m)为 $\sum h + h_{泵站} = 3.3 + 2.0 = 5.5$;所以,管路阻抗 $S/(\mathrm{s}^2 \cdot \mathrm{m}^{-5}) = \sum h_{总}/Q^2 = 5.5/0.22^2 = 113.64$,可得到管路特性曲线方程为:$H = 13.0 + 113.64\,Q^2$。

(3) 根据流量 $Q = 800\ \mathrm{m^3/h}$ 和扬程 $H = 19.8\ \mathrm{m}$,从水泵样本上查得 12SA-19 型水泵的高效区的流量 $Q = 612 \sim 935\ \mathrm{m^3/h}$,扬程 $H = 23 \sim 14\ \mathrm{m}$,适合水泵站的设计流量和设计扬程要求。

(4) 绘制水泵工况点,确定所选水泵是否合适需要。

从水泵样本上把 12Sh-19 型水泵特性曲线$(Q - H)$描绘在方格坐标纸上,同时绘出管路特性曲线$(Q - H)_G$,二者的交点 M 就是水泵工况点,如图 4.7 所示,其对应的流量和扬程就是 12Sh-19 型水泵安装在所给管路条件下的工作流量和工作扬程。

从图 4.7 上可查得工作流量 $Q = 805\ \mathrm{m^3/h}$,工作扬程 $H = 20\ \mathrm{m}$。满足水泵站的设计流量和设计扬程的要求,相应的水泵效率 $\eta = 85\%$,选泵合适。

根据上述方法步骤选出的水泵,虽然满足最不利工况时工作要求,但是,当水泵不在最大流量工作时就会产生能量浪费问题。

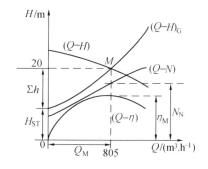

图 4.7　12Sh-9 型水泵工况点

见图 4.8,水泵不在最大工况点工作时就会出现阴影部分的扬程浪费,当水泵在最小流量 $Q = 400\ \mathrm{m^3/h}$ 工作时,水泵工况点为 N 点,此时的水泵扬程 $H = 26\ \mathrm{m}$,水泵效率 $\eta = 65\%$;而管路只需消耗扬程 $H = 12\ \mathrm{m}$ 就可以把 $Q = 400\ \mathrm{m^3/h}$ 的水量输送到用户,水泵给出的扬程比管路需要的扬程多出 14 m,这部分多出的扬程就称之为扬程浪费,因为无谓的消耗就是浪费。

因而,水泵装置的运行效率就为:$\eta_{运行} = 65\% \times 12/26 = 30\%$,远远小于水泵在最大工况点工作时的水泵装置的运行效率 η。

一般泵站运行费用(电费)占制水成本的 50% 以上。如一个供水量为 2.0 万 $\mathrm{m^3/d}$ 的泵站,平均扬程浪费 5 m,效率按 70% 计,则全年多消耗电 141 944 kW·h,相当于电费约 10 万元。

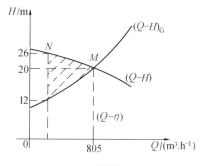

图 4.8　扬程浪费

虽然这个浪费是不可避免的,但是尽量减少能量浪费是泵站设计的一个不可忽视的重要问题。

4.2.2　减少能量浪费途径

减少能量浪费的途径主要有下几种。

1. 大小兼顾,调配灵活

选用几台不同型号的水泵供水,以适应用水量的变化,如图 4.9 所示,选用四台不同水泵工作代替一台大泵工作,扬程浪费(阴影部分) 大大降低。泵数量越多,浪费越少,理论上当水泵台数无限多时,可以使扬程浪费消除。但在实际工程中水泵台数不可能太多,否则工程投资将很大。另外,型号太多也不便于管理,所以一般不易超过两种类型的水泵。

2.型号整齐,互为备用

在实际工程中,多采用多台同型号泵并联工作以减少扬程浪费,如图 4.10 所示。多台水泵或单独工作或多台并联工作,以适应水量变化,这同样使扬程浪费大大降低。而且水泵型号相同,可以互为备用,对零配件、易损件的储备、管道的制作和安装、设备的维护和管理都带来很大的方便。

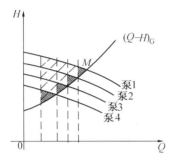

图 4.9 多台不同型号泵并联工况   图 4.10 多台同型号泵并联工况

但是,水泵台数的增加,泵站投资费用也必将增加,到底孰多孰少呢?经验证明,在水泵并联台数不是特别多(5 ~ 7 台以内)时,运行效率提高而节省的能耗,足以抵偿多设置水泵的投资。

3.水泵换轮运行

水泵换轮运行同样可以达到上述减少扬程浪费的目的,如图 4.11 所示。但是,更换叶轮需要停泵,操作不方便,宜于长期调节时使用。

4.水泵调速运行

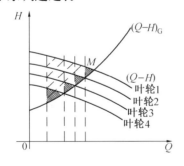
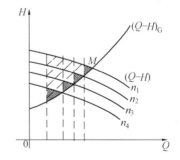

图 4.11 水泵换轮运行工况   图 4.12 水泵调速运行工况

利用变频调速的方法,可以使得扬程浪费减少到最小,如图 4.12 所示。图中的阴影部分能量损失能减小到最小,大大提高水泵装置运行效率,目前水泵调速方法有变频调速、串极调速等。在小区供水、高层建筑供水中,多采用变频调速,节能效果好,使用方便,安全可靠,但增加的投资较多。

多台水泵并联工作时,可以采用调速泵和定速泵配合工作,达到节能和节省投资的最佳效果。

4.2.3　提高运行效率的途径

（1）尽量选用大泵,因为在保证一定调节能力的条件下,大泵的效率往往都高于小泵的效率。

（2）若有多种工况,要尽可能使得各种工况下水泵都在高效区工作,并联工作的水泵要使其在单独工作和并联工作时均能在高效区工作,如果不能保证水泵所有的工况点都在高效区内,就应保证频率出现较高的工况点一定在高效区工作,如平均日平均时;频率出现较低的工况,可以短时间不在高效区工作,如最高时、最低时等。

（3）尽可能减少管路水头损失,管路设计时,在保证水泵装置良好工作的条件下,尽量缩短管路长度,取直不取弯,减少管路配件,阀门、管件的数目。

4.3　确定备用泵的型号和台数

4.3.1　水泵储备

水泵站内不但要设置工作水泵,而且还要在工作泵之外设置备用水泵,以便工作泵损坏或维修时能替换工作,以保证安全供水。备用泵的数量,要根据用户的用水性质和用户对供水可靠性的要求确定,比如,工业用水比居民用水可靠性要求高 —— 断水危害和损失程度大(如国防、发电、钢铁企业),一般不容许断水。

一般来讲,备用泵的台数应满足以下几点:

（1）不允许减少供水量和不允许间断供水的泵站,应有两套备用机组,如大工矿企业。

（2）允许减少供水量,只保证事故水量的泵站,或允许间断供水时,可设一套备用机组。

（3）城市供水系统中的泵站以及高层建筑给水泵一般只设一套备用机组。

（4）通常备用泵与最大泵型号相同。

（5）如果给水系统中有相当大容积的水塔,也可不设备用机组。

（6）备用泵要处于完好准备状态,随时能启动工作,备用泵和工作泵是互为备用、轮流工作的关系。

4.3.2　选泵后的校核

泵站中的水泵选好之后,还必须按照发生火灾时的供水情况,校核泵站的流量和扬程,检验其是否满足消防时的要求。

就消防用水来说,一级泵站的任务是在规定的时间内向清水池中补充必要的消防贮备用水。由于供水强度小,一般可以不另设专用的消防水泵,而是在补充消防贮备用水时间内,开动备用水泵以加强泵站的工作。

因此,备用泵的流量可用下式进行校核

$$Q = \frac{2a(Q_f + Q') - 2Q_r}{t_f} \tag{4.5}$$

式中　　Q_f—— 设计的消防用水量(m^3/h);

Q' —— 最高用水日连续最大 2 小时平均用水量(m^3/h);

Q_r —— 一级泵站正常运行时的流量(m^3/h);

t_f —— 补充消防用水的时间,从 24 ~ 28 h,由用户的性质和消防用水量的大小决定, 见建筑设计放火规范;

a —— 计及净水构筑物本身用水的系数。

就二级泵站来说,消防属于紧急情况,消防用水其总量一般占整个城市或工厂供水量的比例虽然不大,但因消防期间供水强度大,使整个给水系统负担突然加重。因此,应作为一种特殊情况在泵站中加以考虑。

例如,10 万人口的城镇,一二层混合建筑,其生活用水按 100 L/(人.d) 计,平均秒流量 $q = 116$ L/s,设工业生产用水按生活用水量的 30% 计算,为 $Q' = 35$ L/s,合计 $\sum Q = 151$ L/s。消防时,按两处同时着火计,$q_f = 60$ L/s。可见,几乎使泵站负荷增加 40%。

因此,虽然城市给水系统常采用低压消防制,消防给水扬程要求不高,但由于消防用水的供水强度大,即使开动备用泵有时也满足不了消防时所需的流量。在这种情况下,可再增加一台消防水泵。如果因为扬程不足,那么泵站中正常工作的水泵,在消防时都将不能使用,这时将另选适合消防时扬程的水泵,而流量将为消防流量与最高时用水量之和。这样势必使泵站容量大大增加。在低压消防制条件下,这是不合理的。对于这种情况,最好适当调整管网中个别管段的直径,而不使消防扬程过高。

除消防校核外,根据实际工程情况还有转输校核和事故校核等情况。而小区加压泵站和高层建筑给水泵站是单设消防泵房,不存在消防校核问题,而转输校核和事故校核为管网系统问题。

4.3.3　选泵时还要考虑的其他因素

(1) 水泵类型必须与抽送的水质相适应,输送清水要用清水泵,抽送污水要用污水泵。

(2) 要考虑水泵的吸水能力,在保证吸水条件下,尽可能减少泵站埋深。多种水泵的允许吸上真空高度 H_S 要大致相同,若允许吸上真空高度 H_S 不同,水泵安装高度不同时,要照顾基础平齐,就低不就高。

(3) 考虑远期发展,远近结合,因一级泵站施工费高,更要考虑远近期结合。一般方法有① 予留位置,当水量增加时,增加新泵;② 近期用小泵工作,远期更换大泵工作;③ 更换叶轮,近期安装小叶轮,远期安装大叶轮工作。

最好近期泵在远期供水量低时仍能使用。

(4) 水泵的构造型式对泵房的大小、结构形式和泵房内部布置等都有影响,可直接影响泵站的造价。例如,对于水源水位很低,必须建造很深的泵站时,选用立式泵可使泵房面积小,降低造价。又如,单吸式垂直接缝的水泵和双吸式水平接缝的水泵在吸、压水管路的布置上就有很大不同。

(5) 应选择便于维修养护、当地能成系列生产、比较定型的、性能良好的产品。

4.4　水泵机组的布置和基础设计

4.4.1　水泵机组布置的基本要求

　　水泵机组布置排列和管路系统的设计布置是水泵站设计的主要内容,它决定泵房建筑面积的大小。机组间距以不妨碍设备操作和维护、人员巡视安全为原则。

　　所以,机组布置应保证设备工作可靠,运行安全,装卸维修和管理方便,管道总长度最短,接头配件最少,水头损失最小,并应留有扩建的余地。

4.4.2　水泵机组的布置形式

1.纵向排列(水泵轴线平行)

　　纵向排列(如图 4.13 所示),适用于如 IS 型单级单吸悬臂式离心泵。因为悬臂式水泵系顶端进水,采用纵向排列能使吸水管保持顺直状态(如图 4.13 中泵 1)。如果泵房中兼有侧向进水和侧向出水的离心泵(如图 4.13 中 2 号系 Sh 型泵或 SA 型泵),则纵向排列的方案就值得商榷。如果 Sh 型泵占多数时,纵向排列方案就不可取。例如,20 Sh-9 型泵,纵向排列时,泵宽加上吸压水口的大小头和两个 90 度弯头长度共计 3.9 m(如图 4.14 所示),如果横向排列,则泵宽为 4.1 m,其宽度并不比纵排增加多少,但进出口的水力条件就大为改善了,在长期运行中可以节省大量电耗。

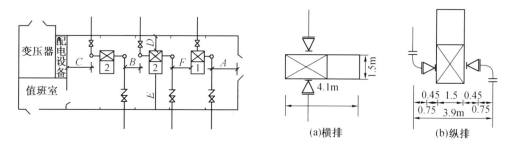

图 4.13　水泵机组纵向排列　　　　图 4.14　纵排与横排比较(20Sh-9 型)

　　图 4.13 所示图中,机组之间各部分尺寸应符合下列要求:

　　(1)泵房大门口要求通畅,即能容纳最大的设备(水泵或电机),又有操作余地。其场地宽度一般用水管外壁和墙壁的净距 A 值表示。A 等于最大设备的宽度加 1 m,但不得小于 2 m。

　　(2)水管与水管之间的净距 B 值应大于 0.7 m,保证工作人员能较为方便地通过。

　　(3)水管外壁与配电设备应保持一定的安全操作距离 C。当为低压配电设备时,C 值不小于 1.5 m,高压配电设备 C 值不小于 2 m。

　　(4)水泵外形凸出部分与墙壁的净距 D,须满足管道配件安装的要求,但是,为了便于就地检修水泵,D 值不宜小于 1 m。如水泵外形不凸出基础,D 值则表示基础与墙壁的距离。

　　(5)电机外形凸出部分与墙壁的净距 E,应保证电机转子在检修时能拆卸,并适当留有余地。E 值一般为电机轴长加 0.5 m,但不宜小于 3 m,如电机外形不凸出基础,则 E 值表示基础与墙壁的距离。

（6）水管外壁与相邻机组的突出部分的净距 F 应不小于 0.7 m。如电机容量大于 55 kW 时，F 应不小于 1 m。

纵向排列布置的特点是布置紧凑，跨度小，适宜布置单吸式泵；但电机散热条件差，起重设备较难选择。

2.横向排列（水泵轴线呈一直线）

横向排列（如图4.15所示），适用于侧向进、出水的水泵，如单级双吸卧式离心泵 Sh 型、SA 型。横向排列虽然稍增加泵房的长度，但跨度可减小，进出水管顺直，水力条件好，节省电耗，故被广泛采用。横向排列的各部分尺寸应符合下列要求：

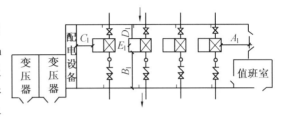

图4.15　水泵机组横向排列

（1）水泵凸出部分到墙壁的净距 A_1 与上述纵向排列的第一条要求相同，如水泵外形不凸出基础，则 A_1 表示基础与墙壁的净距。

（2）出水侧水泵基础与墙壁的净距 B_1 应按水管配件安装的需要确定。但是，考虑到水泵出水侧是管理操作的主要通道，故 B_1 不宜小于 3 m。

（3）进水侧水泵基础与墙壁的净距 D_1，也应根据管道配件的安装要求确定，但不小于 1 m。

（4）电机凸出部分与配电设备的净距，应保证电机转子在检修时能拆卸，并保持一定安全距离，其值要求为：C_1 = 电机轴长 + 0.5 m。但是，低压配电设备应 $C_1 \geqslant 1.5$ m；高压配电设备 $C_1 \geqslant 2.05$ m。

（5）水泵基础之间的净距 E_1 值与 C_1 要求相同，即 $E_1 = C_1$。如果电机和水泵凸出基础，E_1 值表示为凸出部分的净距。

（6）为了减小泵房的跨度，也可考虑将吸水阀门设置在泵房外面。

3.横向双行排列

横向双行排列，如图4.16所示，这种布置形式更为紧凑，节省建筑面积。泵房跨度大，起重设备需考虑采用桥式行车。机组较多的圆形取水泵站中多采用这种布置，可节省较多的基建造价。应该指出，这种布置形式两行水泵的转向从电机方向看去彼此是相反的，因此，在水泵定货时应向水泵厂特别说明，以便水泵厂配置不同转向的轴套止锁装置。

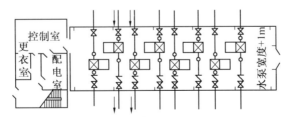

图4.16　横向双行排列（倒、顺转）

4.4.3   水泵机组基础设计

1.基础的作用及要求

水泵基础的作用是支承并固定机组,以便于机组运行平稳,不产生振动。因而要求基础坚实牢固,不发生下沉和不均匀沉降现象,卧式泵多采用混凝土块式基础,立式泵多采用圆柱式混凝土基础或与泵房基础、楼板合建。

2.卧式泵的块式基础的尺寸

(1) 带底座的小型水泵:

基础长度 L/m = 水泵底座长度 L_1 + (0.15 ~ 0.20);

基础宽度 B/m = 水泵底座螺孔间距 B_1 + (0.15 ~ 0.20);

基础高度 H/m = 水泵底脚螺栓长度 l + (0.15 ~ 0.20);

(2) 不带底座的大、中型水泵:

基础长度 L/m = 水泵机组底脚螺孔长度方向间距 L_1 + (0.40 ~ 0.50);

基础宽度 B/m = 水泵底脚螺孔宽度方向间距 B_1 + (0.40 ~ 0.50);

基础高度 H/m = 水泵底脚螺栓长度 l + (0.15 ~ 0.20)。

3.高度校核

为保证水泵稳定工作,基础必须有相当的重量,一般基础重量应大于 2.5 ~ 4.0 倍水泵机组总重量,在已知基础平面尺寸的条件下,根据基础的总重量可以算出其高度。基础最小高度不小于 500 ~ 700 mm,以保证基础的稳定性,基础一般用混凝土浇筑,混凝土基础应高出室内地坪约 10 ~ 20 cm。

基础在室内地坪以下的深度还取决于临近的管沟深度,不得小于管沟的深度。由于水能促进振动的传播,所以应尽量使基础的底放在地下水位以上,否则应将泵房地板做成整体的连续钢筋混凝土板,而将机组安装在地板上凸出的基础座上。

4.4.4   水泵机组布置的一些规定

(1) 要有一定宽度的人员通道,电动机功率不大于 55 kW 时,净距应不小于 0.8 m,电动机功率大于 55 kW 时,净距应不小于 1.2 m,设备的突出部分之间或突出部分与墙壁之间不小于 0.7 m,进出设备的大门口宽为最大设备宽度加 1 m。

(2) 非中开式水泵,要有能抽出水泵泵轴的位置,其长度轴长加 0.25 m,对于电机转子要有电机转子加 0.5 m 的位置。

(3) 大型泵应有检修的空地,其大小应使得被检修设备周围有 0.7 ~ 1.0 m 空地,以便工人活动工作。

(4) 辅助泵(如真空泵、排水泵等)通常应安装在适当的地方,以不增加泵房面积为原则,可以靠墙、墙角布置,也可以架空布置。

(5) 泵站内主要通道宽度应不小于 1.2 m。

4.5　吸水和压水管路系统

4.5.1　吸水管路设计要求

（1）不允许有泄漏，尤其是离心泵不允许漏气，否则会使水泵的工作发生严重故障。所以水泵吸水管一般采用金属管材，多为钢管。钢管强度高，密封性好，便于检修补漏。

（2）不积气，应避免形成气囊。吸水管的真空值达到一定值时，水中溶解的气体就会因为压力减少而逸出，积存在管路的局部最高点处，形成气囊，影响吸水管的过水能力，严重时会使真空破坏，吸水管停止吸水。

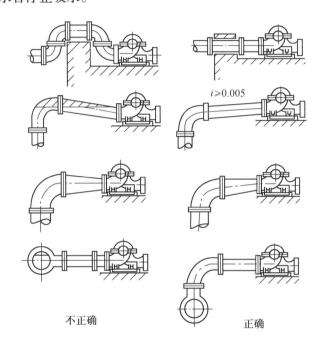

图 4.17　正确的和不正确的吸水管安装

为避免形成气囊，在设计吸水管路时应注意：吸水管应有沿水流方向连续向上的坡度，一般 $i \geqslant 0.005$；吸水管径大于进口直径需用渐缩管连接时，要用偏心渐缩管，渐缩管上部管壁与吸水管（直段）坡度相同；吸水管进口淹没深度要足够，以避免吸气。

图 4.17 是几种吸水管路正确布置和不正确布置容易产生气囊的例子。

（3）尽可能减少吸水管长度，少用管件，以减少吸水管水头损失，减少埋深。

（4）每台水泵应有自己独立的吸水管。

（5）吸水井水位高于泵轴时，应设手动、常开检修闸阀。

（6）吸水管设计流速一般采用数据如下：

$DN < 250$ mm 时，$v = 1.0 \sim 1.2$ m/s；

$DN \geqslant 250$ mm 时，$v = 1.2 \sim 1.6$ m/s。

自灌式工作的水泵的吸水管水流速度可适当放大。

(7) 吸水管进口用底阀时，应设喇叭口，以使吸水管进口水流流动平稳，减少损失。

喇叭口的尺寸为：$D = (1.3 \sim 1.5)d$，$H = (3.5 \sim 7.0)(D - d)$；$D$ 为喇叭口大头直径，d 为吸水管直径。

当水中有大量悬浮杂质时，可在喇叭口前段加装滤网，以减少杂质的进入。

(8) 水泵灌水启动时，应设有底阀。底阀过去一般采用水下式，装于吸水管的末端。底阀的式样很多，它的作用是水只能吸入水泵，而不能从吸水喇叭口流出。图4.18所示为一种铸铁底阀，在水泵停车时，碟形阀门在吸水管中压力作用及本身重量作用下落座，使水不能从吸水管逆流。底阀上附有滤网，以防止杂物进入水泵堵塞或损坏叶轮。实践表明，水下式底阀因胶垫容易损坏，引起底阀漏水，须经常检修拆换，给使用带来不便。为了改进这一缺点，多采用新试验成功的水上式底阀，如图4.19所示。由于水上式底阀具有使用效果良好，安装检修方便等特点，因而设计中采用者日益增多。水上式底阀使用的条件之一是吸水管路水平段应有足够的长度，以保证水泵充水启动后，管路中能够产生足够的真空值。

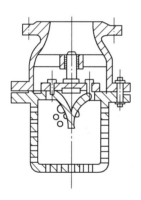

图 4.18　铸铁底阀

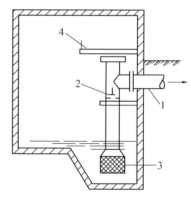

图 4.19　水上式底阀

1—吸水管；2—底阀；3—滤罩；4—工作台

4.5.2　吸水井设计安装要求

1.垂直安装的喇叭口

(1) 淹没深度 $h \geqslant 0.5 \sim 1.0$ m，否则应设水平隔板，水平隔板边长为 $2D$ 或 $3d$，如图4.20。

(2) 喇叭口与井底间距要大于 $0.8D$，如图4.21，使水行进流速小于吸水管进口流速。

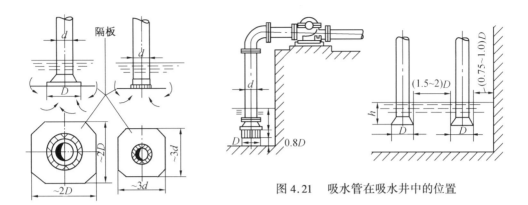

图 4.20　吸水管末端的隔板装置

图 4.21　吸水管在吸水井中的位置

(3) 喇叭口距吸水井井壁距离要大于(0.75 ~ 1.0)D。

(4) 喇叭口之间距离要大于(1.5 ~ 2.0)D。

2.水平安装的喇叭口

(1) 淹没深度 $h \geqslant 0.5 ~ 1.5$ m。

(2) 叭口与井底间距要大于 $0.33D$,行进流速小于吸水管进口流速。

(3) 喇叭口之间距离要大于(1.5 ~ 2.0)D。

4.5.3　压水管路设计要求

(1) 水泵压水管路要承受高压,所以要求坚固不漏水,有承受高压的能力,通常采用金属管材,多为钢管,采用焊接接口,在必要的地方设法兰接口,以便于拆装和检修。

(2) 为安装方便和减小管路上的温度应力或水锤应力,在必要的地方设柔性接口或伸缩接头。图 4.22 所示为可曲挠双球体橡胶接头。

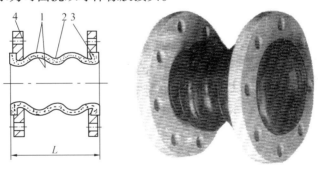

图 4.22　可曲挠双球体橡胶接头
1— 主体;2— 内衬;3— 骨架;4— 法兰

(3) 为承受管路中内应力所产生的内部推力,要在转弯、三通等受内部推力处设支墩或拉杆。

(4) 闸阀直径 $D \geqslant 400$ mm 时,应使用电动或水力闸阀,因为在高水压下,阀门启动较为困难。

(5) 压水管的设计流速一般应:

$DN < 250$ mm 时, $v = 1.5 \sim 2.0$ m/s;

$DN \geqslant 250$ mm 时, $v = 2.0 \sim 2.5$ m/s。

(6) 不允许水倒流时,要设置止回阀,在下列情况要设置止回阀:① 大泵站,输水管长;② 井群给水系统;③ 多水源,多泵站给水系统;④ 管网可能产生负压的情况;⑤ 遥控泵站无法关闸。

4.5.4　泵站中的管路敷设与布置

1.管路敷设时的要求

(1) 管道不能直接埋于土中,要敷设在地沟内、地板上或地下室中。

(2) 泵房出户管应敷设在冰冻线以下。

(3) 泵房内管路不宜架空,必要时,要不妨碍通行及机组吊装和检修,不能架设在电气设备上方。

管路的布置主要是解决水泵联合和代换工作的问题;阀门和管路的数目问题;局部有损坏和维修时对其他水泵工作的影响问题等。

2.管路布置的原则要求

(1) 输水干管一般为两条,要设检修闸阀。

(2) 吸水管应避免设联络管。

(3) 保证任一处干管、闸阀、联络管损坏时,水泵站能将水送往用户。

(4) 保证任一台水泵、闸阀检修时,不影响其他水泵工作。

(5) 任一台水泵都能输水到任一条输水干管。

(6) 在保证上述要求下,管配件、接头以及阀门数目最少。

4.6　泵站水锤及防护

4.6.1　水锤概述

水锤也称为水击,是在有压水管路中由于液体流速的突然变化而引起的压力急剧的交替升高和降低的水力冲击现象。

如图 4.23 所示,水箱出流时,当阀门瞬间关闭时,管路中的水流在惯性作用下将继续冲击阀门,使得阀门处压力急剧升高,并且逐步向水箱传播,传播速度为 a。

由水力学知,在简单管路中若发生关阀水锤,阀门瞬时关闭,则发生直接水锤,其压力增值为 $\Delta P = \rho a(v_0 - v)$,则

$$\Delta H = \frac{av_0}{g}$$

阀门关闭缓慢,则发生间接水锤,其压力增值为

$$\Delta H = \frac{av}{g} \cdot \frac{T_{\mathrm{C}}}{T_{\mathrm{Z}}} = \frac{2Lv}{gT_{\mathrm{Z}}}$$

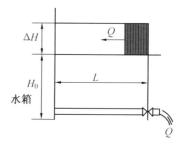

图 4.23　关阀水锤示意图

式中 a—— 水锤波传播速度；

        v_0—— 水流原速度；

        v—— 水流速度改变后的速度，关阀水锤 $v = 0$；

        T_C—— 水锤波传播一个来回的时间，$T_C = 2L/a$；

        T_Z—— 阀门关闭时间。

水锤波传播速度一般在 1 000 m/s，g 为 9.81 m/s^2，所以若发生直接水锤，则其压力增值为 $\Delta H \approx 100v_0$，若原水流速度 v 为 1 m/s，则压力增值 ΔH 为 100 m，是相当大的。所以为防止水锤破坏设备，管路水流速度是不能太大的。

上述仅仅是理论公式计算值，实际水锤是很复杂的，管路多为复杂管路，实际水锤一般都是间接水锤，压力增值虽然比直接水锤小的多，但其最高压力仍然可达正常压力的 200%，根据经验，给水管路中的水流速度一般不宜大于 3.0 m/s。

4.6.2 停泵水锤

所谓停泵水锤是指水泵机组因突然停电或其他原因，造成开阀停车时，在水泵及管路中水流速度发生变化而引起的压力递变现象。

发生突然停泵的原因可能有：

(1) 由于电力系统或电气设备突然发生故障及人为误操作等致使电力供应突然中断。

(2) 雨天雷电引起突然断电。

(3) 水泵机组突然发生机械故障，如联轴器断开，水泵密封环被咬住，致使水泵转动发生困难而使电机过载，由于保护装置的作用而将电机切除。

(4) 在自动化泵站中由于维护管理不善，也可能导致机组突然停电。

停泵水锤的主要特点是：突然停电(泵)后，水泵工作特性开始进入水力暂态(过渡)过程，其第一阶段为水泵工作阶段。在此阶段中，由于停电主驱动力矩消失，机组失去正常运行时的力矩平衡状态，由于惯性作用仍继续正转，但转速降低(机组惯性大时降得慢，反之则降得快)；机组转速的突然降低导致流量减少和压力降低，所以先在水泵处产生压力降低，这点和水力学中叙述的关阀水锤显然不同。此压力降以波(直接波或初生波)的方式由泵站及管路首端向末端的高位水池传播，并在高位水池处引起升压波(发射波)，此反射波由水池向管路首端及泵站传播。由此可见，停泵水锤和关阀水锤的主要区别就在于产生水锤的技术(边界)条件不同，而水锤波在管路中的传播、反射与相互作用等，则和关阀水锤中的情况完全相同。

压水管路的水，在突然停电后的最初瞬间，主要靠惯性作用呈逐渐减慢的速度，继续向高位水池方向流动，然后流速降至零。此后，管道中的水在重力的作用下，又开始向水泵倒流，速度由零逐渐增大，由于水流受到水泵阻挡产生很大压力，此时往往会产生水锤现象。

发生停泵水锤时，在水泵处首先产生压力下降，然后是压力升高，这是停泵水锤的主要特点。在水泵出口处如果设有止回阀，管路中倒流水流的速度达到一定程度时，止回阀很快关闭，水流速度一瞬间降到零，发生直接水锤，引起很大的压力上升。当水泵机组惯性小，供水地形高差大时，压力升高较大，最高压力可达正常压力的 200%，能击坏管路和设备。

实践证明，止回阀突然关闭危害性极大(旋启式止回阀是瞬间关闭的)，很容易发生水锤。由此开发研制的二次关闭止回阀和缓闭止回阀等设备,其关闭时间长,$T_Z > 2L/a$,产生间接水锤,危害程度就要小得多。

　　若水泵压水管路布置起伏较大,还会发生断流水锤,如图 4.24 所示,发生停泵水锤初期,在管路局部最高点 B 点产生负压,有水柱分离现象,当水流倒流时,就在 B 点处产生水流撞击,形成很大的压力升高,称之为断流水锤,其往往比

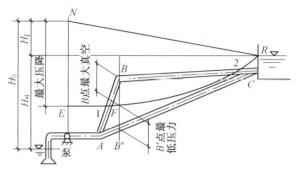

图 4.24　两种布管方式(ABC 及 ABC)
NR— 正常运行时压力线；EFR— 发生水锤时最低压力线

水泵处水锤压力增值要大得多,因而危害也大的多。所以,讨论停泵水锤尤其要注意断流水锤的问题,判断水柱分离现象发生的位置,采取防护措施。

4.5.3　停泵水锤的危害及防护

　　(1)停泵水锤的危害:一般停泵水锤事故会造成"跑水"、停水;事故严重时,会造成泵房被淹,甚至使取水囤船沉没;有的还引起次生灾害,如冲坏铁路,中断运输;还有的设备被损坏,伤及操作人员,甚至造成人身死亡的事故。

　　(2)水锤防护措施:

　　① 尽可能不设止回阀。在压水管路较短、水泵倒转无危害的情况下,且突然停电可以及时关闭出水闸阀时就可以不设止回阀,从而可减少停泵水锤发生的可能性。

　　② 管路设有止回阀时,应设置防止压力升高的措施,如下开式水锤消除器、自闭式水锤消除器、自动复位式水锤消除器、空气缸、安全阀等。

　　③ 用缓闭止回阀、自动缓闭水力闸阀、液控止回阀、两阶段自闭阀门等,可以减小水锤产生的压力增值。

　　④ 防止压力下降和水柱分离,在容易发生断流水锤部位的下方管道设止回阀。

　　⑤ 此外,还可考虑采用增加管道直径和壁厚,选择机组的飞轮力矩(GD^2)大的电机,减小管路长度,以及设置爆破膜片等措施。

4.7　泵站的辅助设备

4.7.1　引水设备

　　水泵的启动有自灌式和吸入式两种方式。在装有大型水泵、自动化程度高、供水安全要求高的泵站中,宜采用自灌式工作。自灌式启动的水泵应低于吸水池内的最低水位。吸入式启动的离心泵在启动前需要向水泵内灌水,水泵灌满水后,才能启动水泵,使之正常工作。水泵引水方式可分为两大类:一是吸水管带有底阀;二是吸水管不带底阀。

1. 吸水管带底阀

(1) 人工引水：将水从泵壳顶部的引水孔灌入泵内，同时打开排气阀。

(2) 用压力管的水倒灌引水：当压水管内经常有水，且水压不大而无止回阀时，直接打开压水管上的闸阀，将水倒灌入泵内。如压水管中的水压较大且在泵后装有止回阀时，直接打开送水闸阀就不行了，而需在送水闸阀后装设一旁通管引入泵壳内，如图 4.25 所示。旁通管上设有闸阀，引水时开启闸阀，水充满泵后，关闭闸阀。此法的设备简单，一般多在中、小型水泵(吸水管直径在 300 mm 以内时)启动时采用。

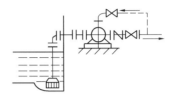

图 4.25　水泵从压水管引水

(3) 高架水箱引水：在泵房内设一高位水箱，启动水泵时，可用水箱中水自流灌满水泵。

上述引水方法的特点是：底阀水头损失大；底阀须经常清理和检修；装置比较简单。

2. 吸水管不带底阀

(1) 真空泵引水。真空泵引水的特点是：水泵启动快，运行可靠，易于实现自动化控制。目前，使用最多的是水环式真空泵，其型号有 SZB 型、SZ 型及 S 型三种。水环式真空泵的构造和工作原理，如图 4.26 所示。

叶轮 1 偏心地装置于泵壳内，启动前往泵壳内灌满水，叶轮旋转时由于离心作用，将水甩至四周而形成一旋转水环 2，水环上部的内表面与轮壳相切；沿箭头方向旋转的叶轮，在前半转(图中右半部)的过程中，水环的内表面渐渐与轮壳离开，各叶片间形成的空间渐渐增大，压力随之降低，空气就从进气管 3 和进气口 4 吸入。在后半转(图中左半部)的过程中，水环的内表面渐渐与泵壳接近，各叶片间的空间渐渐缩

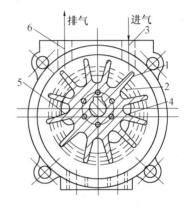

图 4.26　水环式真空泵的工作原理
1— 叶轮；2— 旋转水环；3— 进水管；
4— 进气口；5— 排气口；6— 排气管

小，压力随之升高，空气便从排气口 5 和排气管 6 排出。叶轮不断地旋转，水环式真空泵就不断地抽走气体。

真空泵的排气量计算式为

$$Q_V = \frac{K(W_P + W_S)H_a}{T(H_a - H_{SS})}$$

式中　　K—— 漏气系数，一般 $K = 1.05 \sim 1.10$；

W_P—— 泵站中最大一台水泵泵壳空气容积(m^3)，相当于水泵吸入口面积乘以水泵吸入口到出水阀门之间的距离；

W_S—— 泵站中最大一台水泵吸水管空气容积(m^3)，相当于吸水管横截面积乘以长度；一般可查表 4.1 求得。

H_a—— 大气压，用水柱高度表示(mH_2O)；

H_{SS}—— 水泵安装高度(m)；

T—— 水泵引水时间(h)，一般应小于 $1/12$ h，消防水泵应不大于 $1/20$ h。

最大真空值 H_{Vmax}[*] 一般可根据吸水池最低水位至水泵最高点垂直距离 H 计算,即

$$H_{Vmax}/mmHg = 760H/10.33 = 73.6H$$

表 4.1　水管直径与空气容积关系

D/mm	100	125	150	200	250	300	350	400	450	500	600	700	800	900	1 000
$W_s/(m^3 \cdot m^{-1})$	0.008	0.012	0.018	0.031	0.071	0.092	0.096	0.120	0.159	0.196	0.282	0.385	0.503	0.636	0.785

根据 Q_V 和 H_{Vmax} 查真空泵产品规格便可选择真空泵。泵站内真空泵的布置,如图 4.27 所示。图中气水分离器的作用是为了避免水泵中的水和杂质进入真空泵内,影响真空泵的正常工作。对于输送清水的泵站也可以不用气水分离器。水环式真空泵在运行时,应有少量的水流不断地循环,以保持一定容积的水环及时带走由于叶轮旋转而产生的热量,避免真空泵因温度升高过大而损坏,为此,在管路上装设了循环水箱。但是,真空泵运行时,吸入的水量不宜过多,否则将影响其容积效率,减少排气量。

真空泵平面布置多采用一字形(靠墙布置)和直角形(靠墙角布置),抽气管布置可沿墙架空或沿管沟敷设,抽气管与水泵泵壳顶排气孔相连,要装指示器和截止阀。

真空管路直径可根据水泵大小,采用直径为 $d = 25 \sim 50$ mm。泵站内真空泵通常设置两台,一用一备,两台水泵可共用一个气水分离器。

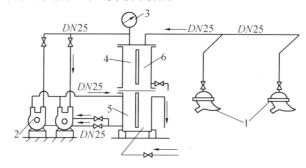

图 4.27　泵站内真空泵管路布置

1— 水泵;2— 水环式真空泵;3— 真空表;4— 气水分离器;
5— 循环水箱;6— 玻璃水位计

(2) 水射器引水。图 4.28 所示为用水射器引水的装置。水射器引水是利用压力水通过水射器喷嘴处产生高速水流,使喉管进口处形成真空的原理,将水泵内的气体抽走。因此,为使水射器工作,必须供给压力水作为动力。水射器应连接于水泵的最高点处,在开动水射器前,要把水泵压水管上的闸阀关闭,水射器开始带出被吸的水时,就可启动水泵。水射器具有结

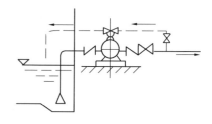

图 4.28　水射器引水

构简单、占地少、安装容易、工作可靠、维护方便等优点,是一种常用的引水设备。缺点是效率

---

　　[*] 最大真空值的单位应为帕斯卡(Pa),但在工程实际中,仪表的示数全部都是毫米汞柱(mmHg),故本书的相应部分采用 mmHg。

低,需供给大量的高压水。

4.7.2 计量设备

为了有效地调度泵站的工作,泵站内必须设置计量设施。目前,水厂泵站中常用的计量设施有电磁流量计、超声波流量计、插入式涡轮流量计、插入式涡街流量计以及均速流量计等。这些流量计的工作原理虽然各不相同,但它们基本上都是有变送器(传感元件)和转换器(放大器)两部分组成。传感元件在管流中所产生的微电讯号或非电讯号,通过变送、转换放大为电讯号在液晶显示仪上显示或记录。一般而言,上述代表现代型的各种流量计较之过去在水厂中使用的诸如孔板流量计、文氏管流量计等压差式流量仪表,具有水头损失小、节能和易于远传、显示等优点。

1. 电磁流量计

电磁流量计是利用电磁感应定律制成的流量计,如图 4.29 所示,当被测的导电液体,在导管内以平均速度 v 切割磁力线时,便产生感应电势。感应电势的大小与磁力线的密度和导体运动速度成正比,即

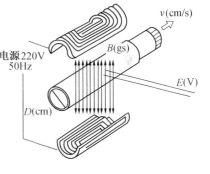

图 4.29 电磁流量计

$$E/V = BvD \times 10^{-8}$$

而流量为

$$Q/(cm^2 \cdot s^{-1}) = \frac{\pi}{4} D^2 v$$

可得

$$Q/(cm^2 \cdot s^{-1}) = \frac{\pi}{4} \frac{E}{B} D \times 10^8$$

式中 E——产生的电动势(V);

  B——磁力线密度($T, 1Gs = 10^4 T$);

  Q——导管内通过的流量(cm^3/s);

  D——管径(cm);

  v——导体通过导管的平均流速(cm/s)。

所以当磁力线密度一定时,流量与产生的电动势成正比,测出电动势,即可算出流量。

电磁流量计由电磁流量变送器和电磁流量转换器(放大器)组成。变送器安装在管道上,把管道内通过的流量变换为交流毫伏级的讯号,转换器则把讯号放大,并转换成 0 ~ 10 mA 的直流电讯号输出,与其他电动仪表配套,进行记录指示、调节控制等。

电磁流量计的特点是:其变送器结构简单,工作可靠;水头损失小,且不易堵塞,电耗少;无机械惯性,反应灵敏,可以测量脉动流量,流量测量范围大,低负荷亦可测量,而且输出讯号与流量成线性关系,计量方便(这是最主要的优点),测量精度约为 ±1.5%;安装方便;重量轻、体积小、占地少;但价格较高,怕潮、怕水浸。

电磁流量计的直径等于或小于工艺管道直径(由于电磁流量计具有很大的测量范围,所以一般情况下,即使管道中流量很大,也不必选用比管道直径大的流量计),流量计的测量量程应比设计流量大,一般正常工艺流量为量程的 65% ~ 80%,而最大流量仍不超过量程。例如设计管道直径为 700 mm,设计流量为 1 500 m³/h,就可以选用 LD - 600 型电磁流量计,起量程范围为 0 ~ 2 000 m³/h。在这种情况下,正常工作时最大流量应为最大量程的 75%。

电磁流量计的安装环境,应选择周围环境温度为 0 ~ 40 ℃。应尽量避免阳光直射和高

温的场合,尽量远离大电器设备,如电动机、变压器等。为了保证测量精度,从流量计电极中心起在上游侧5倍直径的范围内,不要安装影响管内流速的设备配件,如闸阀等。对于地下埋设的管道,电磁流量计的变送器应装在钢筋混凝土水表井内。井内有泄水管,井上有盖板,防止雨水的淹没。电磁流量计的电源线和讯号线,应穿在金属管套内(最好是电源线和讯号线分别穿在两根管子内)敷设,以免损坏电线,同时还可以减少干扰,提高仪表的可靠性和稳定性。在流量计的下游侧安装伸缩接头,以便于仪表的拆装。

2.超声波流量计

超声波流量计是利用超声波在流体中的传播速度随着流体的流速变化这一原理设计的。一般称为速度差法,目前世界各国所用的超声波流量计大部分属于这种类型。在速度差法中,根据接收和计算模式的不同,先后又有时差法、频差法

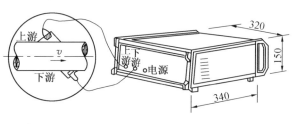

图4.30　超声波流量计安装示意

及时频法等多种类型的超声波流量计。从超声波流量计发展的历史来看,首先出现的是时差法,但由于当时超声测流理论认为时差法测量精度受液体温度变化影响较大,而且当时采用的转换方式使时差法误差较大,分辨率不高,所以到20世纪70年代后,由新起的频差法取代。近代由于数字电路技术的发展,计量频率数比较容易提高量测精度和分辨率,所以频差法超声波流量计在国际上大批生产推广使用。图4.30所示为国产超声波流量计的安装示意。由图上可以看出,它是由两个探头(超声波发生和接收元件)及主机两部分组成。其优点是水头损失极小,电耗很省,量测精度一般在±2%范围内,使用中可以计量瞬时流量,也可计累积流量。安装时探头的安装部位要求上游的直管段不小于10倍管径,下游的直管段不小于5倍管径。目前国产的超声波流量计已可测得管径为100～2 000 mm之间的任何直径管道的流量,讯号传送一般为30～50 m以内。

3.插入式涡轮流量计

插入式涡轮流量计主要有变送器和显示仪表两个部分组成,其测量原理如图4.31所示。利用变送器的插入杆将一个小尺寸的涡轮头插到被测管道的某一深处,当流体流过管道时,推动涡轮头中的叶轮旋转,在较宽的流量范围内,叶轮的旋转速度与流量成正比。利用磁阻式传感器的检测线圈内的磁通量发生周期性变化,在检测线圈的两端发生电脉冲信号,从而测出涡轮叶片的转数而测得流量。实验证明,在较宽的流量范围内,变送器发出的电脉冲流量信号的频率与流体流过管道的体积流量成正比,其关系可用下式表示

$$Q = \frac{f}{K}$$

式中　　f——流量信号的频率(次/s);

　　　　K——变送器的仪表常数(次/m³);

　　　　Q——流过的流量(m³/s)。

一般保证仪表常数精度的流速范围为0.5～2.5 m/s。目前,用于管径200～1 000 mm的管道,仪表常数的精度为±2.5%。插入式涡轮流量计目前还没有专门的型号命名,一般沿用变送器的型号作为流量计的型号。例如,LWCB型插入式涡轮流量变送器与任何一种型号的

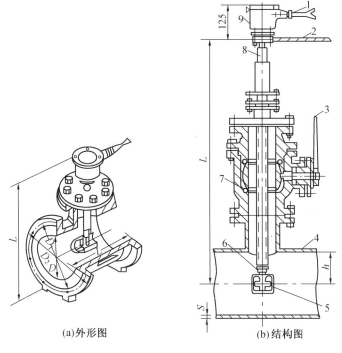

(a)外形图　　　　　(b)结构图

图 4.31　插入式涡轮流量计

1— 信号传送线；2— 定位杆；3— 阀门；4— 被测管道；5— 涡轮头；6— 检测线圈；

7— 球阀；8— 插入杆；9— 放大器

显示仪配套组成的插入式涡轮流量计，就称为 *LWCB* 型插入式涡轮流量计。

目前国产的插入式涡轮流量计有 LWC 型与 LWCB 型。LWC 型必须断流才可在管道上安装和拆卸。所以它只用在可以随时停水的管道，否则应安装旁通管道。而 LWCB 型可不断流即可在管道上安装和拆卸，它也无须安装旁通管道。

4.插入式涡街流量计

涡街流量计又称卡门涡街流量计，它是根据德国学者卡门发现的漩涡现象而研制的测流装置，是 20 世纪 70 年代在流量计领域里崛起的一种新型流量仪表。

卡门的漩涡现象认为：液流通过一个非流线型的障碍挡体时，在挡体两侧便会周期性的产生两列内旋的交替产生的漩涡。当两列漩涡的间距 h 与同列两个相邻漩涡之间的距离 L 之比（如图 4.32 所示）满足 $h/L \leqslant 0.281$ 时，此时所产生的漩涡是稳定的，经得起微扰动的影响，

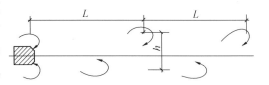

图 4.32　卡门涡街

称为稳定涡街，因而命名为卡门涡街(Vortex Street)。插入式涡街流量计就是按此原理研制的，图 4.33 所示为此流量计的安装示意图。其主要部件为传感器、插入杆、密封锁紧装置及放大器等。传送器中产生漩涡的挡体是用不锈钢制成的多棱柱型复合挡体结构，这种复合挡体结构可以产生强烈而稳定的漩涡。由漩涡的频率数 f 与流体的流速 v 成正比，与挡体的特征宽度 d 成反比的关系，可写出式

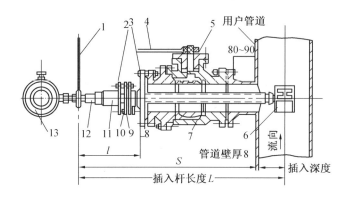

图 4.33　插入式涡街流量计

$$f = ST \cdot \frac{v}{d}$$

上式中 ST 为比例关系数,称为斯特路哈尔数(STROUHAL),它是雷诺数的函数。又因

$$f = ST \cdot \frac{Q}{A \cdot d}$$

令　　　　　　　　　　　　$$K = \frac{ST}{A \cdot d}$$

则得　　　　　　　　　　　　$$f = K \cdot Q$$

$Q = v \cdot A$,所以可得上式中 K 为流量计的仪表常数。上式表明管道中通过的流量与漩涡频率成正比。

涡街流量计又称漩涡流量计,它无可动件,结构简单、安装方便、量程范围较宽,量测精度一般为 $\pm 1.5\% \sim \pm 2.5\%$。目前可测量管径为 $50 \sim 1\,400$ mm 之间的流量;较常用的是 LVCB 型插入式漩涡流量计。

5.均速管流量计

均速管流量计是基于早期毕托管测速原理发展而来的一种新型流量计。研究始于 20 世纪 60 年代末期,国外称为"阿纽巴"(ANNUBAR)流量计。它主要由双法兰短管、测量体铜棒、导压管及差压变送器、开放器及流量显示、记录仪表等组合而成,其结构示意如图 4.34 所示。其工作原理是根据流体的动、势能转换原理,综合了毕托管和绕流圆柱体的应用技术制成的。在管道内插入一根扁平光滑的铜棒作为测量体,在其水流方向沿纵向轴线上按一定间距钻有两对或两对以上的侧压孔,各侧压孔是相通的,传到测量体铜棒中各点的压值经平均后,由总压引出管经传压细管引入压差变送器的高压腔内。在铜棒背向流体流向一侧中央开设一个侧压孔(此测量孔与逆流正面的各侧压孔在中空铜棒中间是隔开的),它所测得的值代表整个管道截面上的静压。实验资料表明,此测得的静压值比实际静压要低 50% 左右,因而可给出比正常值大得多的差压值。此静压也用传压细管引入压差变送器的低压腔。这样。压差计所测得的压差平方根即反映了测量截面上平均流速的大小。平均流速又与流量成正比。从而可得出式

$$Q = \mu \sqrt{h}$$

式中　　　h—— 均速毕托管测量压差(m);

μ—— 流量系数,出厂前由厂方标定;

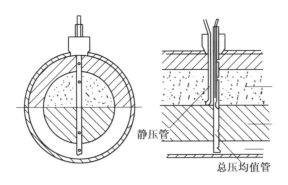

图 4.34 均速管流量计

Q—— 流量(m^3/h)。

图 4.35 所示为均速管流量计安装示意图。

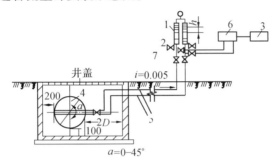

图 4.35 均速管流量计安装示意
1— 水位差压计;2— 排空阀门;3— 冻土层;4— 输水管;
5— 高低压管(白铁管);6— 差压变送器;7— 开方积算器

4.7.3 起重设备

为了方便安装、检修或更换设备的需要,大、中型泵站要设置起重设备。小型泵站可用临时起重设备工作。

1. 起重设备的选择

泵房中必须设置起重设备以满足机泵安装与维修需要。它的服务对象主要为:水泵、电机、阀门及管道。选择什么起重设备取决于这些对象的重量。

常用的起重设备有移动吊架、单轨吊车梁和桥式行车(包括悬挂起重机)3 种,除吊架为手动外,其余两种即可手动,也可电动。

表 4.2 为参照规范给出的起重量与可采用的起重设备类型,可作为设计时的基本依据。泵房中的设备一般都应整体吊装,因此,起重量应以最重设备并包括起重葫芦吊钩为标准。选择起重设备时,应考虑远期机泵的起重量。但是,如果大型泵站,当设备重量大到一定程度时,就应考虑解体吊装,一般以 10 t 为限。凡是采用解体吊装的设备,应取得生产厂方的同意,并在操作规程中说明,同时在吊装时注明起重量,防止发生超载吊装事故。

表 4.2　泵房内起重设备选定

起重量 /t	起重设备形式
< 0.5	固定吊钩或移动吊架
0.5 ~ 2.0	手动起重设备
> 2.0	电动起重设备

2. 起重设备布置

起重设备布置主要是研究起重机的设置高度和作业面两个问题。设置高度从泵房天花板至吊车最上部分应不小于 0.1 m,从泵房的墙壁至吊车的突出部分应不小于 0.1 m。

桥式吊车轨道一般安设在壁柱上或钢筋混凝土牛腿上。如果采用手动单轨悬挂式吊车,则无须在机器间内另设壁柱或牛腿,可利用厂房的屋架,在其下面装上两条工字钢,作为轨道即可。

(1) 吊车的安装高度应能保证在下列情况下,无阻地进行吊运工作:

① 吊起重物后,能在机器间内的最高机组或设备顶上越过。

② 在地下式泵站中,应能将重物吊至运输口。

③ 如果汽车能开入机器间中,则应能将重物吊到汽车上。

泵房的高度大小与泵房内有无起重设备有关。在无吊车设备时,应不小于 3 m(指进口处室内地坪或平台至屋顶梁底的距离);当有起重设备时,其高度应通过计算确定。

其他辅助房间的高度可采用 3 m。

(2) 深井泵房的高度需考虑下列因素:

① 井内扬水管的每节长度;

② 电动机和扬水管的提取高度;

③ 不使检修三脚架跨度过大;

④ 通风的要求。

深井泵房内的起重设备一般采用可拆卸的屋顶式三脚架,检修时装于屋顶,适用于手拉链式葫芦设备。屋顶设置的检修孔,一般为 1.0 m × 1.0 m。

所谓作业面是指起重吊钩服务的范围。它取决于所用的起重设备。固定吊钩配置葫芦,能垂直起举而无法水平运移,只能为一台机组服务,即作业面为一点。单轨吊车其运动轨迹是一条线,它取决于吊车梁的布置。横向排列的水泵机组,对应于机组轴线的上空设置单轨吊车梁。纵向排列机组,则设于水泵和电机之间。进出设备的大门,一般都按单轨梁居中设置。若有大门平台,应按吊钩的工作点和设置最大设备的尺

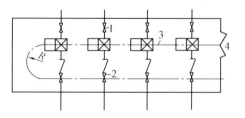

图 4.36　桥式行车工作范围内
1— 进水阀门;2— 出水阀门;3— 吊泵边缘工作点轨迹;4— 死角区

寸来计算平台的大小,并且要考虑承受最重设备的荷载。在条件允许的情况下,为了扩大单轨吊车梁的服务范围,可以采用如图 4.36 所示的 U 型布置方式。轨道转弯半径可按起重量决定,并与电动葫芦型号有关,可见表 4.3 所示。

表 4.3　按起重量定的转弯半径

电动葫芦起重量 /t（CD$_1$ 型及 MD$_1$ 型）	最大半径 R/m
≤ 0.5	1.0
1 ~ 2	1.5
3	2.5
5	4.0

　　U 型布置具有选择性。因水泵出水阀门在每次启动与停车过程中是必定要操作的,故又称操作阀门,容易损坏,检修机会多。所以一般选择出水阀门为吊运对象,使单轨弯向出水闸阀,因而出水闸阀应布置在一条直线上较好。同时,在吊轨转弯处与墙壁或电气设备之间要注意保持一定的距离,以资安全。

　　桥式行车具有纵向和横向移动的功能,它服务范围为一个面。但吊钩落点离泵房墙壁有一定距离,故沿壁四周形成一环状区域(如图 4.37 所示),属于行车工作的死角区。一般在闸阀布置中,吸水闸阀平时极少启闭,不易损坏,可允许放在死角区。当泵房为半地下室时,可以利用死角区域修筑平台或走道,不致影响设备的起吊。对于圆形泵房,死角区的大小通常与桥式行车的布置有关。

4.7.4　通风与采暖

　　泵房内一般采用自然通风。地面式泵房为了改善自然通风条件,往往设有高低窗,并且保证足够的开窗面积。当泵房为地下式或电动机功率较大,自然通风不够时,特别是南方地区,夏季气温较高,为使室内温度不超过 35 ℃,以保证工人有良好的工作环境,并改善电动机的工作条件,宜采用机械通风。

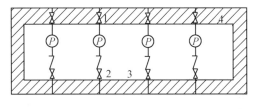

图 4.37　桥式行车工作范围内
1— 进水阀门;2— 出水阀门;3— 吊泵边缘工作点轨迹;4— 死角区

　　机械通风分抽风式和排风式。前者是将风机放在泵房上层窗户顶上,通过接到电动机排风口的风道将热风抽出室外,冷空气自然补充。后者是在电动机附近安装风机,将电动机散发的热气,通过风道排出室外,冷空气也是自然补进。

　　对于埋入地下很深的泵房,当机组容量大,散热较多时,只采取排出热空气,自然补充冷空气的方法,其运行效果不够理想时,可采用进出两套机械通风系统。

　　泵房通风设计主要是布置风道系统与选择风机。

　　选择风机的依据是风量和风压。

1.风量的计算

　　(1) 按泵房每小时换气 8 ~ 10 次所需通风空气量计算,为此须求出泵房的总建筑面积。设泵房总建筑容积为 $V(\mathrm{m}^3)$,则风机的排风量应为(8 ~ 10) $V(\mathrm{m}^3/\mathrm{h})$。

　　(2) 按消除室内余热的通风空气量计算

$$L/(\mathrm{m}^3 \cdot \mathrm{h}^{-1}) = \frac{Q}{c\rho(t_1 - t_2)}$$

其中　　　　　　　　　　　　　　$Q/(kJ \cdot s^{-1}) = nN(1 - \eta)$

式中　　Q——为泵房内同时运行的电机的总散热量(kJ/s);

　　　　c——为空气的比热,一般取 $c = 1.01$ kJ/(kg·℃);

　　　　ρ——为泵房外空气的密度,随温度而改变,当 $t = 30$ ℃ 时,$\rho = 1.12$ kg/m³;

　　　　$t_1 - t_2$——为泵房内外空气温度差(℃);

　　　　N——为电机的功率(kJ/s);

　　　　η——为电机的效率,一般取 $\eta = 0.9$;

　　　　n——同时运行的电机台数。

2. 风压的损失(沿程损失和局部损失)

(1) 沿程损失

$$h_f = li$$

式中　　l——风管的长度(m);

　　　　i——每米风管的沿程损失,根据管道内的风量和风速,由通风设计手册中查得;

　　　　h_f——沿程损失(mH₂O)。

(2) 局部损失

$$h_1 = \sum \xi \frac{V^2 \rho}{2g}$$

式中　　ξ——为局部阻力系数,查通风设计手册求得;

　　　　V——泵房的建筑容积(m³);

　　　　ρ——空气的密度;

　　　　h_1——局部损失(mH₂O)。

所以风管中的全部阻力损失为

$$H = h_f + h_1$$

根据所产生的风压大小,通风机分为低压风机(全风压在 100 mm 水柱以下),中压风机(全风压在 100 ~ 300 mm 水柱之间) 和高压风机(全风压在 300 mm 水柱以上)。

泵房通风一般要求的风压不大,故大多采用低压风机。

风机按作用原理和构造上的特点,分为离心式和轴流式两种。泵房中一般采用轴流式风机。轴流式风机如图 4.38 所示由以下部分组成:叶轮和轴套 1,装在叶轮上与轴成一定角度的叶片 2 及圆筒形外壳 3。当风机叶轮转动时,气流沿轴向流过风机。

一般说来,轴流式风机应装在圆筒形外壳内,并且叶轮的末端与机壳内表面之间的空隙不得大于叶轮长度的 1.5%。如果吸气侧没有风管,则在圆筒形外壳的进风口处须装置边缘平滑的喇叭口。

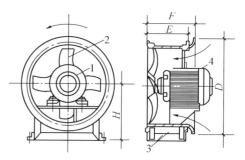

图 4.38　轴流式通风机
1— 叶轮;2— 叶片;3— 外壳;4— 电动机

在寒冷地区,泵房应考虑采暖设备。泵房采暖温度:对于自动化泵站,机器间为 5 ℃,非自动化泵站,机器间为 16 ℃。在计算大型泵房采暖时,应考虑电动机所散发的热量;但也应考虑冬季天冷停机时可能出现的低温。辅助房间室内温度在 18 ℃ 以上。对于小型泵站可用火炉取暖,我国南方地区多用此法。大中型泵站中亦可考虑采取集中采暖的方法。

4.7.5　其他设施

1．排水

泵房内由于水泵填料盒滴水、闸阀和管道接口的漏水、拆修设备时泄放的存水以及地沟渗水等,常须设置排水设备,以保持泵房环境整洁和安全运行(尤其是电缆沟不允许积水)。地下式或半地下式泵房,一般设置手摇泵、电动排水泵或水射器等排除积水。地面式泵房,积水就可以自流入室外下水道。另外,无论是自流或提升排水,在泵房内地面上均需设置地沟集水;排水泵也可采用液位控制自动启闭。排水设施设计时应注意:

(1) 泵房内要设排水沟,坡度大于 0.01,坡向集水坑,且集水坑容积为 5 min 排水泵流量。

(2) 排水泵的设计流量可选 10 ~ 30 L/s。

(3) 自流排水时,必须设止回阀以防雨水倒灌。

2．通讯

泵站内通讯十分重要,一般是在值班室内安装电话机,供生产调度和通讯之用。电话间应具有隔音效果,以免噪音干扰。

3．防火与安全设施

泵房中防火主要是防止用电起火以及雷击起火。起火的原因可能是用电设备过负荷超载运行、导线接头接触不良,电阻发热使导线的绝缘物或沉积在电气设备上的粉尘自燃。短路的电弧能使充油设备爆炸等。设在江河边的取水泵房,可能是雷击较多的地区,泵房上如果没有可靠的防雷保护措施,便有可能发生雷击起火。

雷电是一种大气放电现象,在放电过程中会产生强大的电流和电压。电压可达几十万至几百万伏,电流可达几千安。雷电流的电磁作用对电气设备和电力系统的绝缘物质的影响很大,泵站中防雷保护设施常用的是避雷针、避雷线和避雷器 3 种。

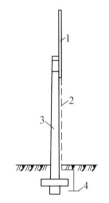

图 4.39　避雷针
1—镀锌铁针;2—连接线;
3— 电杆;4— 接地装置

避雷针是由镀锌铁针、电杆、连接线和接地装置组成(如图 4.39 所示)。落雷时,由于避雷针高于被保护的各种设备,它把雷电流引向自身,承受雷电流的袭击,于是雷电先落在避雷针上,然后通过针上的连接线流入大地,使设备免受雷电流的侵袭,起到保护作用。

避雷线作用类同于避雷针,避雷针用以保护各种电气设备,而避雷线则用在 35 kV 以上的高压输电架空电路上,如图 4.40 所示。

避雷器的作用不同于避雷针(线),它是防止设备受到雷电的电磁作用而产生感应过电压的保护装置。如图 4.41 所示为阀型避雷器外形。其主要组成有两部分:一是由若干放电间隙串联而成的放电间隙部分,通常叫火花间隙;另一是用特种碳化硅做成的阀电阻元件,外部用陶瓷外壳加以保护。外壳上部有引出的接线端头,用来连接线路。避雷器一般是专为保护变压器和变电所的电气设备而设置的。

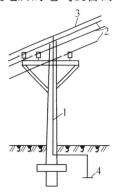
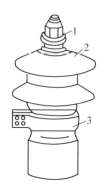

图 4.40　避雷线
1—避雷线;2—高压线;3—连接线;4—接地装置

图 4.41　阀型避雷器
1—接线端头;2—瓷质外壳;3—支持夹

　　泵站安全设施中除了防雷保护外,还有接地保护和灭火器材的使用。接地保护是接地线和接地体的总称。当电线设备绝缘破损,外壳接触漏了电,接地线便把电流导入大地,从而消除危险,保证安全(如图 4.42 所示)。

　　图 4.43 所示为电器的保护接零。它是指电气设备带有中性零线的装置,把中性零线与设备外壳用金属线与接地体连接起来。它可以防止由于变压器高低压线圈间的绝缘破损而引起高压电加于用电设备,危害人身安全的危险。380V/220V 或 220V/127V,中性线直接接地的三相四线制系统的设备外壳,均应采用保护接零。三相三线制系统中的电气设备外壳,也均应采用保护接地设施。

　　泵站中常用的灭火器材有四氯化碳灭火机、二氧化碳灭火机、干式灭火机等。

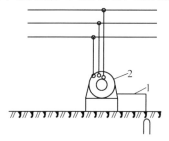
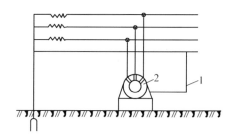

图 4.42　保护接地
1—接地线;2—电动机外壳

图 4.43　保护接零
1—零线;2—设备外壳

4.8　水泵机组的安装

　　水泵机组安装质量的好坏,直接关系到水泵机组的安全运行及其工作效率的高低和使用寿命,必须按照国家颁布的技术标准,精心进行安装。水泵机组的安装工作主要包括:水泵的安装、配套电动机的安装、管路及附件的安装。通常的安装程序是:先进行水泵的安装,然后进行电机安装,最后进行吸、压水管路及附件的安装。

4.8.1　水泵机组安装前的准备工作

在水泵机组安装之前要进行详细核实工作,主要包括水泵机组安装的平面位置及各部位的竖向标高是否符合设计的要求;核实各进、出水管穿墙位置的预留孔洞平面位置及高程是否符合设计的要求;核实水泵机组基础顶面的标高是否符合设计的要求。

为确保机组的安装质量,安装前应仔细检查水泵、配套电动机及各种附件的质量情况。对水泵、电机及各种附件等设备进行解体检查,清洗干净,重新组装后进行安装。

4.8.2　水泵基础的施工

为保证机组进行稳定的工作,提高水泵的工作效率,水泵机组应牢固地安装在基础上。水泵机组基础应具有足够强度;基础的厚度不小于 0.5 m;基础的总重量应大于机组总重量的 3 ～ 4 倍。在一般情况下,离心泵采用混凝土基础;立式轴流泵为混凝土梁基础。混凝土的标号通常采用 C15 或 C20。

机组底座的地脚螺栓的固定分一次浇筑法和二次浇筑法。

一次浇筑法就是在浇注混凝土之前,将地脚螺栓固定在模型架上,在浇注混凝土时,不需预留螺栓孔,一次浇成,将地脚螺栓浇筑在混凝土基础中。该种方法通常用于带有底座的小型水泵的安装。缺点是若地脚螺栓位置固定不正或浇筑地脚螺栓移位,将给水泵机组的安装带来困难(图 4.44)。

二次浇筑法是在浇铸混凝土基础时,预先预留地脚螺栓孔,水泵机组就位和上好螺栓后再向预留孔内浇筑混凝土。该种方法的缺点是,混凝土分两次浇筑,前后浇筑的混凝土有时结合不好,影响地脚螺栓的稳定性,进而影响水泵机组的工作性能。

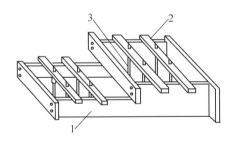 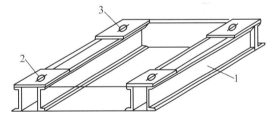

图 4.44　一次浇筑地脚螺栓固定法　　　图 4.45　钢制整体式底座
1— 基础横板;2— 横木;3— 地脚螺栓　　　1— 槽钢制底座架;2— 表面光洁垫铁;3— 螺栓孔

在中、小型水泵机组的安装中,为避免上述方法的缺点,可采用强度较高的耐火砖垫在底座的四角,然后放置地脚螺栓,支好模板,一次浇筑成混凝土基础。

大型水泵机组通常不带底座,为便于机组的安装与调平找正,常用槽钢制成整体式底座,在浇筑混凝土基础时采用一次或二次浇筑法将钢制机组底座稳好在设计位置上(图4.45)。该种施工方法的优点是钢制底座与混凝土的结合较牢固,整体性较好。

深井泵基础的施工基本上与卧式离心泵的安装方式相同。区别在于深井泵基础中央有一井壁管,在浇注混凝土基础之前,应在井壁管外壁设隔离层。

深井泵基础的高度应考虑维修工作的方便,通常高出地平 300 ~ 500 mm。为保证基础能承受较大的荷载,基础形状应是上小下大的四棱台形或圆台形,其基础顶面与井壁管中心应保持垂直。在浇注混凝土基础时,需要预留水位探测孔及补充滤料投入孔,并加盖保护,防止杂物进入井内。

混凝土基础应设四个地脚螺栓,用来固定深井泵,也可以在混凝土基础表面上设置方形铁板一块,铁板由厚 20 mm 的钢板加工而成,铁板尺寸由深井泵机座的尺寸而定,并由地脚螺栓固定于基础之上。方形铁板上设 4 个地脚螺栓,用于固定水泵机组,见图 4.46。

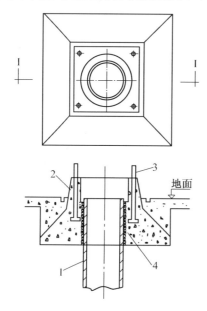

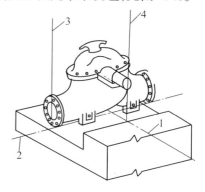

图 4.47　水泵纵横中心找正法

1、2— 纵横中心线;3— 水泵进、出口中心;

4— 泵轴中心

图 4.46　深井水泵基础图

1— 井壁管;2— 混凝土基础;

3— 地脚螺栓;4— 草绳

4.8.3　水泵机组的安装

1. 卧式离心泵的安装

基础和底座安装好以后,先将水泵吊放到基础上使水泵机座上的螺栓孔正对着底座上的螺栓,调整水泵使其纵横中心线及高程满足设计的要求,具体做法如下:

(1) 水泵的找平:水泵安装前,在基础上按照设计的要求,将水泵机组纵横中心线划在基础表面上,从水泵进出口中心及泵轴中心向下吊垂线,调整水泵使垂线与基础上的标记线重合,见图 4.47。

(2) 调平:吊垂线法。水平找正调整水泵,使其成水平状态。常用的方法有吊垂线法或用方水平来找正。

吊垂线法就是在水泵的进出口向下吊垂线或将方水平紧靠进出口的法兰表面,调整机座下的垫铁,使水泵进出口的法兰表面至基础表面的距离相等,或使方水平的气泡居中,见

图 4.48。

（3）轴线高程的找正：水泵轴线高程找正
的目的是使实际安装的水泵轴线高程与设计的
高程一致，通常采用水准仪进行测量，调整机座
底部的垫铁来满足在高程上的要求。

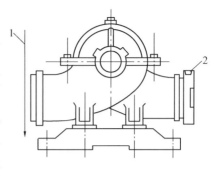

图 4.48　用垂线或方水平找平
1— 垂线；2— 方水平

（4）水泵电机的安装：在水泵找正以后，将
电动机吊放到基础上同水泵联轴器相连。调整
电动机的位置，使水泵及电动机的联轴器的径
向间隙和轴向间隙相等，达到两个联轴器同心
且两端面平行，以达到水泵机组安全运行的目
的，见图 4.49。通常在装好的联轴器上，采用百
分表测量其安装精度。

轴向间隙的尺寸可参考下列数据确定：

小型水泵（300 mm 以下）机组的轴向间隙
为 2 ~ 4 mm；

中型水泵（300 ~ 500 mm）机组的轴向间隙
为 4 ~ 6 mm；

大型水泵（500 mm 以上）机组的轴向间隙
为 6 ~ 8 mm。

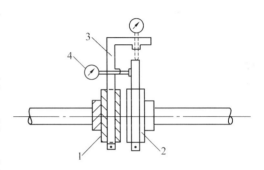

图 4.49　用百分表测定间隙装置
1— 水泵联轴器；2— 电动机联轴器；3— 支架；
4— 百分表

2. 立式轴流泵的安装

泵体安装前，先将进水喇叭口、叶轮头、导
叶吊放到安装位置，再将水泵机座、中间接管、弯管等部件吊放到水泵基础上，然后进行安
装。

导叶和导叶管的安装：将导叶和导叶管组装好，穿入机组与基础螺栓，用方水平在导叶
管的法兰表面上测水平，要求误差小于 0.04 mm/m。吊放弯管于导叶管的法兰面上，要求出
水弯管的中心线和出水管的中心线一致，最大误差小于 5 mm。

立式轴流泵的安装关键是：安装出水弯管时应使弯管轴承（水泵上轴承）与导叶体内轴
承（水泵下轴承）垂直且同心。泵体调整找正后，即可浇注地脚螺栓的混凝土。

水泵体的安装：先将水泵泵轴吊装进入泵体内，装上叶轮，再装上进口喇叭口。叶轮外缘
与泵壳内壁间隙应均匀，最后装上填料盒。

传动轴的安装：先将轴承和轴承套装到传动轴上，然后装上弹性联轴器；再将推力轴承
装入电动机机座内的轴承体内，把传动轴吊装插入机座孔内，将轴承压入轴承体内，检查传
动轴和泵轴的垂直度和同心度，调整电机座，符合允许偏差值。

吊装电机：将电动机吊装到电机座上，装好联轴器，拧紧地脚螺栓，然后待试车检验。

3. 深井泵的安装

深井泵的安装可分井上安装和井下安装两部分。

（1）井下部分安装：安装顺序是滤水管、水泵传动轴、轴承支架、水泵泵体及扬水管。通
常滤水管的安装采用吊装法，即在滤水管顶端装上夹板套上钢丝绳，将滤水管吊起放入井中

（若滤水管较短，也可将滤水管直接装在泵体上，与泵体一起进行安装）。在安装滤水管时，在基础表面上应设置两根方形垫木，使夹板落在垫木上，取掉钢丝绳；用另一夹板卡在水泵的出水一侧，将水泵吊在井口上，使水泵的进水口与滤水管口对正后连接。取下滤水管上的夹板，继续将泵体放入井中至另一夹板搁置在垫木上为止。装上一节水泵传动轴和轴承支架，安装水泵体和扬水管，然后一节一节的安装至井口为止，见图4.50。联轴器安装完毕后，采用有分表进行检测，见图4.49。井下部分安装完成后，即可进行井上部分的安装。

　　（2）井上部分的安装：安装顺序是深井泵座、联轴器、电机、附件及管路。

　　将泵座吊起放到扬水管上方穿过泵轴。松动起吊设备使电动机轴穿过泵座填料盒轴孔，下降至扬水管法兰，穿入螺栓对称拧紧螺栓。检查扬水管是否处于井管中心，否则做必要的调整。然后吊起泵座，取掉方木，缓慢下降泵座，使泵座的四角螺栓孔套入水泵机组基础的地脚螺栓，调整泵座，使其水平，拧紧四角地脚螺栓。

　　填料盒中分段填入密封填料，填满后套上压盖并拧紧，待水泵试车时，视漏水情况再做调整。

　　将水泵电动机吊起，对准泵座，使电动机轴穿入电机空心轴，电机落在泵座上，拧紧地脚螺栓。电动机轴安装合格后，加满润滑油，接通电源，进行试车，直至合格。深井泵安装完毕后，立即抹平基础表面，安装出水管附件和管路。

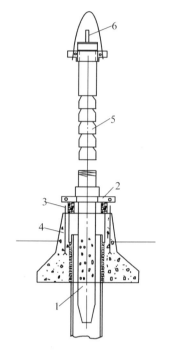

图4.50　水泵体安装示意图
1— 水泵进水滤管；2— 夹板；3— 垫木；
4— 基础；5— 水泵；6— 泵轴

4. 潜水泵安装

　　潜水泵是将泵和电机制成一体，其安装方式与其他类型的水泵安装方法相类似，通常的做法是：先进行水泵基础施工，待水泵机组基础验收合格后，进行泵体及出水管、附件的安装。

　　潜水泵通常设置在集水井（坑）内，安装方法分成固定式安装与移动式安装两种形式。移动式安装较简单，常用于小型水泵的安装，出水管通常采用软管。固定式安装较为复杂，该种安装方式通常用于带有自动耦合装置的较大型潜水泵。其安装顺序是：浇注混凝土基础、导杆及泵座的安装、泵体的安装、出水管及附件的安装。

　　机组基础通常采用标号为C15或C20混凝土浇注，采用一次浇注法施工。为保证基础承受较大的荷载，通常将基础做成上小下大的棱台形状，或与集水井（坑）底板浇成一体，基础顶面应水平，并预埋地脚螺栓。

　　导杆及泵座的安装：吊起泵座，缓慢下降至机组基础上，泵座上的螺栓孔正对基础上预埋的地脚螺栓，泵座用水平尺找平后，拧紧地脚螺栓。导杆的底部与泵座采用螺纹、螺栓或插入式联接，顶部与支撑架相联接，支撑架与导杆通常用碳钢管、不锈钢或镀锌钢管制成。

　　泵体的安装：吊起泵体，将耦合装置（耦合装置、水泵及电机通常制成整体设备）放置到导杆内,使泵体沿着导杆缓慢下降,直到耦合装置与泵座上的出水弯管相联接,水泵出水管与出水弯管进口中心线重合,见图 4.51(图中字母含义为水泵的结构尺寸,不同型号水泵,结构尺寸不同)。

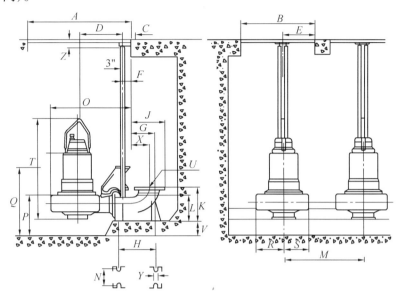

图 4.51　潜水泵基础及安装示意图

出水管及附件的安装:水泵出水管与出水弯管采用法兰联接,出水管上的其他附件包括闸阀、膨胀节及逆止阀等采用法兰联接。

泵体进行检修时,人不必进入集水井(坑)内,可采用人工或机械的办法将泵体从集水井(坑)中用与泵体相联接的铁链提出。根据泵体重量的大小及实际需求,提升支架可制成永久性支架和临时性支架两种。提升支架上设电动、手动葫芦或滑轮与提升铁链相联接。

4.9　给水泵站的工艺设计

4.9.1　设计资料

设计泵站所需资料,可分为基础资料和参考资料两部分。

1. 基础资料

基础资料对设计具有决定性作用和不同程度的约束性。它往往不能按照设计者的意图与主观愿望任意变动,是设计的主要依据。主管部门对设计工作的主要指示、决议、设计任务书,有关的协议文件,工程地质、水文与水文地质、气象、地形等等,都属于这类资料,计有:

(1) 设计任务书。

(2) 规划、人防、卫生、供电、航道、航运等部门同意在一定地点修建泵站的正式许可文件。

(3) 地区气象资料:最低、最高气温,冬季采暖计算温度,冻结平均深度和起止日期,最大冻结层厚。

（4）地区水文与水文地质资料：水源的高水位、常水位、枯水位资料。河流的含砂量、流速、风浪情况等。地下水流向、流速、水质情况及对建筑材料的腐蚀性等。

（5）泵站所在地附近地区一定比例的地形图。

（6）泵站所在地的工程地质资料、抗震设计烈度资料。

（7）用水量、水压资料（污水泵站还应有水质分析资料）以及给水排水制度。

（8）泵站的设计使用年限。

（9）电源位置、性质、可靠程度、电压、单位电价等。

（10）与泵站有关的给水排水构筑物的位置与设计标高。

（11）水泵样本，电动机和电器产品目录。

（12）管材及管配件的产品规格。

（13）设备材料单价表，预算工程单位估价表，地方材料及价格，劳动工资水平等资料。

（14）对于扩建或改建工程，还应有原构筑物的设计资料、调查资料、竣工图或实测图。

2. 参考资料

参考资料仅供参考，不能作为设计的依据，如各种参考书籍，口头调查资料，某些历史性纪录及某些尚未生产的产品目录等，都属于这一类，计有：

（1）地区内现有水泵站的运行情况调查资料，水泵站形式，建筑规模和年限，结构形式，机组台数和设备性能，历年大修次数，曾经发生的事故及其原因分析和解决办法，冬季采暖，夏季通风情况，电源或其他动力来源等。

（2）地区内现有泵站的设计图、竣工图或实测图。

（3）地区内已有泵站的施工方法和施工经验。

（4）施工中可能利用的机械和劳动力的来源。

（5）其他有关参考资料。

4.9.2　泵站工艺设计步骤和方法

泵站工艺设计步骤和方法分述如下：

（1）确定设计流量和扬程。

（2）初步选泵和电动机或其他原动机，包括选择水泵的型号，工作泵和备用泵的台数。由于初步选泵时，泵站尚未设计好，吸水、压水管路也未进行布置，水流通过管路中的水头损失也是未知的，所以这时水泵的全扬程不能确切知道，只能先假定泵站内管道中的水头损失为某一个数值。一般在初步选泵时，可假定此数为 2 m 左右。

根据所选泵的轴功率及转数选用电动机。如果机组由水泵厂配套供应，则不必另选。

（3）设计机组的基础。在机组初步选好后，即可查水泵及电动机产品样本，查到机组的安装尺寸（或机组底板的尺寸）和总重量，据此可进行基础的平面尺寸和深度的设计。

（4）计算水泵的吸水管和压水管的直径。

（5）布置机组和管道。

（6）复核水泵和电动机。根据地形条件确定水泵的安装高度。计算出吸水管路和泵站范围内压水管路中的水头损失，然后求出泵站的扬程。如果发现初选的水泵不合适，则可以切削叶轮或另行选泵。根据新选的水泵的轴功率，再选用电动机。

(7) 选择泵站中的附属设备。

(8) 确定泵房建筑高度。泵房的建筑高程,取决于水泵的安装高度、泵房内有无起重设备以及起重设备的型号。

(9) 确定泵房的平面尺寸,初步规划泵站总平面。机组的平面布置确定以后,泵房(机器间)的最小长度 L 也就确定了,如图 4.52 所示,a 为机组基础的长度;b 为机组基础的间距;c 为机组基础与墙的距离。查有关材料手册,找出相应管道、配件的型号规格、大小尺寸,按一定的比例将水泵机组的基础和吸水、压水管道上的管配件、闸阀、止回阀等画在同一张图上,逐一标出尺寸,依次相加,就可以得出机器间的最小宽度 B,如图 4.53 所示。

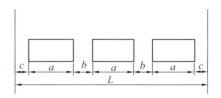

图 4.52 机器间长度 L

a— 机组基础的长度;b— 机组基础的间距;
c— 机组基础与墙的距离

L 和 B 确定后,再考虑到修理场地等因素,便可最后确定泵站机器间的平面尺寸大小。

泵站的总平面布置包括变压器室、配电室、机器间、值班室、修理间等单元。

总平面布置的原则是:运行管理安全可靠,检修及运输方便,经济合理,并且考虑到有发展余地。

变电配电设备一般设在泵站的一端,有时也可将低压配电设备置于泵房内侧。

泵房内装有立式泵或轴流泵时,配电设备一般装设在上层或中层平台上。

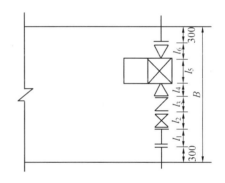

图 4.53 机器间宽度 B

l_1、l_2、l_3、l_4、l_6— 分别为短管甲、闸阀、止回阀、水泵出口短管、进口短管的长度;l_5— 机组基础的宽度

控制设备一般设于机组附近,也可以集中装设在附近的配电室内。

配电室内设有各种配电柜,因此应便于电源进线,且应紧靠机组,以节省电线,便于操作。配电室与机器间应能通视,否则,应分别安装仪表及按钮(切断装置),以便当发生故障时,在两个房间内,均能及时切断主电路。

变压器若发生故障,易引起火灾或爆炸,故宜将变压器室设置于单独的房间内,且位于泵站的一端。

值班室与机器间及配电室相通,而且一定要靠近机器间,且能很好通视。

修理间的布置应便于重物(如设备)的内部吊运及向外运输。因此,往往在修理间的外墙上开有大门。

进行总平面布置时,尽量不要因为设置配电间而把泵房跨度增大。

(10) 向有关工种提出设计任务。

(11) 审校,会签。

(12) 出图。

(13) 编制预算。

4.9.3 泵站的技术经济指标

泵站的技术经济指标包括单位水量基建投资、输水成本、电耗三项,其值的大小取决于泵站的基建总投资、年运行费用、年总输水量和生产管理水平。这几项指标,在设计泵站时,可作为方案技术经济比较的参考;而在泵站投产运行以后,则是改进经营管理,降低输水成本和节约电耗的主要依据。

泵站的基建总投资 C,包括土建、配管、设备、电气照明等。初步设计或扩初设计时,按概算指标进行计算,施工图设计阶段,按预算指标计算。工程投产后按工程决算进行计算。

泵站的年运行费用 S,包括以下几项:

(1) 折旧及大修费 E_1。

(2) 电费 E_2,全年的电费可按下式计算

$$E_2 / 元 = \frac{\sum Q_i H_i T_i}{\eta_p \eta_m \eta_n} \rho g \alpha$$

式中 Q_i—— 一年中泵站随季节变化的平均日输水量(L/s);

H_i—— 相应于 Q_i 的泵站输水扬程(m);

T_i—— 一年中平均泵站工作小时数(h);

ρ—— 水的密度,取 $\rho = 1$ kg/L;

η_p—— 水泵效率(%);

η_m—— 电机效率(%);

η_n—— 电网的效率(%);

α—— 每 1 kWh 电的价格(元/度);

(3) 工资福利费 E_3:取决于劳动组织与劳动定员以及职工的平均工资水平。

(4) 经常养护费 E_4。

(5) 其他费用 E_5,即

$$S = E_1 + E_2 + E_3 + E_4 + E_5$$

故单位水量基建投资 c 为

$$c / (元 \cdot m^{-3}) = \frac{C}{Q}$$

式中 Q—— 为泵站设计日供水量(m³/d)。

输水成本 s 为

$$s = \frac{S}{\sum Q}$$

式中 $\sum Q$—— 为泵站全年的总输水量(m³)。

在泵站日常运行中,电耗大小是衡量其是否正常经济运行的重要指标之一。通常电耗 e_c 以每抽送 1 000 m³ 的水所实际耗费的电能(kW·h),即

$$e_c / (kW \cdot h) = \frac{E_C}{Q} \times 1000$$

式中　E_C——泵站在一昼夜(或一段时间)内所耗费的电能(kW·h),可以从泵站内的电表中查得;

　　　Q——泵站在一昼夜(或一段时间)内所抽送的水量(m^3),可从流量计中查得。

而泵站运行的理论电耗或焦比电耗(即每小时将 1 000 m^3 的水提升 1 m 高度所消耗的电能) 可用下式计算

$$e'_c/(kW·h) = \frac{Q'H'\rho g}{\eta_p \eta_m} = \frac{1000 \times 9.8 \times 1}{3\,600\,\eta_p \eta_m} = \frac{2.72}{\eta_p \eta_m \eta_n}$$

设取 $\eta_p \eta_m \eta_n = 0.68$,则

$$e'_c/(kW·h) = \frac{2.72}{0.68} = 4.03$$

泵站中实际的比电耗应按每台机组,在不同运行状态下(即在一定的流量和扬程下连续运行若干小时) 分别进行计算,把实际的比电耗与理论比电耗进行比较,便可看出每台水泵是否在最经济合理的状态下运行。从而可以改进水泵的工作和设法提高其工作效率。

4.10　给水泵站的构造特点

4.10.1　取水泵站的构造特点

地面水源取水泵站往往建成地下式的。地下式一级泵站由于"临水埋深",在结构上要求承受土压和水压,泵房筒体和底板就应不透水,且有一定自重以抵抗浮力,这就大大增加了基建投资。因此,对于地下式泵房应尽可能缩小其平面尺寸,以降低工程造价。在地质条件允许时,一级泵站多采用沉井法施工,因此,大都采用圆形结构。其缺点是布置机组及其他设备时,不能充分利用建筑面积,此外,安设吊车也有一定困难。因此,有时泵房地下部分是椭圆形,而地上部分做成矩形。泵房筒体的水下部分用钢筋混凝土结构,水上部分可用砖砌。泵房底板一般采用整体浇注的混凝土或钢筋混凝土底板,并与水泵机组的基础浇成一体。为了减小平面尺寸有时也采用立式水泵。配电设备一般放置在上层,以充分利用泵房内空间。压水管路上的附件,如止回阀、闸阀、水锤消除器及流量计等一般设在水泵房外的闸阀井(或称切换井)。这样不仅可以减少泵房建筑体积,而且当压水管道损坏时,水流不致向泵房内倒灌而淹没泵房。泵站与切换井间的管道应敷设于支墩或钢筋混凝土垫板上,以免不均匀沉陷。泵站与吸水井分建时,吸水管常放在钢筋混凝土暗沟内,暗沟上应留出入的人孔,暗沟的尺寸,应保证工人可以进入检查、处理漏水漏气事故。当需要换管子时,可以通过人孔,把管子取出来。暗沟与泵房连接处应设沉降缝,以防不均匀沉降而导致管道破裂。

泵房内壁四周应有排水沟,水汇集到集水坑中,然后用排水泵抽走。排水泵的流量可选用 10 ~ 30 L/s,其扬程由计算确定。

一级泵站由于抽的是未经处理的浑水。因此,一般需要另外接入自来水作为水泵机组的水封用水。

地下式泵站中,上下垂直交通可设 0.8 ~ 1.2 m 宽的坡度为 1:1 或稍小坡度的扶梯,每两个中间平台之间不应超过 20 级踏步。站内一般不设卫生间、贮藏室;但应设电话与各种指

示讯号,以便调度联系。为防止火灾,泵站内外要考虑设置灭火设备。

地下式一级泵站扩建时有一定困难,所以在第一次修建时,即应考虑将来的扩建问题。通常,泵房是一次建成的,设备分期安装。泵站内的机器间的电力照明按每 1 m² 地板面积 20 ~ 25 W 计算。

泵站的大门,应比最大设备外形尺寸大 0.25 m。对于特别笨重的设备应预先留出安装孔。为了保证泵房内有良好的照明,应在泵房的纵墙方向开窗,窗户面积通常应大于地板面积的 1/6 ~ 1/7,最好为 1/4。

在泵房附近没有修理场时,应在泵房内留出 6 ~ 10 m² 的面积,作为修理和放置备用零件。

4.10.2　送水泵站的构造特点

二级泵站的工艺特点是水泵机组较多,占地面积较大,但吸水条件好。因此,大多数二级泵站建成地面式或半地下式。

地面式的优点是施工方便,造价较低和运行条件较好。在地下式的水泵站内,启动水泵比较方便。

在地下式泵房中,应设置排除积水的管道,在该管道上应装有止回阀,以防止大雨时,雨水倒流。若泵房地坪高低于室外排水管标高时,则应设置抽水设备。

二级泵站由于机组台数较多,因而附属的电气设备及电缆线也较多。在进行工艺设计时,应结合土建与供电要求一并考虑。但是,对于二级泵站,土建造价相对地比经常电能耗费小。因此,在设计二级泵站时,要着重注意工艺上的要求和布置,土建结构应保证满足工艺布置的要求。

二级泵房属于一般的工业建筑,常用的是柱墩式基础,墙壁用砖砌筑于地基梁上,外墙可以是一砖、一砖半或两砖厚,根据当地的气候寒暖而定。为了防潮,墙身用防水砂浆与基础隔开。对于装有桥式吊车的泵房,墙内须设置壁柱。机组运行时,由于震动而发生很大噪声,影响工人健康。为此,首先应保证机组安装的质量,同时要把机组与基础连接好,如有必要亦可采取消音措施。在管道穿过墙壁处采用柔性穿墙套管也可减少噪声的传播。泵房设计还应考虑抗震和人防要求。从抗震角度出发,泵房最好建成地下式或半地下式。如果地下水位很高,施工困难或受其他条件限制,不能修建地下式时,也可设计成地面式泵房,但必须尽量做到:平、立面简单,体形规整,不做局部突出的建筑。水泵站内还应有水位指示器,当清水池或水塔中水位最高或最低时,便可自动发出灯光或音响信号。

4.10.3　深井泵站构造特点

深井泵站通常由泵房和变电所组成。深井泵房的形式有地面式、半地下式和地下式三种。不同结构形式的泵房各有其优缺点。地面式的造价最低,建成投产迅速;通风条件好,室温一般比半地下式的低 5 ~ 6℃;操作管理与检修方便;室内排水容易;水泵电动机运行噪声扩散快,音量小;但出水管弯头配件多,不便于工艺布置,且水头损失较大。半地下式比地面式造价高;出水管可不用弯头配件,便于工艺布置;且水力条件好,可稍节省电耗及经常运行费用,人防条件较好;但通风条件较差,夏季室温高;室内有楼梯,有效面积缩小;操作管理,检修人员上下,机器设备上下搬运均较不便;室内地坪低,不利排水;水泵电动机运转时,声音不易扩散,声量大;地下部分土建施工困难。地下式的造价最高;施工困难最多;防水处理复杂;室内排水困难;操作管理、检修工作不便;但人防条件、抗震条件好;因不受阳光照射,故夏季室温较低。

实践表明:以上三种形式,前两种为好。

深井泵房平面尺寸一般均很紧凑,因此选用尺寸较小的设备对缩小平面尺寸有很大意义。设计时应与机电密切配合,选择效能高、尺寸小、占地少的机电设备。

此外,深井泵房设计,还应注意泵房屋顶的处理、屋顶检修孔的设置以及泵房的通风、排水等问题。

思考题

1.给水泵站的组成与分类有哪些?

2.减少水泵站能量浪费的途径有哪些?

3.选择水泵时应考虑哪些因素?

4.水泵机组的布置形式与适用条件是什么?

5.设计水泵吸压水管路时,有哪些要求?

6.水锤的危害及防护措施?

7.泵站设计的步骤有哪些?

8.试述给水泵站的构造特点?

第 5 章　排水泵站

5.1　概述

5.1.1　排水泵站分类

提升污(废)水、污泥的泵站统称为排水泵站。排水泵站通常按以下方法分类。

(1) 按排水性质,排水泵站可分为污水(生活污水、生产污水)泵站、雨水泵站、合流泵站、污泥泵站等。

(2) 按在排水系统中的作用,排水泵站可分为中途(区域)泵站、终点(总提升)泵站。

(3) 按水泵启动前引水方式,排水泵站可分为自灌式泵站和非自灌式泵站。

(4) 按泵房平面形状,排水泵站可分为圆形、矩形、组合形泵站。

(5) 按集水池与水泵间的组合情况,排水泵站可分为合建式泵站和分建式泵站。

(6) 按水泵与地面相对位置关系,排水泵站可分为地下式泵站和半地下式泵站。

(7) 按水泵的操纵方式,排水泵站可分为人工操作泵站、自动控制泵站和遥控泵站。

5.1.2　排水泵站的基本组成

排水泵站的基本组成有事故溢流井、格栅、集水池、机器间、出水井、辅助间和专用变电所等。

1．事故溢流井

事故溢流井作为应急排水口,当泵站由于水泵或电源发生故障而停止工作时,排水管网中的水继续流向泵站。为了防止污水淹没集水池,在泵站靳水管前设一专用闸门井,当发生事故时关闭闸门,将污水从溢流排水管排入自然水体或洼地。溢流管上可据需要设置阀门,通常应关闭。事故排水应取得当地卫生监督部门同意。

2．格栅

格栅用来拦截雨水、生活污水和工业废水中大块的悬浮物或漂浮物,用以保护水泵叶轮和管道配件,避免堵塞和磨损,保证水泵正常运行。

格栅一般设在泵前的集水池内,安装在集水池前端。有条件时,宜单独设置格栅间,以利于管理和维修。小型格栅拦截的污物可采用人工清除,大型格栅采用机械清除。

3．集水池

集水池的功能是,在一定程度上调节来水量的不均匀,以保证水泵在较均匀的流量下高效率工作。集水池的尺寸应满足水泵吸水装置和格栅的安装要求。

4．水泵间（机器间）

水泵间用来安装水泵机组和有关辅助设备。

5．辅助间

为满足泵站运行和管理的需要，所设的一些辅助性用房称为辅助间。主要有修理间，贮藏室、休息室、卫生间等。

6．出水井

出水井是一座把水泵压水管和排水明渠相衔接的构筑物，主要起消能稳流的作用，同时还有防止停泵时水倒流至集水池中的作用。压水管路的出口设在出水井中，这样可以省去阀门，降低造价及运行管理费用。

7．专用变电所

专用变电所的设置应根据泵站电源的具体情况确定。

5.1.3　排水泵房的基本形式

排水泵房有多种形式，应根据进水管渠的埋设深度、来水流量、水泵机组型号及台数、水文地质条件、施工方法等因素，从泵站造价、布置、施工、运行等方面综合考虑确定。下面介绍几种排水泵房常见的基本形式。

图 5.1 为合建式圆形排水泵站示意图。采用卧式水泵，自灌式工作。此种形式适用于中、小型排水泵站，水泵台数不宜超过 4 台。

这种形式的优点是：圆形结构，受力条件好，便于沉井法施工；易于水泵的启动，运行可靠性高；根据吸水井水位，易于实现自动控制。其缺点是：机器间内机组和附属设备的布置较困难；站内交通不便；自然通风和采光不好；当泵房较深时，工人上、下不方便，且电机容易受潮。

这种形式的泵站如果将卧式机组改为立式机组，可以减少泵房面积，降低泵房造价。另外，电机安装在上层，使工作环境和条件得已改善。

图 5.2 为合建式矩形排水泵站示意图。采用立式水泵，自灌式工作。此种形式适用于大、中型泵站，水泵台数一般超过 4 台。

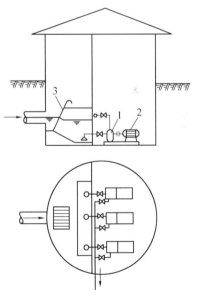

图 5.1　合建式圆形排水泵站
1—水泵；2—电动机；3—格栅

这种泵站的特点是：采用矩形机器间，管路及机组的布置较为方便；水泵启动操作简便，易于实现自动化；电气设备在上层，电机不易受潮，工人操作管理条件较好；建设费用较高，当土质较差、地下水位较高时，不利于施工。

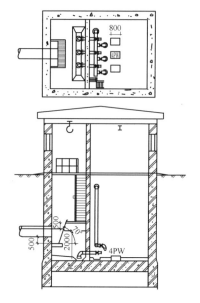

图 5.2　合建式矩形排水泵站

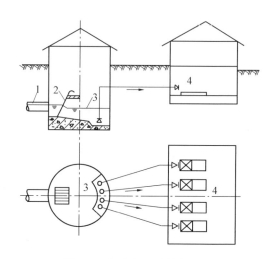

图 5.3　分建式矩形排水泵站

1—来水干管;2—格栅;3—集水池;4—水泵间

图 5.3 为分建式矩形排水泵站示意图。采用卧式水泵,非自灌式工作,集水池与泵站分开建设。当土质差,地下水位高时,为了降低度施工难度及工程造价,采用分建式是合理的。

这种泵站的优点是:结构处理上较简单;充分利用水泵吸水能力,使机器间埋深较浅;机器间无渗污,卫生条件较好。其缺点是:吸水管路较长,压力损失大;需要引水设备,启动操作较麻烦。

5.1.4　排水泵站的一般规定

1. 规模

排水泵站的规模应按排水工程总体规划所划分的远近期规模设计,应满足流量发展的需要。排水泵站的建筑物宜按远期规模设计,水泵机组可按近期水量配置,根据当地的发展,随时增装水泵机组。

2. 占地面积

泵站的占地面积与泵站性质、规模以及所处的位置有关。表 5.1 为国内各大城市一些泵站的资料汇总,可供参考。

表 5.1　各种泵站不同流量占地面积

设计流量 (m³·s⁻¹)	泵站性质	占地面积/m²	
		城、近郊区	远郊区
< 1	雨水	400 ~ 600	500 ~ 700
	污水	900 ~ 1 200	1 000 ~ 1 500
	合流	700 ~ 1 000	800 ~ 1 200
	立交	500 ~ 700	600 ~ 800
	中途加压	300 ~ 500	400 ~ 600
1 ~ 3	雨水	600 ~ 1 000	700 ~ 1 200
	污水	1 200 ~ 1 800	1 500 ~ 2 000
	合流	1 000 ~ 1 300	1 200 ~ 1 500
	中途加压	500 ~ 700	600 ~ 800
3 ~ 5	雨水	1 000 ~ 1 500	1 200 ~ 1 800
	污水	1 800 ~ 2 500	2 000 ~ 2 700
	合流	1 300 ~ 2 000	1 500 ~ 2 200
5 ~ 30	雨水	1 500 ~ 8 000	1 800 ~ 10 000
	合流	2 000 ~ 8 000	2 200 ~ 10 000

注:1.表中占地面积主要指泵站围墙以内的面积。从进水进到出水,包括整个流程中的构筑物和附属构筑物以及生活用地、内部道路及庭院绿化等面积。

2.表内占地面积系指有集水池的情况,对于中途加压泵站,若吸水管直接与上游出水压力管连接时,则占地面积尚可相应减小。

3.污水处理厂内的泵房占地面积,由污水处理厂平面布置决定。

3.排水泵站单独建设的规定

城市排水泵站一般规模较大,对周围环境影响较大,因此,宜采用单独的建筑物。工业企业及居住小区的排水泵站是否与其他建筑物合建,可视污水性质及泵站规模等因素确定。

4.排水泵站的位置

排水泵站的位置应视排水系统上的需要而定,通常建在需要提升的管(渠)段,并设在距排放水体较近的地方。并应尽量避免拆迁,少占耕地。由于排水泵站一般埋深较大,且多建在低洼处,因此,泵站位置要考虑地址条件和水文地址条件,要保证不被洪水淹没,要便于设置事故排放口和减少对周围环境的影响,同时,也要考虑交通、通讯、电源等条件。

单独设立的泵站,根据废水对大气的污染程度,机组噪音等情况,结合当地环境条件,应与居住房屋和公共建筑保持必要距离,四周应设置围墙,并应绿化。

5.2　污水泵站

5.2.1　水泵的选择

污水泵站选泵的方法与给水泵站基本相同。

1. 水泵的设计流量

城市污水的流量是不均匀的,污水量在全天内的变化规律也难以确定。因此,污水泵站的设计流量一般按最高日最大时污水量计算。

2. 水泵的扬程

泵站的扬程 H 可按下式计算。

$$H = H_{SS} + H_{Sd} + \sum h_s + \sum h_d + H_C \tag{5.1}$$

式中　　H_{SS}——吸水地形高度(m),为集水池最低水位与水泵轴线的高程差;

　　　　H_{Sd}——压水地形高度(m),为水泵轴线与输水最高点(一般为压水管出口处)的高程差;

　　　　$\sum h_s$、$\sum h_d$——污水通过吸水管路和压水管路总的压力损失(mH$_2$O);

　　　　H_C——安全压力(m),一般取 $1 \sim 2$ mH$_2$O。

3. 水泵型号及台数的选择

应根据污水的性质来确定相应的污水泵或杂质泵等水泵的型号。当排除酸性或腐蚀性废水时,应选用耐腐蚀泵;当排除污泥时,应选择污泥泵。由于污水泵站一般扬程较低,可选择立式离心泵、轴流泵、混流泵、潜水污水泵等。

对于小型泵站,水泵台数可按 $2 \sim 3$ 台(2用1备)配置;对于大中型泵站,可按 $3 \sim 4$ 台配置。

应尽可能选择同型号水泵,以方便施工与维护,也可以用大、小泵搭配的方式,以适应流量的变化。

应尽可能选择性能好、效率高的水泵,使泵站工作长期处于高效区。

污水泵站一般可设一台备用机组,当水泵台数超过 4 台时,除安装一台备用机组外,在仓库还应存放一台。

5.2.2　集水池

1. 集水池容积的确定

集水池容积的大小与污水的来水量变化情况、水泵型号和台数、泵站操纵方式、工作制度等因素有关。集水池容积过大,会增加工程造价;如果容积过小,则不能满足其功能要求,同时会使水泵频繁启动。所以,在满足格栅、吸水管安装要求,保证水泵工作的水力条件以及能够将流入的污水及时抽走的前提下,应尽量缩小集水池容积。

污水泵房集水池容积一般可按不少于泵站内最大一台水泵 5 min 的出水量来确定。

雨水泵站集水池的容量可按最大一台水泵 30 s 出水量确定。

对于小型泵站,当夜间来水量较小而停止运行时,集水池应能满足储存夜间来水量的要求。

初沉污泥和消化污泥泵站,集水池容积按一次排入的污泥量和污泥泵抽升能力计算;活性污泥泵站,集水池容积按排入的回流污泥量、剩余污泥量和污泥泵抽升能力计算。

对于自动控制的污水泵站,集水池容积可按下式确定:

泵站为一级工作时

$$W = \frac{Q_0}{4n} \tag{5.2}$$

泵站为二级工作时

$$W = \frac{Q_2 - Q_1}{4n} \tag{5.3}$$

式中　　W——集水池容积(m^3)；

　　　　Q_0——泵站为一级工作时，水泵的出水量(m^3/h)；

　　　　Q_1、Q_2——泵站分二级工作时，一级与二级工作水泵的出水量(m^3/h)；

　　　　n——水泵每小时启动次数，一般取 $n = 6$。

集水池的有效水深一般采用 1.5 ~ 2.0 m。

2. 污水泵房集水池的辅助设施

污水泵房的集水池宜设置冲泥和清泥等设施，以防止池中大量杂物沉积腐化，影响水泵的正常吸水和污染周围环境。可在水泵出水压力管上接出一根直径为 50 ~ 100 mm 的支管，伸入集水坑中，定期打开支管的阀门进行冲洗池子底部污泥，用水泵抽除；也可在集水池上部设给水栓，作为冲洗水源，然后用泵抽除。含有焦油类的生产污水，当温度低时易粘结在管件和水泵叶轮上，因而宜设加热设施，在低温季节采用。自灌式工作的泵房，为适应水泵开停频繁的特点，要根据集水池水位变化进行自动控制运行；宜设置 UQK 型浮球液位控制器、浮球行程式水位开关、电极液位控制器等。

3. 集水池布置原则

集水池的布置，应考虑改善水泵吸水的水力条件，减少滞流和涡流，以保证水泵正常运行。布置时应注意以下几点。

(1) 泵的吸水管或叶轮应有足够的淹水深度，防止空气吸入或形成涡流时吸入空气。

(2) 水泵的吸入喇叭口应与池底保持所要求的距离。

(3) 水流应均匀顺畅无漩涡地流近水泵吸水管口。每台水泵进水水流条件基本相同，水流不要突然扩大或改变方向。

(4) 集水池进口流速和水泵吸入口处的流速尽可能缓慢。

污水泵房的集水池前应设置闸门或闸槽，以在集水池清洗或水泵检修时使用。雨水泵房根据雨季检修的要求，也可设闸槽，但一般雨水泵检修在非雨季进行。

5.2.3　泵房(机器间)的布置

1. 机组布置

污水泵站中机组台数一般不超过 3 ~ 4 台，而且不论是立式还是卧式泵，都是从轴向进水，一侧出水。因而常采用水泵轴线平行(并列)的布置形式，如图 5.4 所示。图 5.4 中(a)和(c)适用于卧式水泵，图中(b)适用于立式水泵。

为了满足安全防护和便于机组检修，泵站内主要机组的布置和通道宽度，应符合下列要求。

(1) 相邻两机组间的净距：

① 电动机容量小于等于 55 kW 时，不得小于 0.8 m；

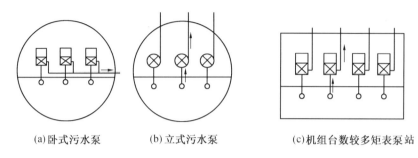

(a)卧式污水泵　　　　　(b)立式污水泵　　　　　(c)机组台数较多矩表泵站

图 5.4　排水泵站机组布置

② 电动机容量大于 55 kW 时，不得小于 1.2 m。

(2) 无吊车起重设备的泵房，一般在每个机组的一侧应有的比机组宽度大 0.5 m 的通道，但不得小于第一条规定。

(3) 相邻两机组突出基础部分的间距和机组突出部分与墙壁的间距，以及泵房主要通道的宽度与给水泵房要求相同。

(4) 配电箱前面通道的宽度，低压配电时不小于 1.5 m，高压配电时不小于 2.0 m。当采用在配电箱后面检修时，后面距墙不宜小于 1.0 m。

(5) 在有桥式起重设备的泵房内，应有吊运设备的通道。

(6) 当需要在泵房内就地检修时，应留有检修设备的位置，其面积应据最大设备(部件)的外形尺寸确定，并在周围设置宽度不小于 0.7 m 的通道。

2. 管道布置

(1) 吸水管路布置。每台水泵应设置一条单独的吸水管。这样不但可以改善水泵的吸水条件，而且还可以减少管道堵塞的可能性。

吸水管的流速一般采用 1.0 ~ 1.5 m/s，不得低于 0.7 m/s。当吸水管较短时，流速可适当提高。

吸水管进口端应装设喇叭口，其直径为吸水管直径的 1.3 ~ 1.5 倍。吸水管路在集水池中的位置和各部分之间的距离要求，可参照给水泵站中有关规定。

当排水泵房设计成自灌式时，在吸水管上应设有闸阀(轴流泵除外)，以方便检修。非自灌式工作的水泵，采用真空泵引水，不允许在吸水管口上装设底阀。因底阀极易被堵塞，影响水泵启动，而且增加吸水管阻力。

(2) 压水管路布置。压水管流速一般为 1.0 ~ 2.5 m/s。当两台或两台以上水泵合用一条压水管时，如果仅一台水泵工作，其流速也不得小于 0.7 m/s，以免管内产生沉积。单台水泵的出水管接入压水干管时，不得自干管底部接入，以免停泵时，杂质在此处沉积。

当两台及两台以上水泵合用一条出水管时，每台水泵的出水管上应设置闸阀，并且在闸阀与水泵之间设止回阀；如采用单独出水管口，并且为自由出流时，一般可不设止回阀和闸阀。

3. 管道敷设

泵站内管道一般采用明装。吸水管一般置于地面上。压水管多采用架空安装，沿墙设在托架上。管道不允许在电气设备的上面通过，不得妨碍站内交通、设备吊装和检修，通行处的地面距管底不宜小于 2.0 m,管道应稳固。泵房内地面敷设管道时,应根据需要设置跨越设施,例如,设活动踏梯或活动平台。

4. 泵站内部标高的确定

泵房内部标高的确定主要依据进水管(渠)底标高或管内水位标高。合建式的自灌式泵站集水池板与机器间底板标高相同;对于非自灌式泵站,机器间底板较高。

(1)集水池各部标高。集水池最高水位标高,如图 5.5 所示,对于小型泵站为进水管(渠)底标高;对于大中型泵站,为进水管(渠)水位标高。集水池最高水位与最低水位之差称为有效水深,一般有效水深取 1.5~2.0 m。集水池最低水位标高为最高水位标高减去有效水深。

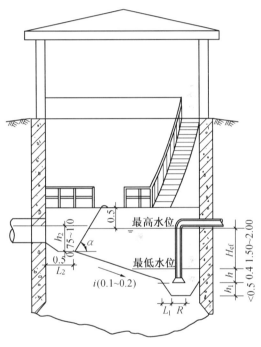

集水池池底应有 0.1~0.2 的坡度,坡向吸水坑。吸水坑的尺寸取决于吸水管的布置,并保证水泵有良好的吸水条件。吸水喇叭口朝下安装在吸水坑中。喇叭口下缘距坑底的距离 h_1 要不小于吸水管管径(R)的 0.8 倍,但不得小于 0.5 m;边缘距坑壁 L_1 为 $(0.75~1.0)R$;喇叭口在最低水位以下的淹没深度 h 不小于 0.4 m;喇叭口之间的净距不小于 1.5 倍的喇叭口直径 D。

格栅安装清理污物的工作平台应高出集水池最高水位 0.5 m 以上;其宽度视清除方法而定,采用人工格栅不小于 1.2 m,采用机械格栅不小于 1.5 m。沿工作平台边缘应设高度为 1.0 m 的栏杆。安装格栅的下部小平台距进水管底的距离应不小于 0.5 m,顺水方向的宽度 L_2 为 0.5 m。格栅安装倾角 α 为 60°~70°。为了便于检修和清洗,从格栅工作平台至池底应设爬梯。

图 5.5　集水池标高示意图

(2)水泵间各部标高。对于自灌式泵站,水泵轴线标高可据喇叭口下缘标高及吸水管上管配件尺寸推算确定。

对于非自灌式泵站,水泵轴线标高可据水泵允许吸上真空高度和当地条件确定。

水泵基础标高可由水泵轴线标高推算,进而确定机器间的地面标高及其他各部标高。

机器间上层平台一般应比室外地面高 0.5 m。

5. 主要辅助设备

(1) 格栅。在水泵前必须设置格栅。格栅一般由一组平行的栅条或筛网制成。按栅条间隙的大小可分为粗格栅(50~100 mm)、中格栅(10~40 mm)和细格栅(3~10 mm)三种。栅条间隙可据水泵型号确定,见表 5.2。

表 5.2　PW 型、PWL 型水泵前格栅的栅条间隙

水泵型号	栅条间隙/mm	截留污物量/(L·人$^{-1}$·a^{-1})
$2\frac{1}{2}$PW、$2\frac{1}{2}$PWL	≤20	人工:4～5 机械:5～6
4PW、4PWL	≤40	2.7
6PWL	≤70	0.8
8PWL	≤90	0.5
10PWL	≤110	<0.5
32PWL	≤150	<0.5

注:1. 水泵前格栅栅条间隙在 25 毫米以内时,处理构筑物前可不设格栅。

　　2. 采用立式轴流泵时:20ZLB-70,栅条间隙≤60 mm;28ZLB-70,栅条间隙≤90 mm。

　　3. 采用 Sh 型清水泵时:14Sh,栅条间隙≤20 mm;20Sh,栅条间隙≤25 mm;24Sh,栅条间隙≤30 mm;
　　　 32Sh,栅条间隙≤40 mm。

栅条断面形状主要有正方形、圆形、矩形、带半圆的矩形等。

为了减轻工人的劳动强度,宜采用机械格栅。机械格栅不宜少于 2 台,如果采用 1 台时,应设人工格栅备用。

污水过栅流速一般采用 0.6～1.0 m/s,栅前流速为 0.6～0.8 m/s,通过格栅的压力损失一般为 0.08～0.15 mH$_2$O。

(2) 仪表及计量设备。排水泵站应设置的仪表主要有,水泵吸水管上应装设真空表;压力管上安装压力表;泵轴为泵液体润滑时设液位指示器,当采用循环润滑时设温度计和压力表,用以测量油的温度;监控水位应设水位计及控制水泵自动运行的水位控制器等。配电设备应设有电流计、电压计、计量表等。

由于污水中含有较多杂质,在选择计量设备时,应考虑防堵塞问题。污水泵站的计量设备一般设在出水井口的管渠上,可采用巴氏计量槽、计量堰等;也可以采用电磁流量计或超声波流量计等。

(3) 引水设备。污水泵站一般采用自灌式工作,不需要设引水设备。当水泵采用非自灌(吸水式)工作时,必须设置引水设备,可采用真空泵、水射器,也可以采用真空罐或密闭水箱引水。当采用真空泵引水时,需在真空泵与污水工作泵之间设置隔离罐,隔离罐的大小与气水分离罐相同。

(4) 排水设备。为了确保排水泵房的运行安全,应有可靠的排水设施。排水泵工作间内的排水方式与给水泵站基本相同。为了便于排水,水泵间地面宜做成 0.01～0.015 的坡度,坡向排水沟,排水沟以 0.01 的坡度坡向集水坑。排水沟断面可采用 100 mm×100 mm,集水坑采用 600 mm×600 mm×800 mm。对于非自灌式泵站,集水坑内的水可以自流排入集水池,在集水坑与集水池之间设一连接管道,管道上设阀门,可根据集水坑水位和集水池水位情况开阀排放。当水泵吸水管能产生真空时,可在水泵吸水管上接出一根水管伸入集水坑,在管上设阀门;当需要抽升时,开启管上阀门,靠水泵吸水管中的负压,将集水坑中的水抽走,这种方法省去引水设备,简单易行。

当水泵间污水不能自流排除,又不能利用水泵吸水管中负压抽升时,应设专门的排水

泵,将集水坑中的水排入集水池。

(5) 反冲设备。由于污水中含有大量杂质,会在集水坑内产生沉积,所以应设压力冲洗管。一般从水泵压水管上接出一根 $DN50 \sim 100$ 的支管伸入集水坑,定期进行冲洗,以冲散集水坑中的沉渣。

(6) 采暖通风及防潮设备。由于集水池较深,污水中的热量不易散失(污水温度一般为 $10 \sim 12\ ℃$),所以一般不需采暖设备。水泵间如果需要采暖,可采用火炉、暖气,也可采用电辐射板等采暖设施。

排水泵站的集水池通常利用通风管自然通风,通风管的一端伸入清理工作平台以下,另一端伸出屋面并设通风帽。水泵间一般采用自然通风,当自然通风满足不了要求时,应采用机械通风,保证水泵间夏季温度不超过 $35\ ℃$。

当水泵间相对湿度高于 75% 时,使电机绝缘强度降低,因而应采取防潮措施,一般采用电加热器或吸湿剂防潮。

(7) 起重设备。起重设备的选择方法与给水泵站相同。

(8) 事故溢流井和出水井。事故溢流井的作用在 5.1 中已阐述。在小型泵站中可以采用单道闸门溢流井,在大、中型泵站中宜采用双道闸门溢流井,见图 5.6。

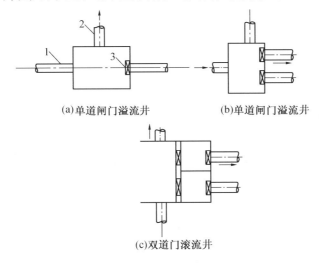

(a)单道闸门溢流井　　　　(b)单道闸门溢流井

(c)双道门滚流井

图 5.6　溢流井布置示意图

1—来水管;2—溢流排水管;3—闸门

出水井的类型如图 5.7 所示。一般可分为淹没式、自由式和虹吸三种出流方式。图 5.7(a)为淹没式出水井,水泵压水管出口淹没在出水井水面以下,为防止停泵时干渠中的水倒流,在出口处要设拍门或设挡水溢流堰;图 5.7(b)为自由式出流,即压水管出口位于出水井水面之上,这种形式虽然浪费了部分能量,但可以防止停泵时出水井中水倒流,省去管道出口拍门或溢流堰;图 5.7(c)为虹吸式出流,它具有以上两种出流形式的优点,即充分利用了水头,又能防止倒流,但需要在虹吸管顶部设真空破坏装置,以便在停泵时,破坏虹吸,截断水流。

在排水泵站中还应设有照明,消防、防噪声等设备(施),以及通风设施和工作人员生活设施等。

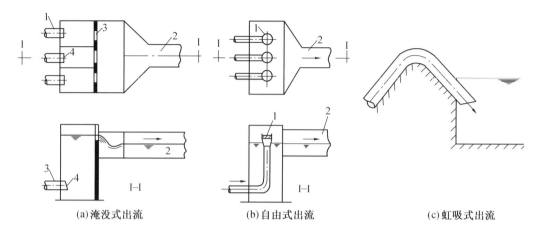

(a)淹没式出流　　　　　(b)自由式出流　　　　　(c)虹吸式出流

图 5.7　出水井示意图

1—水泵压水管出口;2—出水管渠;3—溢流堰;4—拍门

5.2.4　污水泵站的构造特点及示例

1.污水泵站的主要构造特点

由于污水管渠埋深较大,且污水泵多采用自灌式工作,因而泵站常建成地下式或半地下式,又因为泵站多建于地势低洼处,所以泵站地下部分常位于地下水位以下,在结构上应考虑防渗、防漏、抗浮、抗裂等。污水泵站地下部分一般采用钢筋混凝土结构,泵房地面以上部分一般为砖混结构。

为了改善吸水条件,应尽量缩短吸水管长度,因而常采用集水池与水泵间合建,只有当合建不经济或施工困难时才考虑分建。当采用合建时,可将集水池与水泵间用无门窗的不透水隔墙分开,以防集水池中臭气进入水泵间。集水池与水泵间应单独设门。

在地下式泵站中,扶梯通常沿泵房周边布置,如果地下部分超过 3 m 时,扶梯中间应设平台,其尺寸可采用 1 m×1 m。扶梯宽度一般为 0.8 m,坡度可采用 1:0.75,最陡不得超过1:1。

当泵站有被洪水淹没可能时,应有防洪设施,如采用围堤将泵站围起来,或提高水泵间的进口门槛高程。防洪设施标高应高出当地洪水位 0.5 m 以上。

2.污水泵站示例

图 5.8 为圆形合建式污水泵站工艺设计图。该泵房地下部分采用沉井施工,钢筋混凝土结构;上部为砖砌筑。集水池与水泵间中间用不透水的钢筋混凝土隔墙分开。井筒内径为 9 m。

泵站设计流量为 200 L/s,扬程为 230 kPa。采用三台 6PWA 型卧式污水泵(其中二台工作,一台备用)。每台水泵设计流量为 100 L/s,扬程 230 kPa。每台水泵设有单独的吸水管,管径为 350 mm,因采用自灌式工作,所以每台水泵吸水管上均设有闸门;每台水泵采用 DN350 的压水管,管上装有闸门,三台水泵共用一条压水干管,管径为 400 mm。

集水池容积按一台泵 5 min 出水量计算,其平面面积为 16.5 m²,有效水深为 2 m,容积为 33 m³。集水间内设人工格栅一个,宽为 1.5 m,长为 1.8 m,倾角为 600。采用人工清除污物。工作平台高出最高水位 0.5 m。

　　在压水干管的弯头部位安装有弯头流量计。水泵间内采用集水坑集水,在水泵吸水管上接出一根 φ32 的支管伸入集水坑中,进行积水排除。在水泵出水干管上接出 φ50 冲洗水管,通入集水池的吸水坑中,进行反冲洗。

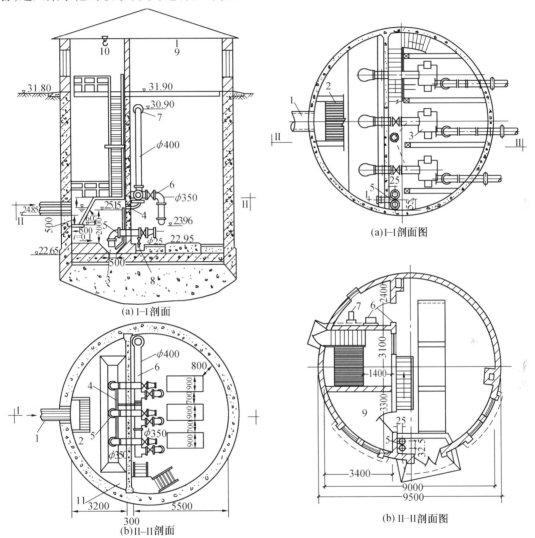

图 5.8　圆形合建式污水泵站

1—来水干管;2—格栅;3—吸水坑;4—冲洗水管;5—水泵吸水管;6—压水管;7—弯头水表;8—φ25 吸水管;9—单梁吊车;10—吊钩;11—水位计

图 5.9　立式水泵的圆形污水泵站

1—来水管;2—格栅;3—水泵;4—电动机;5—浮筒开关装置;6—洗面盆;7—大便器;8—单梁手动吊车;9—休息室

　　水泵间起重设备采用单轨吊车。在集水间设固定吊钩。

　　图 5.9 为设三台立式水泵的圆形合建式泵站示意图。机器间设有三台 PWL 型污水泵,每台水泵设有单独的吸、压水管,并且在吸、压水管上均设有阀门,水泵的压水干管设在泵房外。起重设备采用单梁手动吊车。

5.3 雨水泵站及合流泵站

雨水泵站的基本特点是流量大,扬程小,因此,多采用轴流式水泵,有时采用混流泵。雨水泵站一般工艺流程如下:

进水管→进水闸井→沉砂池→格栅间→前池→集水池→水泵间→出水井→出水管→出水闸井→出水口

对于合流泵站,集水池一般污、雨水合用,水泵可以分设,也可以共用。

5.3.1 水泵房的基本类型

雨水泵房(合流泵房)集水池与水泵间一般合建。按照集水池与水泵间是否用不透水隔墙分开,可分为"干室式"和"湿室式"。

"干室式"泵房(如图5.10所示)一般分为三层。上层为电机间,安装电机和其他电气设备;中层为水泵间,安装水泵轴和压水管;下层为集水池。集水池设在水泵间下面,用不透水的隔墙分开。集水池的雨水只允许进入水泵内,不允许进入机器间。因此,电动机运行条件好,检修方便,卫生条件也好。其缺点是泵站结构复杂,造价较高。

"湿室式"泵房(如图5.11所示)中,电机间下面即是集水池,水泵浸入集水池内。这种形式的泵站结构虽比"干室式"简单,造价低,但水泵检修不如"干室式"方便,泵站内潮湿,卫生条件差。

城市雨水泵站及合流泵站一般宜布置为干式泵站,使用轴流泵的封闭底座,以利维护管理。

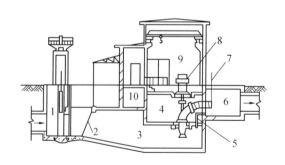

图5.10 干室式泵房示意图

1—进水闸;2—格栅;3—集水池;4—水泵间;5—泄空管;6—出水井;7—通气管;8—立式泵机组;9—电机间;10—电缆沟

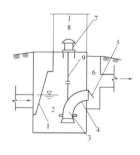

图5.11 湿室式泵房示意图

1—格栅;2—集水池;3—立式水泵;4—压水管;5—拍门;6—出水井;7—立式电机;8—电机间;9—传动轴

5.3.2 水泵选择

1. 设计流量和扬程

雨水泵站的设计流量应按进水管渠的设计流量计算。合流泵站内雨水及污水的流量,要分别按照各自的标准进行计算。当泵站内雨、污水分成两部分时,应分别满足各自的工艺要求;当污、雨水合用一套装置时,应既要满足污水,也要满足合流来水的要求,同时还要考虑流量的变化。

泵站的扬程应满足从集水池平均水位到出水池最高水位所需扬程的要求。对于出水口水位变动较大的雨水泵站,要同时满足在最高扬程条件下出水量的需要。

2. 水泵的选择

水泵的型号不宜太多,最好选择同一型号水泵。如果必须大、小搭配时,其型号也不宜超过两种。

大型雨水泵站可选用 ZLB、ZL、ZLQ 型水泵,合流泵站的污水部分除可选用污水泵外,也可选用小型立式轴流泵或丰产型混流泵。

雨水泵站的水泵台数不少于 2~3 台,最多不宜超过 8 台。如果考虑适应流量变化,采用一大一小两台水泵时,小泵的出水量不宜小于大泵出水水量的 1/2。如果采用一大两小三台水泵时,小泵的出水量不小于大泵出水量的 1/3。

雨水泵站可以不设备用水泵,因可以在旱季进行水泵检修和更换。

合流泵站的污水泵要考虑设备用泵。

5.3.3 集水池

雨水泵站集水池一般不考虑调节作用。集水池容积一般按站内最大一台水泵 30 s 出水量确定。

合流泵站集水池容积的确定分两种情况,当雨水与污水分开时,应根据雨水、污水使用的水泵分别按雨水、污水泵站集水池容积的计算标准确定;当集水池为污、雨水共用时,要同时满足雨水、污水的容积要求。

集水池有效水深是指最高水位与最低水位之间的距离。集水池最高水位可以采用进水管渠的管顶高程,最低水位可采用相当于最小一台水泵流量的进水管水位高程,也可以采用略低于进水管渠底部的高程。

城市雨水泵站集水池的作用,常常包含了沉砂池、格栅井、前池和集水池(吸水井)的功能,因此还要考虑清池挖泥。如果格栅安装在集水池内,还应满足格栅安装要求、满足水泵吸水喇叭口安装要求,保证良好的吸水条件。

雨水集水池在旱季进行清池挖泥,除了用污泥泵排泥外,还要为人工挖泥提供方便。对敞开式集水池,要设置通到池底的出泥楼梯,对封闭集水池,要设排气孔及人行通道。

雨水泵站大多采用轴流泵和混流泵。轴流泵无吸水管段,只有一个流线型的喇叭口,集水池的水流状态会对水泵叶轮进口的水流条件产生直接影响,从而影响水泵性能。如果布置不当,池内因流态紊乱,就会产生漩涡而卷入空气,空气进入水泵后,会使水泵的出水量不足、效率下降、电机过载等现象发生;也会产生气蚀现象,产生噪音和振动,使水泵运行不稳定,导致轴承磨损和叶轮腐蚀等。所以,要求集水池内的水流必须平稳、均匀地流向各水泵吸水喇叭口,避免因条件原因产生的漩流。集水池在设计时,应注意以下事项:

(1)集水池的水流要均匀地流向各台水泵。要求水流的流线不要突然扩大或突然改变方向。可在设计中控制水流的边界条件,如控制扩散角,设置导流墙等,见表 5.3 中Ⅰ、Ⅲ、

Ⅳ;

(2) 水泵的布置、吸水口位置和集水池形状的设计,不致引起漩涡,见表 5.3 中Ⅰ、Ⅲ、Ⅳ、Ⅴ;

(3) 集水池中水流速度尽可能缓慢。过栅流速一般采用 0.8~1.0 m/s;栅后至集水池的流速最好不超过 0.7 m/s;水泵入口的行进流速不超过 0.3 m/s;

(4) 在水泵与集水池壁之间,不应再有过多的空隙,以免产生漩涡,见表 5.3 中Ⅱ;

(5) 在一台水泵的上游应避免设置其他水泵,见表 5.3 中Ⅳ;

(6) 水泵喇叭口应在水下具有一定的淹没深度,以防止空气吸入水泵。

(7) 集水池进水管要做成淹没出流,使水流平稳入池,避免带入空气,见表 5.3 中Ⅵ、Ⅸ;

(8) 在封闭的集水池中应设透气管,用以排除积存的空气,见表 5.3 中Ⅶ、Ⅸ;

(9) 进水明渠应布置成不发生水跃的形式,见表 5.3 中Ⅷ;

(10) 为防止形成漩涡,必要时应设置适当的涡流防止壁与隔壁,见表 5.3 中Ⅴ及表5.4。

表 5.3 集水池的好例与坏例

序号	坏 例	注意事项	好 例
Ⅰ	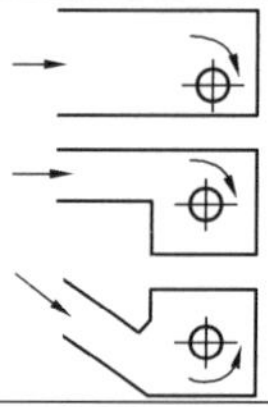	(1) (1) (1)	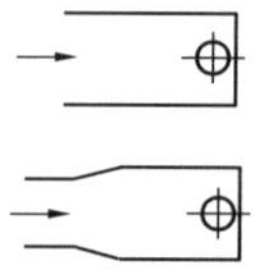
Ⅱ	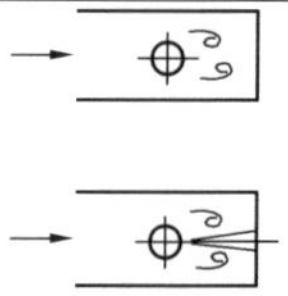	(4) (4),(10)	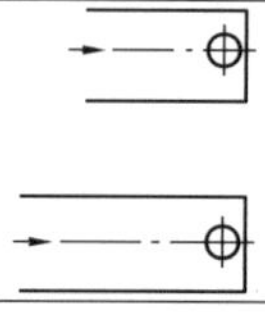
Ⅲ	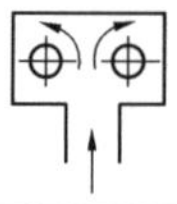	(1),(2), (10)	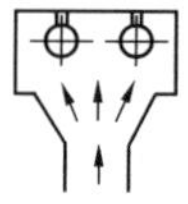
Ⅳ	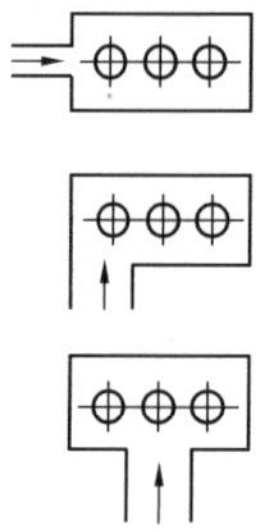	(1),(5) (1),(2) (1),(2)	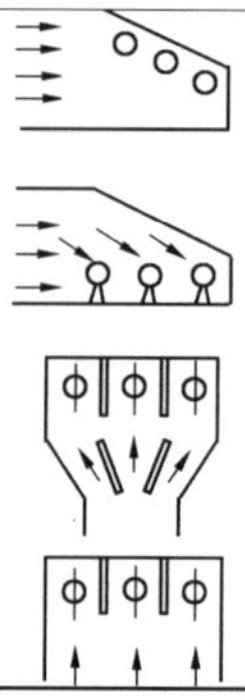

续表 5.3

序号	坏　例	注意事项	好　例
V	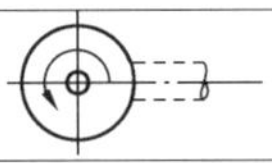	(2),(10)	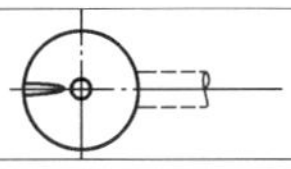
VI	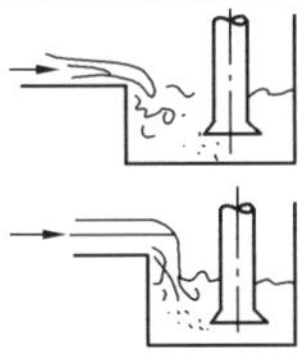	(7) (7)	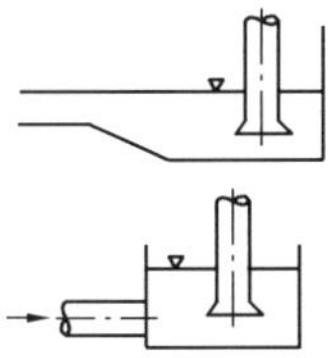
VII	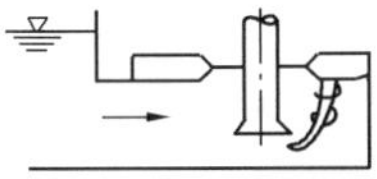	(8)	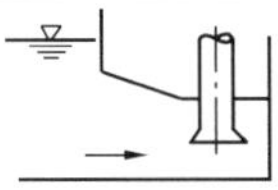
VIII		(9)	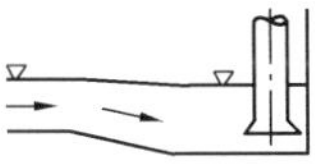
IX	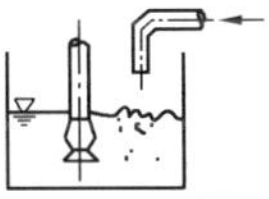	(8)	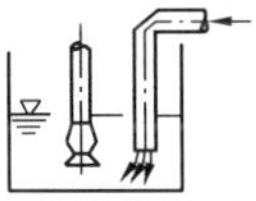

表 5.4 涡流防止壁的形式、特征和用途

序号	形　式	特　征	用　途
1	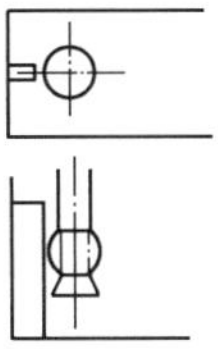	当吸水管与侧壁之间的空隙大时,可防止吸水管下水流的旋流;并防止随旋流而产生的涡流。但是,如设计涡流防止壁中的侧壁距离过大时,会产生空气吸入涡	防止吸水管下水流的旋流与涡流
2	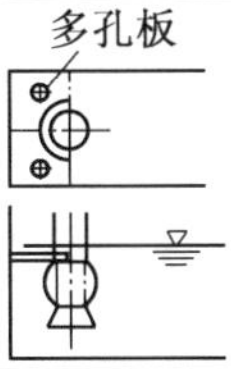 多孔板	防止因旋流淹没水深不足,所产生的吸水管下的空气吸入涡,但是不能防止旋流	防止吸水管下产生空气吸水涡
3	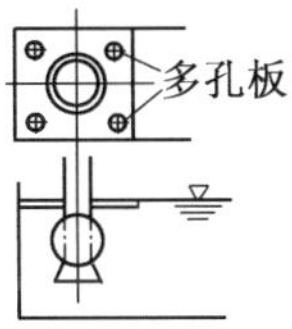 多孔板	预计到因各种条件在水面有涡流产生时,用多孔板防止涡流	防止水面空气吸入涡流

5.3.4　出流设施

雨水泵站的出流设施一般包括溢流井、超越管、出水井、出水管、排水口,见图5.12。

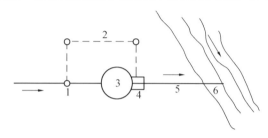

图 5.12　出流设施示意图

1—溢流井;2—超越管;3—泵站;4—出水井;5—出水
管;6—排水口

各台水泵出水管末端的拍门设在出水井中,当水泵工作时,拍门打开,雨水经出水井、出水管和排水口排入水体中。出水井一般设在泵房外面,多台泵可以共用一个,也可以每台泵各设一个,以共用居多。溢流管(超越管)的作用是:当水体水位不高,排水量不大时,可自流排出雨水;或者突然停电,水泵发生故障时排泄雨水。溢流井中应设置闸门,不用时应关闭。

排水口的设置应考虑对河道的冲刷和对航运的影响,所以应控制出口的水流速度和方向,一般出口流速为 0.6 ~ 1.0 m/s,如果流速较大时,可以采用八字墙以扩大出口断面,降低流速。出水管的方向最好向河道下游倾斜,避免与河道垂直。

5.3.5　雨水泵站内部布置、构造特点及示例

1. 雨水泵站内部布置与构造特点

(1) 机组及管路布置。雨水泵站中水泵多采用单排并列布置。相邻机组之间的间距要求可参考给水泵站。每台水泵各自从集水池中抽水,并独立地排入出水井中。

为了保证良好的吸水条件,要求吸水口与集水池底之间的距离应使吸水口和集水池底之间的过水断面积等于吸水喇叭口的面积,这个距离一般为 $D/2$ 时最好(D 为吸水喇叭口直径),当增加到 D 时,水泵效率反而下降。如果要求这一距离必须大于 D 时,需在吸水喇叭口下设一涡流防止壁(导流锥),见图5.13。

吸水喇叭口下边缘距池底的高度称为悬高。对于中小型立式轴流泵悬高可取(0.3 ~ 0.5)D,但不宜小于 0.5 m;对卧式水泵取(0.6 ~ 0.8)D,但最小不得小于 0.3 m。

喇叭口要有足够的淹没深度,一般取 0.5 ~ 1.0 m。当进水管立装时不小于 0.5 m;进水管水平安装时,则管口上缘淹没深度不小于 0.4 m。淹没深度还要用水泵气蚀余量或水泵样本要求的淹没深度进行校核。

喇叭口侧边缘距池侧壁的净距称为边距。当池中只有一台水泵时,要求边距等于喇叭口直径 D;当池中有多台水

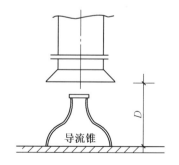

图 5.13　雨水泵站Ⅲ—Ⅲ剖面图

泵,且 $D < 1.0$ m 时,边距等于 D;当 $D > 1.0$ m 时,边距为 $(0.5 \sim 1.0)D$。各台水泵吸水喇叭口中心距离应大于等于 $2D$。

由于轴流泵的扬程较低,所以压水管路要尽量短,以减少能量损失。轴流泵吸、压水管上不得设闸门,只设拍门,拍门前要设通气管,以便排除空气及防止管内产生负压。

水泵泵体与出水管之间用活接头连接,以便在检修水泵时不必拆除出水管,并且可以调整组装时的偏差。

水泵的传动轴要尽量缩短,最好不设中间轴承,以免出现泵轴不同心的现象,立式泵当传动轴超过 1.8 m 长时,必须设置中间轴承及固定支架。

(2) 雨水泵站中的辅助设施。

① 格栅。在集水池前应设置格栅。格栅可以单独设置在格栅井中,也可以设在集水池进水口处。单独设置的格栅井通常建成露天式,四周设围栏,也可以在井上设置盖板。雨水泵站及合流泵站最好采用机械清污装置。格栅的工作平台应高出集水池最高水位 0.5 m 以上,平台的宽度应按清污方式确定(同污水泵站)。平台上应做渗水孔,并装自来水龙头以便冲洗。格栅宽度不得小于进水管渠宽度的两倍。格栅栅条间隙可以采用 $50 \sim 100$ mm。

② 起重设备。设立式轴流泵的雨水泵站,电机间一般设在水泵间的上层,应在电机间设起重设备。当泵房跨度不大时,可以采用单梁吊车;当泵房跨度较大或起重量较大时,应设桥式吊车。在电机间的地板上要设水泵吊装孔,且在孔上设盖板。电机间应有足够的净空高度,当电机功率小于 55 kW 时,应不小于 3.5 m,当电机功率大于 100 kW 时,应不小于 5.0 m。

③ 集水池清池与排泥设施。为便于排泥,在集水池内应设集泥坑,集水池以不小于 0.01 的坡度坡向集泥坑。并应设置污泥泵或污水泵进行清池排泥。

雨水泵房中的排水设施、采暖与通风设施、防潮等设施与污水泵站相同。

(3) 雨水泵站建造特点。雨水泵站一般采用集水池、水泵间、电机间合建的方式。集水池和机器间的布置形状可以采用矩形、方形或圆形和下圆上方的结构形式。一般情况下,机器间宜布置成矩形,以便于水泵安装及维护管理。采用沉井法施工时,地下部分多采用圆形结构,泵房筒体及底板采用钢筋混凝土连续整体浇筑。

2. 雨水泵站示例

图 5.14 为一圆形合建干室式雨水泵站设计实例。该泵站设计流量为 10.60 L/s,设计扬程为 12 mH$_2$O,由图中可以看出其工艺设计要点如下:

(1) 该泵站采用沉井法施工;集水池、格栅、机器间、出水池采用合建。该泵站总高度为 14.5 m,共分三层:上层为电机间,中层为水泵间,下层为集水间。

(2) 根据设计流量和扬程以及考虑流量的变化情况,选用四台 40ZLQ - 50 型轴流泵、500 kWTDL 型同步立式电机与其配套。当水泵叶片安装角度为 - 4° 时,单台水泵抽水量 $Q = 2.3 - 3.0$ m^3/s,扬程为 $14.8 \sim 9.6$ mH$_2$O。在设计扬程下,四台水泵的总排水能力为 $9.2 \sim 12$ m^3/s。满足设计要求。

(3) 集水池容积按不小于一台水泵 30 s 的流量体积确定,有效水深为 2.0 m。集水间内装有 4.2 m × 1.8 m 格栅 1 个,为了起吊格栅和清除污物,在集水池上部设置 SH$_5$ 型手动吊车一部。集水池内设有集泥坑,并设有 $2\frac{1}{2}$ PWA 型污水泵 1 台,用以排泥和清池。

(4) 水泵间采用矩形,机组单排并列布置,相邻两机组的间距为 4.5 m。水泵间总长 13 m,宽 5.93 m。每台水泵有单独的出水管至出水井,管径为 1 000 mm,采用铸铁管,管端设拍门。电机间上部设手动单梁吊车 1 台,起重量为 2 t,起吊高度为 8~10 m。水泵间设有 100 mm×30 m 排水沟,沿水泵间出水井一侧布置,坡度为 0.002,并设有集水坑,坑内集水由污水泵排入集水池。由于水泵轴长近 5 m,所以必须设中间轴承。

(5) 泵站设有出水井 2 座,均为封闭井,设有溢流管、通气管、放空管和压力排水管。

(6) 电机间和集水池利用门窗自然通风,水泵间采用通风管自然通风。

(7) 泵房上部建筑为矩形组合式的砖砌建筑物。电气设备布置在电机间内,值班室、休息室、卫生间均设在地面以上层。

(8) 泵站工艺设计见图 5.14、图 5.15、图 5.16、图 5.17。

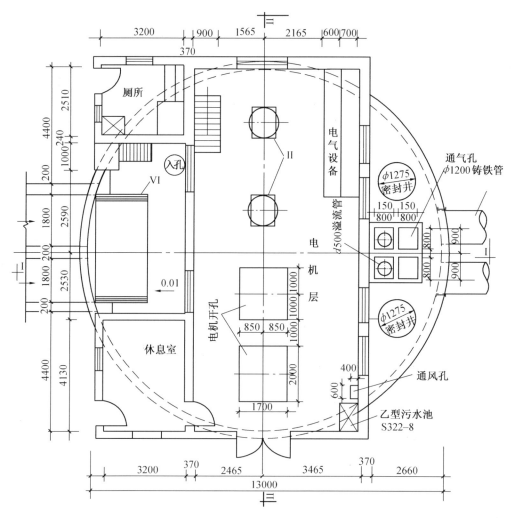

图 5.14　一层平面图

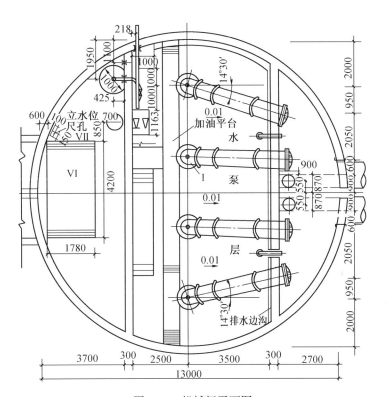

图 5.15　机械间平面图

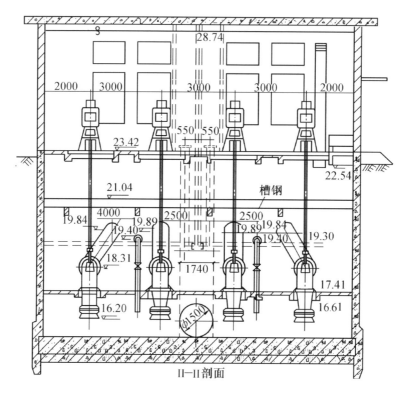

图 5.16　圆形合建干室式雨水泵站剖面示意图

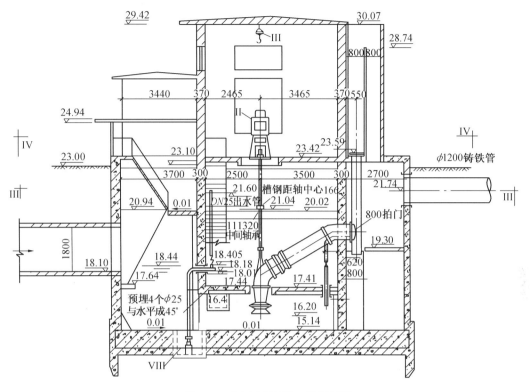

图 5.17　雨水泵站 Ⅳ—Ⅳ 剖面图

思考题

1. 污水泵站主要由哪几部分组成？各部分的作用是什么？
2. 如何确定污水泵站、雨水泵站、合流泵站集水池的容积？
3. 污水泵站结构上有哪些特点？
4. 污水泵站内有哪些辅助设备？
5. 污水泵房内部高程如何确定？
6. 污水泵房水泵吸、压水管路布置要求是什么？
7. 雨水泵站集水池形状尺寸设计及吸水口布置有哪些要求？
8. 雨水泵站组成部分有哪些？
9. 雨水泵站的结构特点有哪些？
10. 如何进行污、雨水泵站工艺设计？

第6章 水泵的控制与优化运行

6.1 水泵的调节控制

6.1.1 水泵调节的内容

给水排水系统的水泵应用可分为：城市供水系统加压泵；城市雨水、污水排水系统——包括雨水泵站、污水泵站；小区、室内的给水系统；小区排水泵站、室内污水提升泵等。

事实上，这些系统的调节控制都归结为对水泵工况的调节，可分为两大类：

(1)对水泵的开停双位控制：按照某种液位或压力值、流量的要求，改变每台水泵的开、停状态或改变水泵的运行台数。

(2)对水泵工作点的调节控制：按照液位或压力、流量的要求，改变水泵的工作点，但这种改变可以通过调节管路系统中阀门开启度或改变水泵转速的方式实现。

6.1.2 水泵的双位控制系统

双位逻辑控制系统可以通过微电脑控制系统实现，就是大量地采用常规的机电装置来控制。本节即以常规机电逻辑控制为例进行讨论。

[例] 雨水泵站的排水控制系统

雨水泵站有一集水池，汇集从排水管网来的雨水、污水，排水泵依该水池中水位的高低来自动地开、停，如图6.1所示：水位高于 a 时，水泵启动排水；水位低于 b 时，水泵停止。为此，设两个水位开关于相应水位处。规定水位高于规定值，水位开关触点闭合，逻辑值为1；水位低于规定值，水位开头触点断开，逻辑值为0。

分析该系统的工作过程，可知这是一个有记忆的逻辑系统，需采用交流接触器建立逻辑控制装置。变量有水位开关 a、b 及代表水泵当前状态的附加变量 P_{t-1}，共有8种组合。按给定的要求，每种组合的结果应符合下面的运算表：

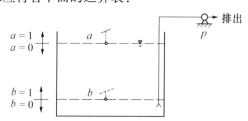

图6.1 集水池水位自动控制

序号	a	b	P_{t-1}	P
1	0	0	0	0
2	0	0	1	0
3	0	1	0	0
4	0	1	1	1
5	1	0	0	–
6	1	0	1	–
7	1	1	0	1
8	1	1	1	1

表中第 5、6 项两种逻辑组合不符合实际的正常情况,属故障状态,不予考虑。由此建立逻辑运算图并可得到逻辑表达式

$$P = ab + bP_{t-1} = b(a + P_{t-1})$$

采用交流接触器控制水泵的运行,其线圈的通断电与泵的停开一致,用符号 y 表示;接触器中的一对常开副触点用做记忆功能,代表 P_{t-1},用 y 表示,则有

$$y = b(a + y)$$

其工作过程如下:当水位低于 a 也低于 b 时,集水池处于空池状态,交流接触器的线圈处于断电状态,水泵停止;来水不断在池内聚集,逐渐高于低水位 b,使触点 b 闭合,但触点 a 仍断开,水泵不运行;当水位继续升高至高水位 a 后,水位开关 a 的触点闭合,接触器线圈 y 导通,带动其主触点闭合,同时副触点 y 也闭合,水泵开始工作;随着水泵运转将水排出,池内水位下降,低于高水位 a,a 触点断开,但此时控制电路可通过副触点 y 导通,水泵仍在工作;直至水位降到低水位 b 以下,b 触点断开,控制线路中的线圈 y 断电,主触点断开,水泵停止工作。

6.1.3　水泵的调速控制

水泵是给水排水工程中使用十分广泛的设备。以给水工程为例,城市供水的一泵站、二泵站都往往采用大型水泵,电耗很高,占给水系统总电耗的 70% 以上,在给水系统的运行费用构成中占第一位。这些能耗中,有一部分是多余能耗,被浪费掉了。调节水泵的工况是十分有效的节能措施。给水排水工程中应用的多为离心泵。离心泵的调节方法有两类,一类是通过调节水泵出口管路的阀门,改变管路特性,实现水泵工况点的调节;另一类是改变水泵的转速,从而改变水泵的特性曲线,实现水泵工况点的调节。前者是一种耗能的调节方式,多余能量消耗在了阀门上;后者是一种节能的调节方式。因此,调节水泵转速是改变水泵工况的较好方法。

1. 水泵调节的类型

视用途不同,水泵调速的控制参数、目的有所不同。主要可分为三种类型情况。

(1) 恒压调速。这属于二泵站、建筑给水与小区给水系统的情况。以二泵站为例,水泵向城市管网供水,要求保证用户的自由水压不低于某规定值,即最小自由水头。城市用水情况是时刻变化的,在设计上为保证供水的安全可靠性,要按最大时条件设计,然而,最大时是一

种极端的用水情况,城市用水经常是处于用水量较少的情况下,水泵的供水能力会有富余。常规的调节方法是分级供水,将二泵站的工作制度定为二级或三级,视用水情况选开不同规模、不同台数的水泵,这时采取的水泵控制实际上就是前面已讨论过的双位控制技术。这种控制方式的结果是,在某一级的运行范围内,随用水的波动,导致水泵工况点仍有较大幅度的变化,就有可能:① 水泵长期工作在低效率点;② 在用水较多时用户水压难以保证,或在用水较少时水压过高造成浪费(图6.2)。供水系统用水量变化越大(变化系数大),问题就越严重。据介绍,即使在上海地区这种大型给水系统中,虽然用水均匀性较强,但由于水压波动、水泵长期在较低效率下运转导致多耗电约 20%。

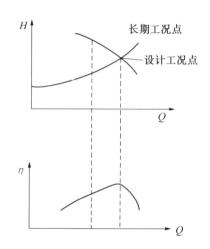

图 6.2　水泵恒压调速工况图

(2) 恒流调速。这是一泵站的情况。一泵站往往按恒定取水水位设计,以水源最低水位为设计依据。这也是一种极端情况。更为常见的是水源水位处于常水位附近。水厂运行多是按恒定流设计的。在水位高于设计水位时,通常就要采取关小管路阀门的方式消耗多余的水头,保证一泵站取水流量恒定。因此,一泵站水泵也会长期运行在多耗能、低效率的工况下。图6.3的曲线就描述了这种情况。曲线①、②分别为水源水位在常水位、设计水位时的管路特性曲线。随着水源水位高于设计水位,水泵供水量有增大的趋势,为保证设计流量 $Q_设$ 不变,就要关小水泵

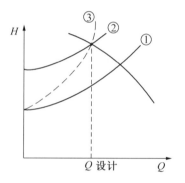

图 6.3　水泵恒流调速工况图

阀门,改变管路特性曲线,如曲线 ③ 所示。为了避免这种水源水位变化产生的能量浪费,也有必要对水泵工况进行调节,这是以水量恒定为目的的泵调速。水源水位变幅越大,这种调节就越有必要。当然,也有的水厂清水池调节能力不足,一泵站也要有一定的水量调节功能,这就更有必要进行水泵的调速。

恒流调节可以有效地节约能耗。据介绍,上海某厂有一台取水泵,恒流调速后,平均电耗由 200 kW 下降到 145 kW。

(3) 其他调节情况。给水排水系统中,还有许多水泵工况调节的情况,较为典型的是各种水处理药剂投加泵的调节。投药泵一般按最大投药量设计选择,但也是长期在低投量下运转,传统上是以阀门调节,多耗能、调节精度差。这种用途的水泵要求有特别良好的调节精度,保证药量按需投加,往往采用调速的方法能收到较好的效果。这是一种非恒压、非恒流的水泵调节情况。

2. 水泵的调速方法

水泵的调速方法有多种,主要分为两类:第一类是电机转速不变,通过附加装置改变水泵的转速,如液力耦合器调速、电磁离合器调速、变速箱调速等,都属于这种类型;第二类是直接改变电机的转速,如可控硅串级调速、变频调速等。后者是在水泵站应用较多的调速形

式。

（1）串级调速。在异步电动机的转子绕组处接一个可变反电势,改变电动机的转速。为使反电势的频率与转子绕组的感应电势相符合,通常把转子感应电势通过三相桥式整流变为直流电,用直流电动机实现反电势,这种方法称为机组串级调速。根据电能反馈的方式,串级调速又可分为下列三种形式:

① 机械反馈机组串级调速:如果直流电动机与异步电动机同轴,使它所吸取的电能从转矩回馈到主轴,这种调速称为机械反馈机组串级调速。

② 电气反馈机组串级调速:如果直流电动机拖动另一台异步发电机把电能反馈到电网,这种调速称为电气反馈机组串级调速。

③ 可控硅串级调速:若干可控硅逆变实现反电势的调速方法,称为可控硅串级调速,我国在 20 世纪 70 年代末开始应用于给水排水工程中。这种调速方式可用于大型水泵的调速。这种方式的可靠性较低,要求有较高的维护水平,而且可产生高次谐波,污染电网,对其他用电设备造成干扰。该调速方式投资也较大。

（2）液力耦合器调速。液力耦合器调速是一种机械调速方式,可实现无级调速。液力耦合器是由主动轴、从动轴、泵轮、旋转外壳、导流管、循环油泵等组成的,通过导流管控制。其调速原理是,泵轮与涡轮之间有一间隙,当流道未充油时,泵轮随主电机以 n_0 额定转速运行。当循环油泵向流道内供油后,旋转的泵轮叶片将动能通过油传给涡轮的叶片,因而带动涡轮与水泵旋转,耦合器处于工作状态。涡轮的旋转速度由流道内因离心力旋转的油环厚度而定。若要使导流管排油量大于循环泵的供油量,只要调节导流管的行程,便可改变耦合器的充油度,从而实现水泵无级变速运行,控制水泵出口的流量。这种调速方式一次性投资小,操作简便,但在低调速效率低、节能效果差,其原因是机械耗能较大,循环油泵需要耗用一部分能量,而且需要配备一套油泵和耦合设备,占地面积较大,只宜在较小型水泵上应用。

（3）变频调速。变频调速是 20 世纪 80 年代的水泵调速新技术。它通过改变水泵工作电源频率的方式改变水泵的转速,即

$$N = 120\,f/P(1 - s) \tag{6.1}$$

式中　　N——水泵电机转速;

　　　　f——电源频率;

　　　　P——电机极数;

　　　　s——转差率。

由上式可见,如均匀地改变电机定子供电频率 f,则可平滑地改变电机的同步转速。为了保持调速时电机最大转矩不变,需维持电机的磁通量恒定。因此,要求定子供电电压应做相应的调节,所以,变频器兼有调频和调压两种功能。

现在变频调速技术已在给水排水工程中获得许多应用,最为成功的应用是调节水厂投药泵的转速,实现投药的高精度调节。在大型的给水泵站中,也有许多应用实例。这种技术目前多用于低压（380 V）、小功率电机（小于 280 kW）的调速上。在高压大型电机上应用不太普遍,主要问题是高压大功率电机的变频调速设备价格较高。

变频调速技术的一个重要特点是可以实现水泵的“软启动”,水泵从低频电压开始运转,即由低速下逐渐升速,直至达到预定工况,而不是按照常规 —— 启动就迅速达到额定转速。

软启动的工作方式对电网的干扰小,无冲击电流,也适合于在几台水泵之间进行频繁的切换操作。这种启动方式在恒压供水的情况下有独特的优点。

(4) 水泵调速运行的方式。以变频调速为例,通常以微电脑为控制中心来构成水泵变频调速控制系统。控制中心根据控制点输入的信号(如水压)与给定值比较,控制变频器工作,使水泵转速改变。一般为减少控制设备台数、降低投资,常采用变速与定速水泵配合工作的方式,即一个泵站内只有一至两台水泵变速运行,其余水泵为恒速运行,变速泵与恒速泵组合一起,通过对变速泵的调节,得到要求的各种工况。

6.1.4　恒压给水系统

恒压给水系统应用广泛。目前许多的城市管网供水系统、建筑小区给水系统等,都已应用恒压给水系统。按控制精度的高低,恒压给水控制技术包括如下几类:

(1) 双位控制系统。当控制的高低水位相差不大,水压波动较小时,可近似看做恒压给水系统。这种控制方式精度低,水压波动较大,是较为传统的给水技术。

(2) 调速控制给水系统可以采用变频调速技术,将水压控制在很小的波动范围内,这是当前先进的给水技术。

调速控制按压力控制点的设置位置,可以分为泵出口处恒压控制与用户最不利点处恒压控制。

1. 变频调速恒压给水技术

(1) 技术特点。变频调速给水系统由计算机、变频调速器、压力传感器、电机泵组及自动切换装置等组成,构成闭环控制系统。根据供水管网用水量的变化,自动控制水泵转速及水泵工作台数,实现恒压变量供水。变频调速恒压给水技术有如下特点:

① 高效节能。设备自动检测系统瞬时用水量,据此调节供水量,不做无用功。设备电机在交流变频调速器的控制下软启动,无大启动电流(电机的启动电流不超过额定电流的110%),机组运行经济合理。

② 用水压力恒定。无论系统用水量有任何变化,均能使供水管网的服务压力恒定,大大提高了供水服务质量。

③ 延长设备使用寿命。本设备采用微机控制技术,对多台泵组可实现循环启动工作,损耗均衡。特别是软启动,大大延长设备的电气、机械寿命。

④ 功能齐全。由于以微机做中央处理机,可不做电路的任何改动,极简便地随时追加各种附加功能,如小流量切换,水池无水停泵,市网压力升高停机,定时启、停,定时切换,自动投入变频消防,自动投入工频消防等功能,以及适应用户在供水自动化方面的其他功能要求。

(2) 工作原理。水泵启动后,压力传感器向控制器提供控制点的压力值 H_0,当 H 低于控制器设定的压力值 H_0(H_0 按用户的水压要求设定)时,控制器向变频调速器发送提高水泵转速的控制信号;当 H 高于 H_0 时,则发送降低水泵转速的控制信号。变频调速器则依此调节水泵工作电源的频率,改变水泵的转速,由此构成以设定压力值为参数的恒压供水自动调节闭环控制系统。

图 6.4 给出了由三台水泵组成的典型恒压给水系统原理图。这三台泵可以交替循环工

作,设三台水泵分别以 $1^\#$、$2^\#$、$3^\#$ 代表,其循环过程是:

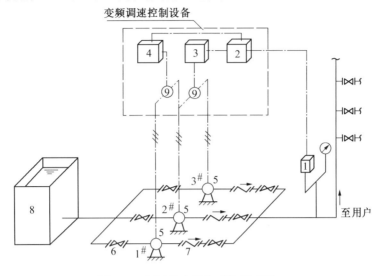

图 6.4 恒压给水设备系统原理图

1— 压力传感器;2— 控制器;3— 变频调速器;4— 恒速泵控制器;5— 水泵机组;6— 闸门;

7— 单向门;8— 贮水池;9— 自动切换装置

$1^\#$ 机泵通过微机开关系统从变频器的输出端得到逐渐上升的频率和电压,开始旋转(软启动),频率上升到供水压力和流量要求的相应频率,并随供水管网的供水流量变化而响应其频率调速运行。如果这时供水管网的供水量增加到大于 $1/3Q$,小于 $2/3Q$ 值时,设备的输出电压和频率上升到的工频仍不能满足供水要求,这时微机发出指令 $1^\#$ 泵自动切换到工频(电源)运行,待 $1^\#$ 泵完全退出变频器,立即指令 $2^\#$ 泵投入变频启动,并自动响应其频率满足该时供水管网流量和压力的要求。如果这时供水管网的供水流量再上升到大于 $2/3Q$ 小于 Q 值,则类似,微机发出指令,$2^\#$ 泵亦切入工频运行,待 $2^\#$ 泵完全退出变频器,立即指令 $3^\#$ 泵投入变频启动,并响应至满足该时供水系统的流量和压力所需频率运行。如果这时供水管网供水流量降至小于 $2/3Q$、大于 $1/3Q$ 值时,$3^\#$ 水泵的频率降至临界频率(仅能保持压力无输出),设备的输出仍大于供水系统的用水量,则微机发出指令 $1^\#$ 泵停止工频运行($1^\#$ 水泵停止后,处于临界频率的 $3^\#$ 泵立即响应该时流量相应频率)。如果这时供水流量继续下降至小于 $1/3Q$,则微机发出指令 $2^\#$ 泵停止工频运行,只有 $3^\#$ 泵立即响应该时流量相应的频率,变频运行。设备的运行工作示意见图 6.5。

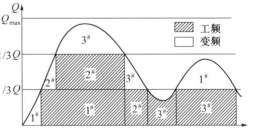

图 6.5 恒压给水设备运行工作示意图

2. 恒压给水系统压力控制点的选择

恒压给水系统按压力控制点位置不同,可分两类:一是将控制点设在最不利点处,直接按最不利点水压进行工况调节;二是将控制点设于泵站出口,按该点的水压进行工况调节,间接地保证最不利点的水压稳定,现今的气压给水和变频调速给水系统多是如此。第二种设置管理方便,但技术经济性能不十分理想。事实上,水泵出口的恒压即意味着用户最不利点处是变压,这影响了其先进性能的充分发挥。

将压力控制点设在最不利点更合理,技术经济性能更佳,而且技术上不难实现。

3. 气压给水系统压力控制点位置的分析

(1) 气压给水系统的压力控制点。气压给水系统一般多采用气压罐和水泵组合设置方式,根据气压罐内压力变化控制水泵的开停运转,相当于按水泵出口压力进行工况调节。以由两台同型号水泵组成的系统为例,图 6.6 中纵坐标以绝对水压标高表示,A_1、A_2、D_1、D_2 分别称为水泵 P_1 和 P_2 的停止和起动压力控制线。由此可见,一台泵运行时,水泵工作点在 $a \sim b$ 之间变动,相应泵出口压力变化范围是在 $D_2 \sim A_1$ 之间。D_2 是供水的最低压力,按用户要求的最低水压推求确定。

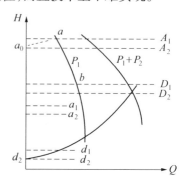

图 6.6　工作特性曲线

D_1、A_1、A_2 则是由 D_2 向上推出得到的,其差值是产品的特性参数。现行产品该压力变幅 $(D_2 - A_1)$ 多为 10 ~ 12 m。高于 D_2 以上部分的水压超过用户的要求,造成能量的浪费;供水压力的波动还影响使用的方便和给水系统配件的寿命。若将压力控制点设在最不利点,则上述问题有明显改观。两种情况的工况特性对比见图 6.6,d_2 为最不利点要求的最小水压,若在纵坐标上以 d_2 为起点,通过管路特性曲线交于水泵 $P_1 + P_2$ 的合成特性曲线上,该交点水压是水泵出口的最低水压 D_2,即保证用户最不利点的水压要求 d_2,泵出口的最低水压必须达到 D_2。以 d_2 为起点向上依次推求水泵的停止和起动压力控制线 a_1、a_2、d_1,最不利点水压在 $a_1 \sim d_2$ 之间变化;而压力控制点设于水泵出口时,可由管路特性曲线反推回相应的最不利点水压在 $a_0 \sim d_2$ 之间变动。虽然两种控制方式都可满足用户的最低水压要求,但显然将压力控制点设于最不利点时用户的水压变化明显减小。

(2) 气压罐安装位置对罐容积和压力的影响。如上所述,从稳定用户水压发生,以将压力控制点设于最不利点较好,可有两种方法:一是将压力传感器与气压罐分体设置,仅将压力传感器移至最不利点,气压罐仍与水泵设置在一起;另一种方法是将气压罐与水泵分设,且气压罐内水压进行压力控制,尽可能靠近最不利点且位置尽可能高,这样既可稳定管网水压,还有利于减小罐容积并降低罐内承压。由文献得

$$V = W \cdot \frac{\beta}{1 - \alpha} \tag{6.2}$$

式中　　V—— 气压罐总容积(m^3);

　　　　W—— 设计调节容积(m^3),由设计最大供水量及水泵每小时最大起动次数确定;

　　　　α—— 设计罐内最小与最大压力的比例(绝对压力),$\alpha = P_1/P_2$;

　　　　β—— 容积附加系数,$\beta = P_1/P_0$(P_0 为罐内无水时气体压力)。

可见,在罐内压力控制差($P_2 - P_1$)不变的条件下,气压罐设于最不利点与泵站处的容积和承压是不同的,因为前者远离泵站且位置较高,P_1 相应于 d_2 对应的压力,P_2 相应于 a_1 对应的压力,显然罐内承压较低;P_1、P_2 减小,使 α 与 β 值皆下降,有利于减小 V 值。或者在一

定的气压罐容积条件下,可增大有效调节容积,以减少水泵开停次数,实现节能并延长设备寿命。

4. 变频调速给水系统压力控制点位置的分析

（1）控制点设在水泵出口。压力控制点设在水泵出口,按此压力设定变频水泵调节值是常用方式,其工作特性曲线如图 6.7 所示。图中 A_0 为与最大供水量 $Q_{\max}$ 相对应的管路特性曲线,B_0 为水泵在 $Q_{\max}$ 时的特性曲线,H_1 为压力控制线,按与 $Q_{\max}$ 相应的管路特性曲线及用户水压要求确定。在 $Q_{\max}$ 时,三条曲线交于 a 点,最不利点的水压标高 H_0 即是要求的最低水压,没有水压浪费。当用水量降低时,控制系统降低水泵转速来改变其特性。但由于采用泵出口水压恒定方

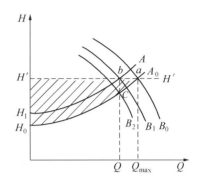

图 6.7　变频调节工作特性曲线

式工作,所以其工作点始终在 H_1 上移动,如 b 点即为相应于 Q_1 的新工作点,相应的水泵特性曲线为 B_1,A 则是由 A_0 向上平移得到的管路特性曲线,导致最不利点水压高升为 H_1,$H_1 > H_0$,二者的差值为多余浪费的水头,即图 6.7 中阴影部分,另外,泵出口处恒压对用户而言是变压,水压波动范围是 $H_0 \sim H_1$,能否保证用户的最低水压,其控制可靠性存在疑问。

（2）控制点设置在最不利点。将控制点设于最不利点,以该点水压标高 H_0（图 6.7）为定值作为控制系统的调节目标。随用水量大小的变化调节水泵转速,使水泵特性曲线变化,而管路特性曲线 A_0 恒定不变,水泵工作点始终在 A_0 上移动,最不利点水压不变,始终为 H_0。例如,供水量为 Q_1 时,水泵特性曲线为 B_2,工作点为 C,供水压等于需要的水压,没有能量的浪费。与泵出口恒压控制相比,在同样供水量时将使水泵以较低的转速工作,消除了图中阴影部分的能量浪费,实现最大限度的节能供水。

除此之外,在最不利点控压还保证了用户水压的稳定,无论管路特性曲线等因素发生什么变化,最不利点的水压是恒定的,保证水压的可靠性高。这种控压方式仅是改变压力传感器的安装位置,增加相应信号线的长度。过去采用的是以电压信号输出的压力传感器,由于存在信号衰减等问题而对设置距离有所限制;现在新型以电流信号输出的传感器,适宜于较长距离的信号传送,为选择合理的压力控制点位置创造了技术条件。

综上所述,在进行加压给水系统设计时,压力控制点的位置选择是重要的内容。对气压给水系统而言,气压罐的安装位置是一个影响系统技术性能与经济效益的重要因素,不可片面地强调气压罐设在较低处的优点,而应在条件允许时尽可能将压力控制点或气压罐设于供水的最不利点及较高处,特别在居住小区等规模较大的加压给水系统中更应给予重视。这样,可以改善供水技术性能,稳定或减小供水水压波动,减小气压罐容积和承压,尤其在节能方面可有效地减小供水能量浪费。

无论对于气压给水系统还是变频调速给水系统,还应注意水泵的高效工作区域等问题。但根据前述分析,将压力控制点设于最不利点,无疑将更易于实现水泵在高效区运转。

在实际工程中,可能受具体因素的限制,不宜将压力控制点设于最不利点处。较现实的做法应是在条件允许的情况下,尽可能将压力控制点靠近最不利点。这种方案对给水设备本身无显著的影响与改变,尤其变频调速给水系统更是如此。因此,这是一种先进、实用、可行

的方案,能收到良好的技术经济效果。

6.2　多水源给水系统中泵站的优化运行

6.2.1　多水源给水系统中,泵站的优化调度理论的研究现状

多水源给水系统中泵站优化调度的目的在于确定投入运行水泵的型号及台数,在保证满足水量水压要求及安全可靠性的前提下,使供水系统的总运行费用最省。

多水源优化调度问题是一个复杂的问题。解决这一问题不光要考虑水泵的搭配问题,也要考虑管道系统的运行情况,必须首先建立系统的数学模型,然后才能实现水泵的优化控制。给水系统的数学模型可分为两类:微观模型(Microscopic Model)和宏观模型(Macroscopic Model)。微观模型考虑了给水系统的网络拓扑结构,将管网特性用水力平衡方程组进行描述;宏观模型应用“黑箱理论”的基本思想,避开了给水系统复杂结构的研究,仅考虑系统的输入输出,如泵站供水量、供水压力及管网监测点压力的模型。另外,根据事先优化调度的控制方法,给水管网优化调度又可分为两类:离线(off-line)调度和在线调度。离线调度是指脱机计算后确定调度方案,然后实施;在线调度是指要求计算机监控并动态地控制泵的开停方案。

国外优化调度研究起步于 20 世纪 60 年代,70 年代进入实用性研究阶段,80 年代以后开始了在线调度的研究。很多研究成果可归类为分解协调法。所谓分解协调法是根据系统结构,将复杂系统分解成互不重叠的子系统,各子系统间由边界条件进行协调。为此将含 20 多个蓄水池的供水系统分解,分解后的子系统均用动态规划方法处理,对相邻子系统“割点”处的边界条件 —— 流量和压力进行协调,最后得出收敛于整体最优的调度方案。针对供水管网的非线性及动态特性,通过简化状态方程,应用动态规划方法对含蓄水池、调节阀及多泵站的复杂性供水系统进行了优化计算。另外,常用的一种方法就是两级控制优化调度模型:将给水系统分为泵站、管网和用户三部分,并将三个部分集结成三个独立的系统,仅考虑三者间的关联,在此基础上分时段进行了优化计算。

以上研究都是采用的微观模型方法。这类方法的特点是建模工作量庞大。据国外报导,至少需要对管网节点及管段中 20% 以上的部分进行监控,这在我国是难以实现的。目前,美国、瑞士、英国、法国的一些城市已实现了离线控制或在线控制。这些多是基于国外供水系统的实际,如变电价政策,管网含多个调节水池,运行数据采集能力强等,运用微观模型方法,充分利用调节水池的调节作用,尽量在电价低时往水池抽水,而在高电价时由水池向管网输水。在此基础上,对供水系统进行监控、模拟、分析及优化计算,提出几个可行的优化调度方案,供工程人员决策参考。

国内给水管网优化高度研究起步于 20 世纪 70 年代。同济大学、湖南大学、天津大学完成了很多理论研究工作。由于给水管网系统的形状和规模多种多样,采用的优化方法也各不相同,研究的侧重点也各不一样,具体模型也存在差异。原哈尔滨建筑工程学院、天津大学、同济大学等科研院所对此问题分别在国内的一些大中城市进行了研究,取得了一些成果。

以上研究对推动我国供水技术的发展起着积极的作用。但由于种种原因,在实际应用中

尚难奏效。

目前,我国多数自来水公司已设置了动态的压力和流量监测系统,计量问题基本解决;管网图文信息也开始用微机集中管理,初步具备了一定的条件。国外的优化调度软件是基于变电价政策,以及含多个调节水池及监控系统完备的条件下研制的,尚难适合我国国情。

需要指出的是,我国供水企业的管理水平较落后,硬件条件也不完善,全部照搬国外的技术在短期内是行不通的。为此,应该探索适合我国国情的优化调度理论和计算方法。多年来,各自来水公司从运行实践中总结、摸索出很多有益的经验,并取得一些效益。因此,如何将优化技术与经验调度相结合,是今后的一大研究方向。

6.2.2　给水系统数学模型的建立

现有供水系统大多是已经建立多年的复杂系统,存在着管道敷设年代相差较大、管道腐蚀严重、水泵实际运行特性曲线变化等问题,对此类系统进行优化调度运行工作,首先要做的工作就是对现有供水系统的状态参数进行测量和分析,得到准确的基础数据,这是建立优化调度模型的基础。

实际给水管网是由泵站、管道及阀门等水力要素组成的大型复杂网络系统。其数学模型可用一组非线性方程描述。给水管网运行时,管网状态随用户水量变化而随机变化。如此复杂的系统,其状态参数的获取,主要可分成如下几个部分。

1. 管网拓扑信息的计算机管理

现有管网系统由于敷设年代相差较大、管网改造比较频繁、档案资料不全等原因,会导致得到的供水网络拓扑结构不准确的问题。为解决此类问题,首先应该整理现有的管网资料,并用计算机软件对数据进行整理分析,建立管网信息管理系统。对缺失的资料可采用现场调查的方式获得。现在国内外对管道测量仪器的研究已经到了实用阶段,可用该仪器测出管道的准确位置,利用全球卫星定位系统(GPS)对该管道进行定位,并把数据自动传输给计算机中的地理信息系统软件(GIS),形成管网的准确拓扑结构图。

2. 管网信息系统参数的测量

随着管网系统的长年运行,管道要发生锈蚀,管道的水力条件要发生改变,旧管道摩阻系数和新管道的摩阻系数的差距很大。通过对一些城市的旧管道开挖检查发现,部分运行30 年以上的管道的水力过水断面仅相当于原管道的 1/2。对旧管道的摩阻系数必须进行抽样测量以及结合数学分析的方法才能获得。测量管道摩阻系数过去常用的方法是"两点法",即通过测量管道两端的压差及管道流量可反算出管道的摩阻系数,但由于设备原因,用这种方法很难得到准确的管道流量测量值,因此误差较大。"五点法"可有效解决这一问题,目前在多个城市测试已获得成功。

供水系统中的水泵由于长年运行,水泵特性曲线也将发生变化。水泵实际的运行曲线也必须经过测量得到。目前国外已有对水泵特性曲线进行测量用的仪器,但设备较为昂贵。在实际工程中,可以通过水泵启停的过程,以及在不影响水泵正常运行的前提下进行测量获得。

此外,对用水变化曲线、清水池水位变化规律的测量工作也必须进行。哈尔滨工业大学的赵洪宾教授领导的课题小组对上述问题总结了一系列方法,可对管网状态参数进行准确的测量。

3. 管网模型的建立及复核

有了上述供水系统参数,通过相应的计算机软件进行系统模拟计算,就建立了供水系统数学模型,可以通过数学模型了解到供水系统的实际运行状态。应该指出的是,模型的建立和参数分析往往是一个循环往复的过程,通过模拟和实地测量,可发现状态参数中存在的误差,通过校正误差进而提高模型准确性,这一循环往复的调整过程,叫供水系统的模型复核。

6.2.3　多水源给水系统的优化调度模型

给水管网的优化调度是指在现有管道设备及水源条件下,根据监测系统反馈的供水系统运行信息,在保证安全、可靠、保质和保量地满足供水需求的前提下,确实使系统总运行费用(主要指电耗) 降到最低的运行方案。

供水管网优化调度建模的一般步骤为:

(1) 确定决策变量。决策变量是指确定系统输入所需的最小变量,一般指水泵流量、台数及出口压力。确定决策变量是优化调度建模的基础和先决条件。

(2) 构造所有目标函数和约束函数。目标函数是指运行需达到指标的数学表达式;约束函数是指控制或制约系统运行变量的数学表达式。

(3) 确定约束条件。约束条件是指约束函数为保证给水系统安全运行所需满足的水压、水量及可靠性等要求的一系列等式、不等式或特定条件下的微分方程。

一般情况下,给水管网优化调度模型以供水运行费用为目标函数,以管网水力平衡方程组及满足水压水量要求为约束条件。

供水费用主要包括两项。

1. 制水费用

制水费用是指取水、输水及水处理的电耗和药剂费用。统一的数学公式可以描述为

$$f_1 = \sum_{k=1}^{24} \sum_{i=1}^{n} C_{ki} \cdot q_{ki}$$

式中　　f_1——制水费用(元);

　　　　C_{ki}——i 泵站 k 小时的单位产水量价格系数(元 $/\mathrm{m}^3$);

　　　　q_{ki}——i 泵站 k 小时供水量(m^3);

　　　　n——取水和输水泵站总数。

2. 二泵站及加压泵站的运行费用

运行费用主要指电耗,通常可用两种表达方式,第一种方式为

$$f_2 = \sum_{k=1}^{24} e_k \sum_{i=1}^{n} \frac{\rho g q_{ki}(p_{ki} - H_{0ki})}{\eta_{ki}}$$

式中　　f_2——电耗费用(元);

　　　　e_k——第 k 小时电价(元 $/(\mathrm{kW} \cdot \mathrm{h})$);

　　　　q_{ki}——第 i 泵站 k 小时的供水量(m^3);

　　　　p_{ki}——第 i 泵站 k 小时的供水压力($\mathrm{mH_2O}$);

　　　　H_{0ki}——第 i 泵站 k 小时贮水池水面标高(m);

η_{ki}——第 i 泵站 k 小时的总工作效率。

第二种形式为

$$f_2 = \sum_{k=1}^{24} e_k \sum_{i=1}^{n} \sum_{j=1}^{m} n_{kij} \cdot N_{kij} / \eta_{kij}$$

式中　　N_{kij}——第 i 泵站 j 型泵在 k 小时单泵轴功率；

　　　　n_{kij}——第 i 泵站 j 型泵在 k 小时运行台数；

　　　　η_{kij}——第 i 泵站 j 型泵在 k 小时单泵的电机效率；

　　　　m——第 i 泵站水泵型号数。

约束条件包括：

(1) 管网水力平衡方程组。管网状态方程包括连续性方程和能量方程。用节点型方程表示为

$$\overline{g}(\overline{H}, \overline{q}, \overline{a}) = 0$$

式中　　$\overline{H}$——节点压力向量；

　　　　$\overline{q}$——节点流量向量；

　　　　$\overline{a}$——管道比阻。

(2) 水量约束。管网的总供水量与总用水量相等，即

$$Q_p = \sum_{i=1}^{n} q_i$$

式中　　Q_p——总用水量；

　　　　q_i——第 i 泵站供水量；

　　　　n——泵站数。

(3) 水压约束。管网任一节点压力应满足用户最低自由水头要求

$$\min\{\overline{fH}\} \geqslant \mathrm{Const}$$

式中　　$\overline{fH}$——节点自由水压水头向量；

　　　　Const——最低服务自由水头。

(4) 蓄水池水位约束。为了保障安全供水，蓄水池水位不宜过低或过高，以免水泵空转或水池溢流，即

$$h_{i\min} \leqslant h_i \leqslant h_{i\max}$$

则给水管网优化调度模型的一般形式为

$$V - \min[f_1, f_2]^T$$

$$\mathrm{s.t.} \begin{cases} \overline{g}(\overline{H}, \overline{q}, \overline{a}) = 0 \\ Q_p = \sum_{i=1}^{n} q_i \\ \min\{\overline{fH}\} \geqslant \mathrm{Const} \\ h_{i\min} \leqslant h_i \leqslant h_{i\max} \end{cases}$$

由此可见，城市给水管网优化调度模型中含有两个目标函数，有些函数为非线性的，并且还要考虑时段的变化，因此在数学上可归述为一个多目标动态的非线性规划问题。

实际应用中,根据决策变量的不同,给水管网优化调度决策的建模方法也不一样。据现有文献记载和工程应用实践,给水管网优化调度模型可大体分为两类:直接优化调度模型和两级优化调度模型。

直接优化调度模型是将整个给水系统结合在一起建模,直接寻求最优的水泵组合方案。由于未知参数较多,这种方法的求解过程很难。

两级优化调度模型是将整个给水系统分为管网和泵站两个系统。在此基础上可以建立一个两级优化调度模型。首先,以各水厂供水泵站的总供水量及供水压力为决策变量,寻求各泵站的最优流量和压力分配。然后在各泵站内寻求最佳的水泵组合方案,使各泵站在保证安全运行及费用最省的前提下,达到所需的最优流量和压力。

应该强调的是,由于水泵调度的不连续性及模型求解的问题,求解上述模型得到的结果,并不是优化调度的"最优解",而是"满意解",是可行的相对经济的优化调度方案。

第 7 章　泵站设计工程实例

7.1　送水泵站工艺设计实例

7.1.1　已知资料(设计依据)

某城市送水泵站:日最大设计水量 $Q_d = 10.0$ 万 m^3/d,泵站分二级工作;泵站第一级工作从3时到23时,每小时水量占全天用水量的 5.22%。泵站第二级工作从23时到次日3时,每小时水量占全天用水量的 3.00%。

该城市最不利点建筑层数6层,自由水压 $H_0 = 28$ m,输水管和给水管网总水头损失 $\sum h = 10.41$ m,泵站地面标高为 133.50 m,泵站地面至设计最不利点地面高差 $Z_1 = 19.50$ m,吸水井最低水位在地面以下 $Z_2 = 4.00$ m。

消防水量 $Q_X = 144$ m^3/h,消防时,输水管和给水管网总水头损失 $\sum h_X = 20.5$ m。

7.1.2　水泵机组的选择

1.泵站设计参数的确定

泵站一级工作时的设计工作流量

$$Q_I/(m^3 \cdot h^{-1}) = 100\ 000.0 \times 5.22\% = 5\ 220 \quad (1\ 450.0\ L/s)$$

泵站二级工作时的设计工作流量

$$Q_{II}/(m^3 \cdot h^{-1}) = 100\ 000.0 \times 3.00\% = 3\ 000 \quad (833.3\ L/s)$$

水泵站的设计扬程与用户的位置和高度、管路布置及给水系统的工作方式等有关。泵站一级工作时的设计扬程

$$H_I/m = Z_c + H_0 + \sum h + \sum h_{泵站内} + H_{安全} =$$
$$19.50 + 4.00 + 28.00 + 10.41 + 2.00 + 1.50 = 65.41$$

其中　　H_I——水泵的设计扬程;

Z_c——地形高差;$Z_c = Z_1 + Z_2$;

H_0——自由水压;

$\sum h$——总水头损失;

$\sum h_{泵站内}$——泵站内水头损失(初估为 1.5 m);

$H_{安全}$——为保证水泵长期良好稳定工作而取的安全水头(m);一般采用 1 ~ 2 m。

2.选择水泵

可用管路特性曲线和型谱图进行选泵。管路特性曲线和水泵特性曲线交点为水泵工况

点。

求管路特性曲线就是求管路特性曲线方程中的参数 H_{ST} 和 S。因为

$$H_{ST}/m = 4.00 + 19.50 + 28.0 + 0.50 = 52.0$$

所以 $S/(h^2 \cdot m^{-5}) = (\sum h + \sum h_{泵站内})/Q^2 = (19.50 + 2.00)/5\,220^2 = 7 \times 10^{-7}$

因此 $$H = 52.00 + 7 \times 10^{-7}Q^2$$

根据上述公式列表 7.1，并根据表 7.1 在 $(Q - H)$ 坐标系中作出管路特性曲线 $(Q - H^{GL})$ 见图 7.1，参照管路特性曲线和水泵型谱图，或者根据水泵样本选定水泵。

表 7.1 管路特性曲线 $(Q - H)$ 关系表

Q	0.0	1 000.0	2 000.0	3 000.0	4 000.0	5 000.0	5 800.0
$\sum h$	0.00	0.70	2.80	6.30	11.20	17.50	23.55
H	52.00	52.70	54.80	58.30	63.20	69.50	75.55

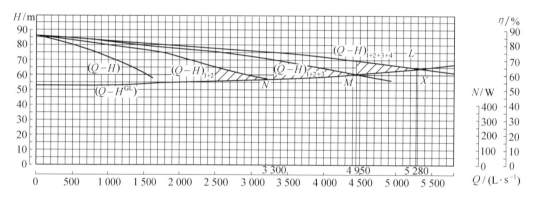

图 7.1 方案一 水泵特性曲线,管路特性曲线和水泵工况点

(4 台 S250 - 470(Ⅰ) 型水泵)

经反复比较推敲选定两个方案:

方案一:4 台 S250 - 470(I) 型工作水泵,其工况点如图 7.1 所示;

方案二:2 台 S300 - 550A + 1 台 300 - 550 型工作水泵,其工况点如图 7.2 所示。

选泵时,首先要确定水泵类型如 S 型、SH 型、IS 型、JQ 型、ZL 型等,再从确定的类型水泵中选定水泵型号如 S250 - 470(I) 型水泵。

对上述两个方案进行比较,主要在水泵台数、效率及其扬程浪费几个方面进行比较,比较结果见表 7.2 方案比较表(表中最小工作流量以 2 500 m³/h 计):

从表 7.2 中可以看出在扬程利用和水泵效率方面方案一均好于方案二,只是水泵台数比方案二多一台,增加了基建投资,但是,设计计算证明由于方案一能耗小于方案二,运行费用的节省在几年内就可以抵消增加的基建投资。所以,选定工作泵为 4 台 S250 - 470(I) 型水泵。其性能参数如下:

$Q = 420 \sim 1\,068$ m³/h; $H = 82.8 \sim 50.0$ m; $\eta = 87\%$; $n = 1\,480$ r/min;电机功率 $N = 280$ kW; $H_{SV} = 3.5$ m;质量 $W = 830$ kg。

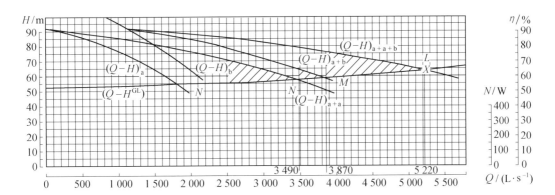

图 7.2　方案二 水泵特性曲线,管路特性曲线和水泵工况点

(2 台 S300 – 550A 型水,泵 1 台 S300 – 550 型水泵,下标 a 代表 S300 – 550A 型水泵,
下标 b 代表 S300 – 550 型水泵)

表 7.2　方案比较表

方案编号	水量变化范围 /(m³·h⁻¹)	运行水泵型号及台数	水泵扬程 /m	管路所需扬程 /m	扬程浪费 /m	水泵效率 /%
方案一 4 台 S250 – 470(I)	5280 ~ 4950	4 台 S250 – 470(I)	69.0 ~ 65.0	61.0 ~ 65.0	8.0 ~ 0	84.0 ~ 83.5
	4950 ~ 3300	3 台 S250 – 470(I)	70.5 ~ 61.0	57.5 ~ 61.0	3.0 ~ 0	83.5 ~ 84.0
	3300 ~ 2500	2 台 S250 – 470(I)	65.5 ~ 57.5	56.0 ~ 57.5	9.5 ~ 0	84.0 ~ 83.5
方案二 2 台 S300 – 550A 1 台 S300 – 550	5220 ~ 3870	2 台 S300 – 550A 1 台 S300 – 550	77.0 ~ 64.0	59.5 ~ 64.0	17.5 ~ 0	83.0 ~ 74.0 / 80.0 ~ 82.0
	3870 ~ 3490	1 台 S300 – 550A 1 台 S300 – 550	64.5 ~ 59.5	57.5 ~ 59.5	7.0 ~ 0	73.5 ~ 83.0 / 81.5 ~ 80.0
	3490 ~ 2500	2 台 S300 – 550A	71.5 ~ 57.5	56.0 ~ 57.5	15.5 ~ 0	83.0 ~ 81.0

4 台 S250 – 470(I) 型水泵并联工作时,其工况点在 L 点,L 点对应的流量和扬程为 5 280.0 m³/h 和 65.0 m,基本满足泵站一级设计工作流量要求。

3 台 S250 – 470(I) 型水泵并联工作时,其工况点在 M 点,M 点对应的流量和扬程为 4 950.0 m³/h 和 61.0 m。

2 台 S250 – 470(I) 型水泵并联工作时,其工况点在 N 点,N 点对应的流量和扬程为 3 300.0 m³/h 和 57.5 m,基本(稍大一些)满足泵站二级设计工作流量要求。

再选一台同型号的 S250 – 470(I) 型水泵备用,泵站共设有 5 台 S250 – 470(I) 型水泵,4 用 1 备。

3. 确定电机

根据水泵样本提供的配套可选电机,选定 Y355 – 4(6 kV) 电机,其参数如下:

额定电压 V = 6 000 V;N = 280 kW;n = 1 480 r/min;W = 2 160 kg。

7.1.3　水泵机组基础设计

S250 – 470(I)型水泵不带底座,所以选定其基础为混凝土块式基础,其基本计算如下。
(1)基础长度
$$L/\text{mm} = \text{地脚螺钉间距} + (400 \sim 500) =$$
$$L_0 + L_1 + L_2 + (400 \sim 500) =$$
$$790 + 790 + 790 + 430 = 2\ 800$$

(2)基础宽度
$$B/\text{mm} = \text{地脚螺钉间距} + (400 \sim 500) = B_0 + (400 \sim 500) =$$
$$700 + 500 = 1\ 200$$

(3)基础高度
$$H/\text{m} = \{(2.5 \sim 4.0) \times (W_{水泵} + W_{电机})\}/\{L \times B \times \gamma\}$$

其中　　$W_{水泵}$——水泵质量(kg);

　　　　$W_{电机}$——电机质量(kg);

　　　　L——基础长度(m);

　　　　B——基础宽度(m);

　　　　ρ——基础密度(kg/m³)(混凝土密度 $\rho = 2\ 400\ \text{kg/m}^3$)。

则水泵基础高度为
$$H/\text{m} = \{3.0 + (830 + 2\ 160)\}/\{1.200 \times 2.800 \times 2\ 400\} = 1.10\ \text{m}$$

设计取 1.20 m;

那么,混凝土块式基础的尺寸(m)为 $L \times B \times H = 2.8 \times 1.2 \times 1.2$。

7.1.4　吸水管路和压水管路设计计算

由图 7.1 知 1 台 S250 – 470(I)型水泵的最大工作流量为 1 650 m³/h(458.3 L/s),为水泵吸水管和压水管所通过的最大流量,初步选定吸水管管径 DN = 600 mm,压水管管径 DN = 500 mm。

当吸水管 DN = 600 mm 时,流速 v = 1.62 m/s。(一般在 1.2 ~ 1.6 m/s 范围内)

压水管 DN = 500 mm 时,流速 v = 2.34 m/s。(一般在 2.0 ~ 2.5 m/s 范围内)

说明上述管径选择合适。

7.1.5 吸水井设计计算

吸水井尺寸应满足安装水泵吸水管进口喇叭口的要求。

吸水井最低水位 /m = 泵站所在位置地面标高 – 清水池有效水深 – 清水池至吸水井管路水头损失 = 133.50 – 3.80 – 0.20 = 129.50

吸水井最高水位 /m = 清水池最高水位 = 泵站所在位置地面标高 = 133.50

水泵吸水管进口喇叭口大头直径 DN/mm ≥ (1.3 ~ 1.5)d = 1.33 × 600 = 800

水泵吸水管进口喇叭口长度 L/mm ≥ (3.0 ~ 7.0) × (D – d) =
$$4.0 \times (800 - 600) = 800$$

喇叭口距吸水井井壁距离 $/\text{mm} \geqslant (0.75 \sim 1.0)D = 1.0 \times 800 = 800$

喇叭口之间距离 $/\text{mm} \geqslant (1.5 \sim 2.0)D = 2.0 \times 800 = 1600$

喇叭口距吸水井井底距离 $/\text{mm} \geqslant 0.8D = 1.0 \times 800 = 800$

喇叭口淹没水深 $h/\text{m} \geqslant (0.5 \sim 1.0) = 1.2$

所以,吸水井长度 = 12 000 mm(注:最后还要参考水泵机组之间距离调整确定),吸水井宽度 = 2 400 mm,吸水井高度 = 6 300 mm(包括超高 300)。

7.1.6　各工艺标高的设计计算

泵轴安装高度 $\qquad H_{\text{SS}} = H_{\text{S}} - v^2/2g - \sum h_{\text{S}}$

式中　H_{SS}—— 泵轴安装高度(m);

　　　H_{S}—— 水泵吸上高度(m);

　　　g—— 重力加速度(m/s^2);

　　　$\sum h_{\text{S}}$—— 水泵吸水管路水头损失(m)。

查得水泵吸水管路阻力系数 $\xi_1 = 0.10$(喇叭口局部阻力系数),$\xi_2 = 0.60$(90 弯头局部阻力系数),$\xi_3 = 0.01$(阀门局部阻力系数),$\xi_4 = 0.18$(偏心减缩管局部阻力系数)。

经过计算并考虑长期运行后水泵性能下降和管路阻力增加等,取 $\sum h_{\text{S}} = 1.00$ m,则

$$H_{\text{SS}}/\text{m} = 3.30 - 1.62^2/2 \times 9.81 - 1.00 = 2.17$$

泵轴标高 $/\text{m}$ = 吸水井最低水位 + $H_{\text{SS}} = 129.50 + 2.17 = 131.67$

基础顶面标高 $/\text{m}$ = 泵轴标高 - 泵轴至基础顶面高度 $H_1 = 131.67 - 0.80 = 130.87$

泵房地面标高 $/\text{m}$ = 基础顶面标高 $- 0.20 = 130.87 - 0.20 = 130.67$

7.1.7　复核水泵机组

根据已经确定的机组布置和管路情况重新计算泵房内的管路水头损失,复核所需扬程,然后校核水泵机组。

泵房内管路水头损失

$$\sum h_{\text{泵站内}}/\text{m} = \sum h_{\text{S}} + \sum h_{\text{d}} = 1.00 + 0.44 = 1.44$$

所以,水泵扬程

$H_{\text{I}}/\text{m} = Z_{\text{c}} + Z_{\text{d}} + H_0 + \sum h + \sum h_{\text{泵站内}} = 19.50 + 4.00 + 28.0 + 10.41 + 1.44 = 63.35$

与估计扬程基本相同,选定的水泵合适。

7.1.8　消防校核

消防时,二级泵站的供水量

$$Q_{\text{火}}/(\text{m}^3 \cdot \text{h}^{-1}) = Q_{\text{d}} + Q_{\text{X}} = 5220 + 144 = 5\,364 \quad (1\,490 \text{ L/s})$$

消防时,二级泵站扬程

$$H_{\text{火}}/\text{m} = Z_{\text{c}} + H_{0\text{火}} + \sum h + \sum h_{\text{泵站内}} = 23.50 + 10.0 + 20.5 + 1.44 = 55.44$$

其中　Z_{c}—— 地形高差;

$H_{0火}$——自由水压，$H_{0火}$ = 10.0 m(低压消防制)；

$\sum h$——总水头损失；

$\sum h_{泵站内}$——泵站内水头损失。

根据 $Q_火$ 和 $H_火$，在图 7.1 上绘制泵站在消防时需要的水泵工况点，见图 1 中的 X 点，X 点在 4 台水泵并联特性曲线的下方，所以，2 台水泵并联工作就能满足消防时的水量和水压要求，说明所选水泵机组能够适应城市消防灭火的要求。

7.1.9　泵房形式的选择及机械间布置

根据清水池最低水位标高(137.30)m 和水泵 H_S(3.3 m) 的条件，确定泵房为矩形半地下式(图 7.3)。

水泵机组采用单排顺列式布置。

每台水泵都单独设有吸水管，并设有手动常开检修阀门，型号为 D371J – 10，DN = 600 mm，L = 154 mm，W = 380 kg。

压水管设有液压缓闭止回蝶阀，型号为 HD741X – 10 液控止回阀，DN = 500 mm，L = 350 mm，W = 1 358 kg；电动控制阀门，型号为 D941X – 10 电动蝶阀，DN = 500 mm，L = 350 mm，W = 600 kg。

设有联络管(DN = 600 mm) 联络后，联络管上设有手动常开检修阀门，型号为 D371J – 10，DN = 600 mm，L = 154 mm，W = 380 kg。由两条输水干管(DN = 700 mm) 送往城市管网。

泵房内管路采用直进直出布置，直接敷设在室内地板上。

选用各种弯头、三通和变径管等配件，计算确定机械间长度为 41.0 m 和宽度 12.0 m。

7.1.10　泵站的辅助设施计算

1.引水设备

启动引水设备选用水环式真空泵，真空泵的最大排气量为

$$Q_V/(\text{m}^3 \cdot \text{s}^{-1}) = K \times \{(W_P + W_S) \times H_a\}/\{T \times (H_a - H_{SS})\} =$$
$$1.10 \times \{(0.25 + 8.33) \times 10.33\}/\{300 \times (10.33 - 2.40)\} = 0.04$$

式中　Q_V——真空泵的最大排气量(m^3/h)；

K——漏气系数(1.05 ~ 1.10)；

W_P——最大一台水泵泵壳内空气容积(m^3)；

W_S——吸水管中空气容积(m^3)；

H_a——10^5 Pa 下的水柱高度，一般采用 10.33 m；

T——水泵引水时间(h)，一般采用 5 min，消防水泵取 3 min；

H_{SS}——离心泵的安装高度(m)。

真空泵的最大真空度

$$H_{Vmax}/\text{Pa} = H_{SS} \times 1.01 \times 10^5/10.33 = 3.00 \times 1.01 \times 10^5/10.33 = 29\ 332.04$$

式中　H_{Vmax}——真空泵的最大真空(Pa)；

H_{SS}——离心泵安装高度(m)，最好取吸水井最低水位至水泵顶部的高差。

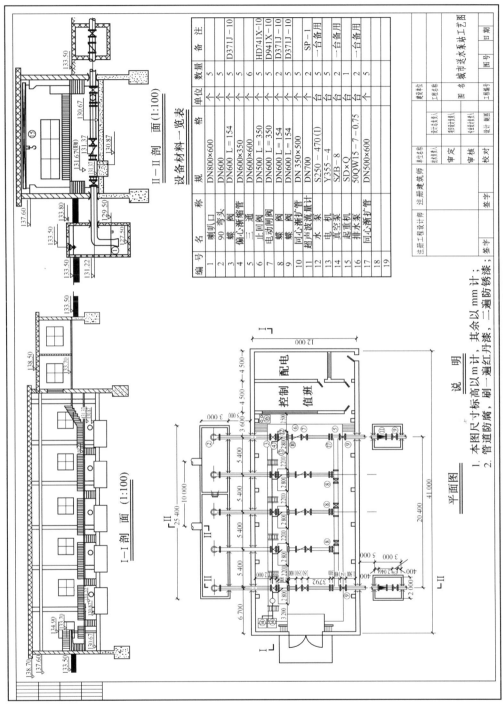

设备材料一览表

编号	名称	规格	单位	数量	备注
1	喇叭口	DN800×600	个	5	
2	90°弯头	DN600	个	5	
3	蝶阀	DN600 L=154	个	5	D371J-10
4	偏心渐缩管	DN600×350	个	5	
5	三通	DN600×600	个	6	
6	止回阀	DN500 L=350	个	5	HD741X-10
7	电动闸阀	DN600 L=350	个	2	D941X-10
8	蝶阀	DN600 L=154	个	5	D371J-10
9	蝶阀	DN 350×500	个	2	D371J-10
10	同心渐扩管	DN700	个	5	
11	超声波流量计	S250-470(I)	个	2	SP-1
12	水泵	Y355-4	台	5	一台备用
13	电机	SZB-8	台	5	
14	真空泵	SD×Q	台	2	一台备用
15	起重机	50QW15-7-0.75	台	1	
16	排水泵	DN500×600	台	2	一台备用
17	同心渐扩管		个	5	
18					
19					

II—II 剖　面 (1:100)

I—I 剖　面 (1:100)

平面图

说　明
1. 本图尺寸标高以 m 计，其余以 mm 计；
2. 管道防腐，刷一遍红丹漆，二遍防锈漆；

图 7.3　城市给水泵站工艺图

选取 SZB – 8 型水环式真空泵 2 台,一用一备,布置在泵房靠墙边处。

2．计量设备

在压水管上设超声波流量计,选取 SP – 1 型超声波流量计 2 台,安装在泵房外输水干管上,距离泵房 7 m。

在压水管上设压力表,型号为 Y – 60Z,测量范围为 0.0 ~ 1.0 MPa。在吸水管上设真空表,型号为 Z – 60Z,测量范围为 -1.01×10^5 ~ 0 Pa。

3．起重设备

选取单梁悬挂式起重机 SD × Q,起重量 2 t,跨度 5.5 ~ 8.0 m,起升高度 3.0 ~ 10.0 m。

4．排水设备

设污水泵 2 台,一用一备,设集水坑 1 个,容积(m^3) 取为 $2.0 \times 1.0 \times 1.5 = 3.0$。

选取 50WQ10 – 10 – 0.75 型潜水排污泵,其参数为

$$Q = 10 \text{ L/s}; H = 10 \text{ m}; n = 1\ 440 \text{ r/min}; N = 4.0 \text{ kW}。$$

7.1.11　泵站平面布置

根据 4.9 节中所述的泵站布置原则,考虑到维护检修方便,巡视交通顺畅,将泵站总图布置得尽可能经济合理、美观适用,最终送水泵站工艺布置如图 7.3 所示。

根据起重机的要求计算确定泵房净高度为 12 m,泵站长度为 41 m,泵站宽度为 12 m。

7.2　污水泵站工艺设计实例

7.2.1　设计依据

已知拟建污水泵站最高日最高时污水流量为 150 L/s,污水来水管管径为 500 mm,管内底标高为 34.90 m,充满度为 0.7;泵站处室外地面标高为 41.80 m;污水经泵站抽升至出水井,出水井距泵站 10 m,出水井水面标高为 46.80 m,拟建合建式圆形泵站,沉井法施工,采用自灌式工作,试进行该污水泵站工艺设计。

7.2.2　水泵机组选择

1．污水泵站设计流量及扬程的确定

污水泵站设计流量按最高日最高时污水流量 150 L/s 计算。

扬程估算:

格栅前水面标高/m = 来水管管内底标高 + 管内水深 = 34.90 + 0.5 × 0.7 = 35.25

格栅后水面标高/m = 集水池最高水位标高 =

格栅前水面标高 – 格栅压力损失 = 35.25 – 0.1 = 35.15

污水流经格栅的压力损失按 0.1 mH₂O 估算。集水池有效水深取 2.0 m,则

集水池最低水位标高/m = 35.15 – 2.0 = 33.15

水泵净扬程/m = 出水井水面标高 – 集水池最低水位标高 = 46.80 – 33.15 = 13.65

水泵吸、压水管路(含至出水井管路)的总压力损失估算为 1.0 mH₂O。

因此,水泵扬程 $H/\text{m} = 13.65 + 1.0 = 14.65$

2．水泵机组的选择

考虑来水的不均匀性,宜选择两台及两台以上的机组工作,以适应流量的变化。

查水泵样本,选用 6PWL 立式污水泵三台,其中 2 台工作,1 台备用。单泵的工作参数为 $H = 14.65$ mH$_2$O 时,流量 $Q = 75$ L/s,转速为 $n = 980$ r/min,电机功率 $N = 30$ kW,水泵效率 $\eta = 69\%$;配套电机选用 JO$_2$81 – 6(L$_3$)型。

7.2.3 集水池容积及其布置

集水池容积按一台泵 5 min 出水量计算,即

$$V'/\text{m}^3 = \frac{75 \times 5 \times 60}{1\,000} = 22.5$$

集水池面积 A

$$A'/\text{m}^2 = \frac{V'}{h} = \frac{22.5}{2.0} = 11.25$$

根据集水池面积和水泵间的平面布置要求确定泵站井筒内径为 8.0 m。集水池隔墙距泵站中心为 1.0 m(图 7.4),则集水池隔墙长 b 为

$$b/\text{m} = 2\sqrt{k^2 - 1^2} = 2 \times \sqrt{4^2 - 1^2} = 7.8$$

集水池实际面积 A 为

$$A/\text{m}^2 = \frac{2}{3}b \cdot h' = \frac{2}{3} \times 7.8 \times (3 - 0.3) = 14 > 11.25$$

满足要求。

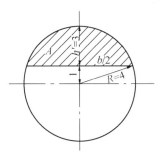

图 7.4 集水池面积计算图

集水池内设有人工清除污物格栅一座,格栅间隙为 30 mm,安装角度为 70°,格栅宽为 1.6 m,长为 1.8 m。

集水间布置及各部标高见图 7.4。

7.2.4 水泵机组布置

由水泵样本查得,6PWL 型水泵机座平面尺寸为 470 mm × 670 mm,混凝土基础平面尺寸比机座平台尺寸各边加大 200 mm,即为 670 mm × 870 mm,见图 7.5。

7.2.5 吸、压水管路的布置

1．吸水管路的布置

为了保证良好的吸水条件,每台水泵设单独的吸水管,每条吸水管的设计流量均为 75 L/s,采用 DN250 钢管,流速 $v = 1.4$ m/s;在吸水管起端设一进水喇叭口,吸水管路上设 DN250 手动闸阀一个,900 变径弯头一个,柔性接口一个。吸水管路在水泵间地面上敷设。

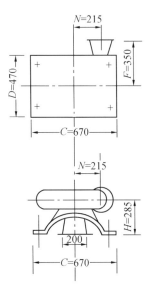

图 7.5 机组底座平面尺寸图

2. 压水管路布置

由于出水井距泵房距离较小,每台水泵的压水管路直接接入出水井,这样可以节省压水水管上的阀门。压水管管材采用钢管,管径与吸水管管径相同(DN250),在压水管上设 1 个 DN150×250 渐扩管、柔性接口 1 个,和 900 弯头 2 个。管路采用架空敷设。

机组布置及吸、压水管路布置见图 7.6(a)、(b)。

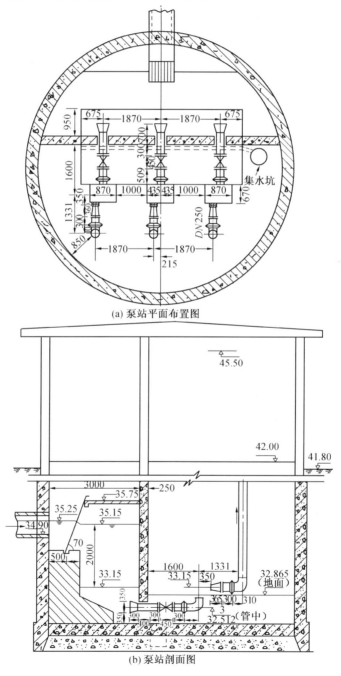

(a) 泵站平面布置图

(b) 泵站剖面图

图 7.6　泵站工艺设计图

7.2.6 泵站扬程的校核

在水泵机组选择之前,估算泵站扬程 H 为 14.65 mH_2O,其中水泵静扬程为13.65 mH_2O,动扬程暂按 1.0 mH_2O 估算。机组和管路布置完成后,需要进行校核,看所选水泵在设计工下能否满足扬程要求。

在水泵总扬程中静扬程一项无变化,动扬程(管路总压力损失)一项需详细计算。

管路总压力损失 $\sum h = h_f + h_j$,则

$$h_f/mH_2O = iL = 0.0127 \times 21 = 0.267$$

$$h_j/mH_2O = (\xi_1 + 3\xi_2 + \xi_3 + \xi_4)\frac{v^2}{2g} =$$

$$(2.0 + 3 \times 0.87 + 0.08 + 0.3)\frac{1.4^2}{2 \times 9.81} = 0.5$$

所以, $\sum h/mH_2O = 0.267 + 0.5 = 0.767 < 1.0$(估算值),所选水泵满足扬程要求。

式中　　h_f——吸压水管路沿程压力损失(mH_2O);

　　　　h_j——吸压水管路局部压力损失(mH_2O);

　　　　L——吸、压水管路总长度(m);

　　　　i——单位长度管道沿程压力损失(mH_2O/m);

　　　　ξ_1——进水喇叭口局部阻力系数;

　　　　ξ_2——900 弯头局部阻力系数;

　　　　ξ_3——闸阀局部阻力系数;

　　　　ξ_4——渐扩管局部阻力系数。

7.2.7 泵站辅助设备

(1)排水设备。水泵间内集水由集水沟汇至集水坑,用一台立式农用排污泵排除。集水沟断面尺寸为 100 mm × 100 mm,集水坑尺寸为 600 mm × 600 mm × 800 mm。

(2)冲洗管道。在水泵压水管上接出一根 $DN50$ 的支管伸入集水池吸水坑中,进行定期冲洗。

(3) 起重设备。根据水泵和电机重量及起吊高度,选用一台 TV－212 型电动葫芦,起重量为 2 t,起升高度为 12 m,工字钢梁为 28 型,电动葫芦紧缩最小长度为 1 198 mm。

附录 1   清水泵性能参数

一、IS 型单级单吸离心泵

IS 型泵系单级单吸轴向吸入离心泵,适用于工业和城市给水、排水,适于输运清水或物理化学性质类似清水的其他液体,温度不高于 80 ℃。

1.型号说明

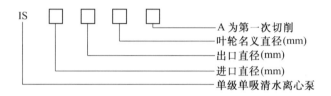

2.规格及主要技术参数

IS 型单级单吸轴向吸入离心泵规格和性能见图 1~50 和表 1。

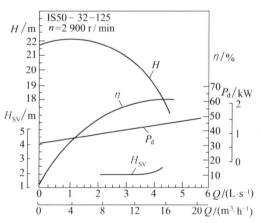

图 1   IS50-32-125 型性能曲线

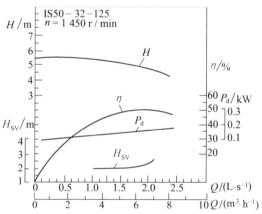

图 2   IS50-32-125 型性能曲线

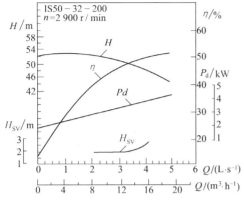

图 3 IS50-32-200 型性能曲线

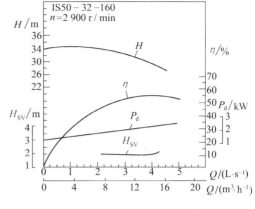

图 4 IS50-32-160 型性能曲线

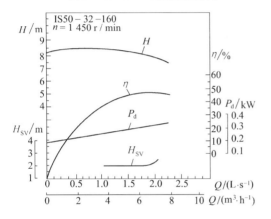

图 5 IS50-32-160 型性能曲线

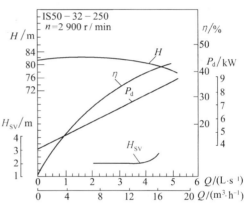

图 6 IS50-32-250 型性能曲线

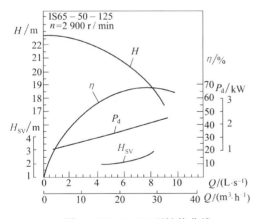

图 7 IS65-50-125 型性能曲线

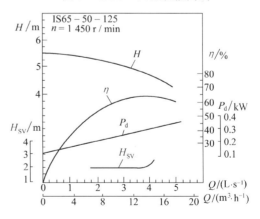

图 8 IS65-50-125 型性能曲线

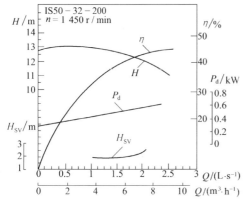

图 9　IS50-32-200 型性能曲线

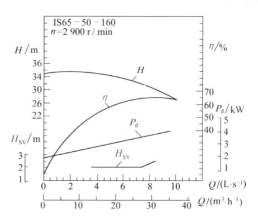

图 10　IS65-50-160 型性能曲线

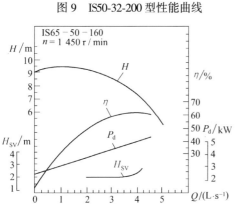

图 11　IS65-50-160 型性能曲线

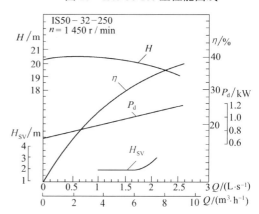

图 12　IS50-32-250 型性能曲线

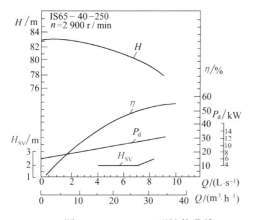

图 13　IS65-40-250 型性能曲线

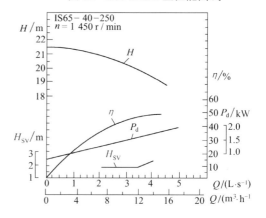

图 14　IS65-40-250 型性能曲线

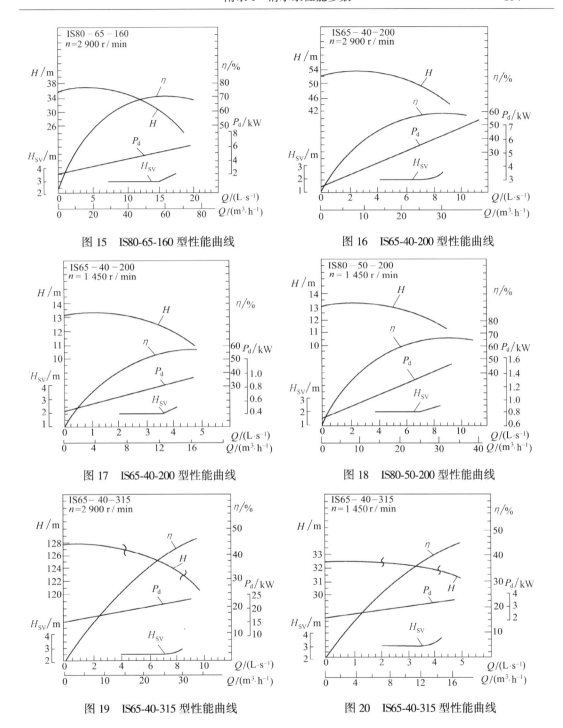

图 15　IS80-65-160 型性能曲线

图 16　IS65-40-200 型性能曲线

图 17　IS65-40-200 型性能曲线

图 18　IS80-50-200 型性能曲线

图 19　IS65-40-315 型性能曲线

图 20　IS65-40-315 型性能曲线

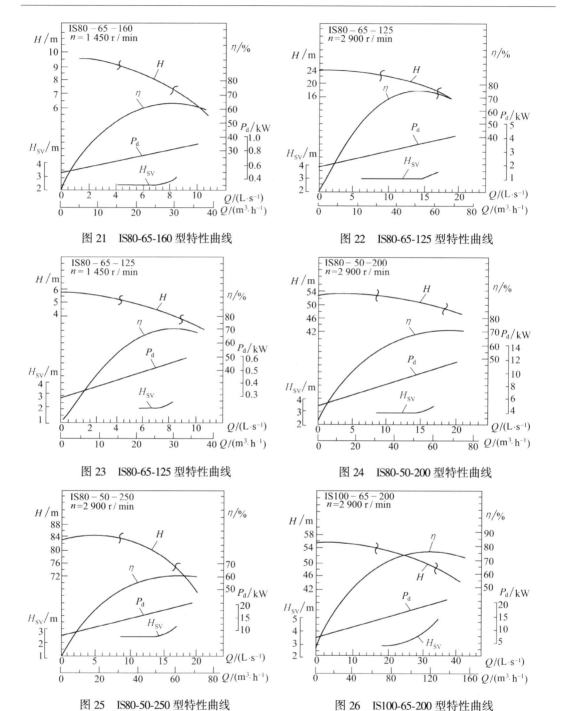

图 21　IS80-65-160 型特性曲线　　　　图 22　IS80-65-125 型特性曲线

图 23　IS80-65-125 型特性曲线　　　　图 24　IS80-50-200 型特性曲线

图 25　IS80-50-250 型特性曲线　　　　图 26　IS100-65-200 型特性曲线

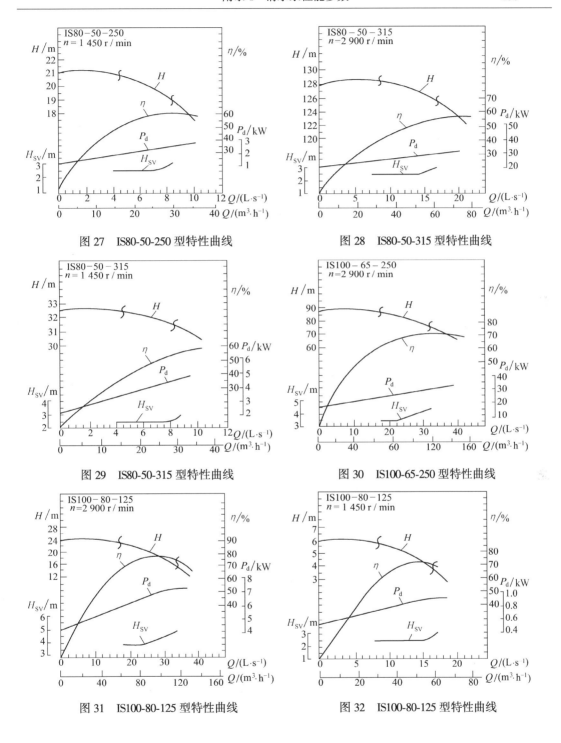

图 27 IS80-50-250 型特性曲线

图 28 IS80-50-315 型特性曲线

图 29 IS80-50-315 型特性曲线

图 30 IS100-65-250 型特性曲线

图 31 IS100-80-125 型特性曲线

图 32 IS100-80-125 型特性曲线

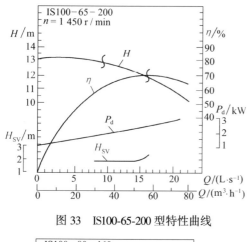

图 33　IS100-65-200 型特性曲线

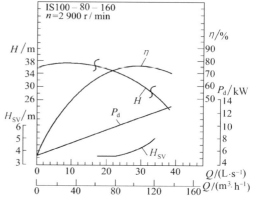

图 34　IS100-80-160 型特性曲线

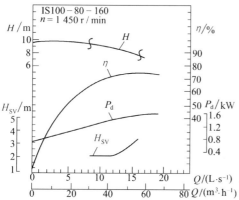

图 35　IS100-80-160 型特性曲线

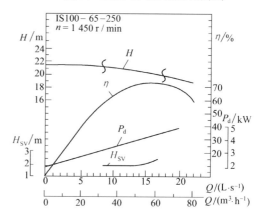

图 36　IS100-65-250 型特性曲线

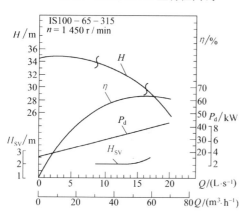

图 37　IS100-65-315 型特性曲线

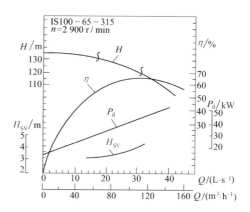

图 38　IS100-65-315 型特性曲线

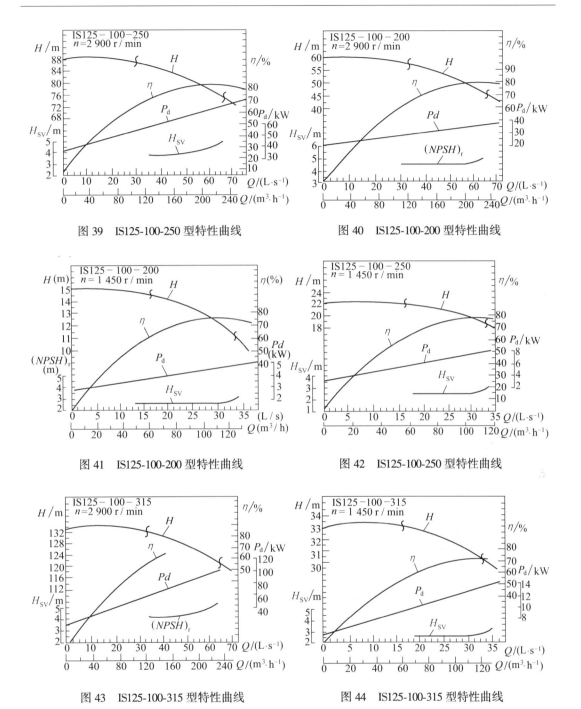

图 39　IS125-100-250 型特性曲线

图 40　IS125-100-200 型特性曲线

图 41　IS125-100-200 型特性曲线

图 42　IS125-100-250 型特性曲线

图 43　IS125-100-315 型特性曲线

图 44　IS125-100-315 型特性曲线

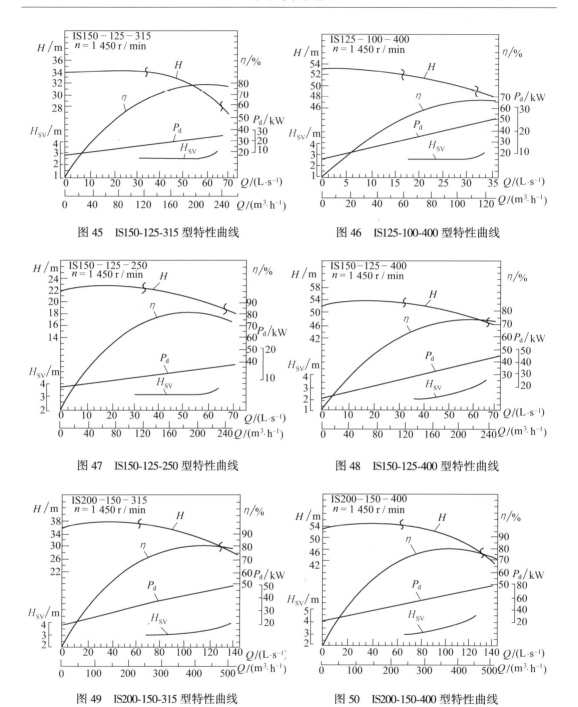

图 45　IS150-125-315 型特性曲线

图 46　IS125-100-400 型特性曲线

图 47　IS150-125-250 型特性曲线

图 48　IS150-125-400 型特性曲线

图 49　IS200-150-315 型特性曲线

图 50　IS200-150-400 型特性曲线

表1　IS型单级单吸轴向吸入离心泵规格和性能

左半部分：

型号	转速	流量	扬程	效率	电机功率	必需气蚀余量	质量
	r/min	m³/h	m	%	kW	m	kg
IS50-32-125	2900	7.5	22	47	2.2	2	32
		12.5	20	60		2	
		15	18.5	60		2	
IS50-32-125A	2900	7	20	46	1.5	2	32
		11.8	18	58		2	
		14	16.5	58		2.5	
IS50-32-125B	2900	6.5	17	44	1.1	2	32
		11	15.5	56		2	
		13	14.5	56		2.5	
IS50-32-160	2900	7.5	34.3	44	3	2	37
		12.5	32	54		2	
		15	29.6	56		2.5	
	1450	3.75	8.5	35	0.55	2	
		6.3	8	48		2	
		7.5	7.5	49		2.5	
IS50-32-160A	2900	7.1	31	44	2.2	2	37
		12	28.5	53		2	
		14.2	27	56		2.5	
IS50-32-160B	2900	6.3	23	42	1.5	2	37
		10.5	22	51		2	
		12.5	20	54		2.5	
IS50-32-200	2900	7.5	52.5	38	5.5	2	41
		12.5	50	48		2	
		15	48	51		2.5	
	1450	3.75	13.1	33	0.75	2	
		6.3	12.5	42		2	
		7.5	12	44		2.5	
IS50-32-200A	2900	7	45.5	36	4	2	41
		11.5	43.5	46		2	
		14	41.5	49		2.5	
	1450	3.4	11	31	0.55	2	
		5.8	10.5	40		2	
		6.9	10	42		2.5	
IS50-32-200B	2900	6.3	39	34	3	2	41
		10.5	37	44		2	
		12	36	41		2.5	

右半部分：

型号	转速	流量	扬程	效率	电机功率	必需气蚀余量	质量
	r/min	m³/h	m	%	kW	m	kg
IS50-32-250A	1450	3.4	17	21	1.1	2	72
		5.6	16.5	30		2	
		6.8	16	33		2.5	
IS50-32-250B	2900	6.4	59	25	5.5	2	72
		10.5	58	34		2	
		12.4	54	37		2.5	
IS65-50-125	2900	15	21.8	58	3	2	34
		25	20	69		2.5	
		30	18.5	68		3	
	1450	7.5	5.35	53	0.55	2	
		12.5	5	64		2.5	
		15	4.7	65		3	
IS65-50-125A	2900	13.8	18.5	56	2.2	2	34
		23	17	67		2.5	
		27.5	15.7	66		3	
IS50-50-125B	2900	12.7	15.6	54	1.5	2	34
		21	14.3	65		2.5	
		25.4	13	64		3	
IS65-50-160	2900	15	35	54	5.5	2	40
		25	32	65		2	
		30	30	66		2.5	
	1450	7.5	8.8	50	0.75	2	
		12.5	8	60		2	
		15	7.2	60		2.5	
IS65-50-160A	2900	14	30	52	4	2	40
		23	27	63		2	
		28	25	64		2.5	
IS65-50-160B	2900	13	27.5	50	3	2	40
		22	25	61		2	
		26	23	62		2.5	
IS65-40-200	2900	15	53	49	7.5	2	43
		25	50	60		2	
		30	47	61		2.5	
	1450	7.5	13.2	43	1.1	2	
		12.5	12.5	55		2	
		15	11.8	57		2.5	

续表1

型号	转速 r/min	流量 m³/h	扬程 m	效率 %	电机功率 kW	必需气蚀余量 m	质量 kg
IS50-32-250	2900	7.5	82	28.5	11	2	72
		12.5	80	38		2	
		15	78.5	41		2.5	
	1450	3.75	20.5	23	1.5	2	
		6.3	20	32		2	
		7.5	19.5	35		2.5	
IS50-32-250A	2900	6.8	68	27	7.5	2	72
		11.5	67	36		2	
		13.6	65	39		2.5	
IS65-40-250	2900	15	82	37	15	2	74
		25	80	50		2	
		30	78	53		2.5	
	1450	7.5	21	35	2.2	2	
		12.5	20	46		2	
		15	19.4	48		2.5	
IS65-40-250A	2900	13.8	70	35	11	2	74
		23.2	69	48		2	
		27.5	65.5	51		2.5	
IS65-40-250B	2900	12	54.5	33	7.5	2	74
		20.4	53	46		2	
		24.5	51.5	49		2.5	
IS65-40-315	2900	15	127	28	30	2.5	82
		25	125	40		2.5	
		30	123	44		3	
	1450	7.5	32.3	25	4	2.5	
		12.5	32	37		2.5	
		15	31.7	41		3	
IS65-40-315A	2900	14	113.5	26	122	2.5	82
		23.7	112	38		2.5	
		28.4	110	42		3	
IS65-40-315B	2900	13	97.5	24	18.5	2.5	82
		22	96	36		2.5	
		26	94	40		3	
IS80-65-125	2900	30	22.5	64	5.5	3	36
		50	20	75		3	
		60	18	74		3.5	
	1450	15	5.6	55	0.75	2.5	
		25	5	71		2.5	
		30	4.5	72		3	

型号	转速 r/min	流量 m³/h	扬程 m	效率 %	电机功率 kW	必需气蚀余量 m	质量 kg
IS50-32-200A	2900	13.7	44	47	5.5	2	43
		22.8	42	58		2	
		27.4	39	59		2.5	
	1450	6.9	11.3	41	0.75	2	
		11.5	10.5	53		2	
		13.3	9.3	55		2.5	
IS65-40-200B	2900	12	35	45	4	2	43
		20	33	56		2	
		24	31	57		2.5	
IS80-65-160A	1450	14	8	53	1.1	2.5	42
		23.4	7	67		2.5	
		28	6	66		3	
IS80-65-160B	2900	25	26	57	4	2	42
		42	23	69		2	
		50	20	68		3	
IS80-50-200	2900	30	53	55	15	2.5	45
		50	50	69		2.5	
		60	47	71		3	
	1450	15	13.2	51	2.2	2.5	
		25	12.5	65		2.5	
		30	11.8	67		3	
IS80-50-200A	2900	28	47.5	53	11	2.5	45
		47	44.5	67		2.5	
		56	42	69		3	
	1450	14	11.5	49	1.5	2.5	
		23.4	11	63		2.5	
		28.5	10.5	65		3	
IS80-50-200B	2900	25.5	38	51	7.5	2.5	45
		42.4	36	65		2.5	
		50	33	67		3	
	1450	12.5	9.5	47	1.1	2.5	
		21.2	9	61		2.5	
		25.5	8.5	63		3	
IS80-50-250	2900	30	84	52	22	2.5	78
		50	80	63		2.5	
		60	75	64		3	
	1450	15	21	49	3	2.5	
		25	20	60		2.5	
		30	18.8	61		3	

续表1

型号	转速 r/min	流量 m³/h	扬程 m	效率 %	电机功率 kW	必需气蚀余量 m	质量 kg
IS80-65-125A	2900	28.5	20	62	4	3	36
		47.4	18	73		3	
		57	16	72		3.5	
IS80-65-125B	2900	26	17	60	3	3	36
		43.3	15	71		3	
		51	13	70		3.5	
IS80-65-160	2900	30	36	61	7.5	2.5	42
		50	32	73		2.5	
		60	29	72		3	
	1450	15	9	55	1.5	2.5	
		25	8	69		2.5	
		30	7.2	68		3	
IS80-65-160A	2900	28	32	59	5.5	2	42
		47	28	71		2	
		56	25	70		3	
IS80-50-315B	2900	25	89	37	22	2.5	87
		41.5	87	50		2.5	
		50	85	53		3	
IS100-80-125	2900	60	24	67	11	4	42
		100	20	78		4.5	
		120	16.5	74		5	
	1450	30	6	64	1.5	2.5	
		50	5	75		2.5	
		60	4	71		3	
IS100-80-125A	2900	57	21.5	65	7.5	4	42
		95	18	76		4.5	
		114	14.5	72		3	
IS100-80-125B	2900	51.5	17.5	63	5.5	4	42
		86.6	15	74		4.5	
		103	12	70		5	

型号	转速 r/min	流量 m³/h	扬程 m	效率 %	电机功率 kW	必需气蚀余量 m	质量 kg
IS80-50-250A	2900	28	75	50	18.5	2.5	78
		47.4	72	61		2.5	
		56.5	67	62		3	
IS80-50-250B	2900	26	65	48	15	2.5	78
		44	62	59		2.5	
		52	57	60		3	
IS80-50-315	2900	30	128	41	37	2.5	87
		50	125	54		2.5	
		60	123	57		3	
	1450	15	32.5	39	5.5	2.5	
		25	32	52		2.5	
		30	31.5	56		3	
IS80-50-315A	2900	27.5	110	39	30	2.5	87
		46	107	52		2.5	
		55.5	106	55		3	
IS100-65-200B	2900	52	41	61	15	3	71
		86.6	38	72		3.6	
		104	35.5	73		4.8	
	1450	26	10	56	2.2	2	
		43.3	9.5	69		2	
		52	9	70		2.5	
IS100-65-250	2900	60	87	61	3.7	3.5	84
		100	80	72		3.8	
		120	74.5	73		4.8	
	1450	30	21.3	55	5.5	2	
		50	20	68		2	
		60	19	70		2.5	
IS100-65-250A	2900	56	76	59	30	3.5	84
		93.5	70	70		3.5	
		112	65	71		4.8	

续表1

型号	转速	流量	扬程	效率	电机功率	必需气蚀余量	质量	型号	转速	流量	扬程	效率	电机功率	必需气蚀余量	质量
	r/min	m³/h	m	%	kW	m	kg		r/min	m³/h	m	%	kW	m	kg
IS100 – 80 – 160	2900	60	36	70	15	3.5	60	IS100 – 65 – 250B	2900	51	64	57	22	3.5	84
		100	32	70		4				86	59	68		3.8	
		120	28	75		5				102	54	69		4.8	
	1450	30	9.2	67	2.2	2		IS100 – 65 – 315	2900	60	133	55	75	3	100
		50	8	75		2.5				100	125	66		3.6	
		60	6.8	71		3.5				120	118	67		4.2	
IS100 – 80 – 160A	2900	56	31	67	11	3.4	60		1450	30	34	51	11	2	
		93	27	74		3.6				50	32	63		2	
		112	24	72		4.5				60	30	64		2.5	
	1450	27.5	8	65	1.5	2		IS100 – 65 – 315A	2900	56	115	63	55	2.8	100
		45	6.5	73		2.5				93	109	64		3.2	
		55.5	5.8	69		3.5				112	102	65		3.8	
IS100 – 80 – 160B	2900	49	24	65	7.5	3.4	60	IS100 – 65 – 315B	2900	52.6	103	51	45	2.8	100
		82	21	72		3.6				88	97	62		3.2	
		98	18.5	70		4.5				105	91	63		3.8	
	1450	24.5	6	63	1.1	2		IS125 – 100 – 200	2900	120	57.5	67	45	4.5	100
		41	5	71		2.5				200	50	81		4.5	
		49	4.5	67		3.6				240	44.5	80		5	
IS100 – 65 – 200	2900	60	54	65	22	3	71		1450	60	14.5	62	7.5	2.5	
		100	50	76		3.6				100	12.5	76		2.5	
		120	47	77		4.8				120	11	75		3	
	1450	30	13.5	60	4	2		IS125 – 100 – 200A	2900	111	50	65	37	4.5	
		50	12.5	73		2				186	43	79		4.5	
		60	11.8	74		2.5				223	38	78		5	
IS100 – 65 – 200A	2900	56.5	48	63	18.5	3	71		1450	55.5	12.5	60	5.5	2.5	
		94.6	44.7	74		3.6				93.5	11	74		2.5	
		113	42	75		4.8				111	9.5	73		3	
	1450	28	12	58	3	2		IS125 – 100 – 200B	2900	104	43.5	63	30	4.5	
		47.0	11	71		2				174	38	77		4.5	
		56.5	10.5	72		2.5				209	33.5	76		5	
IS125 – 100 – 200B	1450	52	11	58	4	2.5		IS150 – 125 – 250	1450	120	22.5	71	18.5	3	120
		86.5	9.5	72		2.5				200	20	81		3	
		104	8	71		3				240	17.5	78		3.5	
IS125 – 100 – 250	2900	120	87	66	75	3.8		IS150 – 125 – 250A	1450	112	19.5	69	15	3	120
		200	80	78		4.2				187	17.5	79		3	
		240	72	75		5				224	115	76		3.5	
	1450	60	21.5	63	11	2.5		IS150 – 125 – 250B	2900	100	15.5	67	11	3	120
		100	20	76		2.5				167	14	77		3	
		120	18.5	77		3				200	12	74		3.5	

续表 1

型号	转速 r/min	流量 m³/h	扬程 m	效率 %	电机功率 kW	必需气蚀余量 m	质量 kg
IS125-100-250A	2900	112	75	64	55	3.2	
		186	69	76		3.7	
		223	62	73		4.5	
IS125-100-250B	2900	104	65	62	45	3	
		173	60	74		3.5	
		208	54	71		4.2	
IS125-100-315	2900	120	132.5	60	110	4	
		200	125	75		4.5	
		240	120	77		5.0	
	1450	60	33.5	58	15	2.5	
		100	32	73		2.5	
		120	30.5	74		3	
IS125-100-315A	2900	111	115	58	90	4	
		186	108	73		4.5	
		223	104	75		5.0	
IS125-100-315B	2900	104	100	56	75	4	
		174	95	71		4.5	
		209	91	73		5	
IS125-100-315C	2900	160	80	69	55	4	
						4.5	
						5	
IS125-100-400	1450	60	52	53	30	2.5	
		100	50	65		2.5	
		120	48.5	67		3	
IS200-150-315A	1450	224	32.5	68	45	3	190
		374	28	81		3.5	
		430	25	78		4	
IS200-150-315B	1450	208	27.5	66	37	3	190
		346	24	79		3.5	
		400	21.5	76		4	
IS200-150-400	1450	240	55	74	90	3	215
		400	50	81		3.8	
		460	45	76		4.5	

型号	转速 r/min	流量 m³/h	扬程 m	效率 %	电机功率 kW	必需气蚀余量 m	质量 kg
IS150-125-315	1450	120	34	70	30	2.5	140
		200	32	79		2.5	
		240	29	80		3	
IS150-125-315A	1450	112	29	68	22	2.5	140
		187	28	77		2.5	
		224	25	78		3	
IS150-125-315B	1450	104	25	66	18.5	2.5	140
		173	24	75		2.5	
		208	21.5	76		3	
IS150-125-400	1450	120	53	62	45	2	160
		200	50	75		2.8	
		240	46	74		3.5	
IS200-150-250	1450	240	23	76	37	3	160
		400	20	82		3.7	
		460	15.5	79		4.2	
IS200-150-250A	1450	225	20	74	30	3	160
		374	17.5	80		3.6	
		448	14	77		4.0	
IS200-150-250B	1450	207	17	72	22	3	160
		346	15	78		3.5	
		400	11.5	75		4.0	
IS200-150-315	1450	240	37	70	55	3	190
		400	32	83		3.5	
		460	28.5	80		4	
IS200-150-400A	1450	226	48.5	72	75	3.2	215
		376	44	79		4	
		433	40	74		4.5	
IS200-150-400B	1450	209	42	70	55	3.5	215
		349	38	77		4	
		400	34	72		4.5	

3. 外形和安装尺寸

IS 型水泵外形尺寸见图 51 和表 2;安装尺寸见图 52 和表 3。

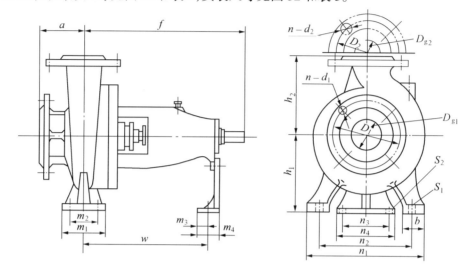

图 51　IS 型泵外形图尺寸图

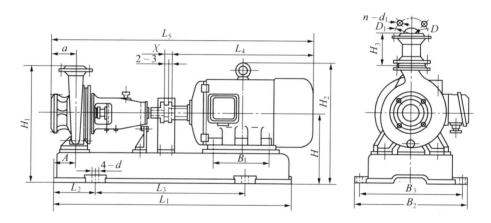

图 52　IS 型泵安装尺寸图

表2　IS型泵外形尺寸表

泵型号	泵体 a/mm	f	h₁	h₂	b	泵脚座 m₁/mm	m₂	m₃	m₄	n₁	n₂	n₃	n₄	w	S₁	S₂	轴身 d/mm	I	吸入法兰 D_{g1}/mm	D_1	$n-d_1$	排出法兰 D_{g2}/mm	D_2	$n-d_2$
IS50-32-125	80	385	112	140	50	100	70	22	60	190	140	110	145	285	M12	M12	24	50	50	125	4-17.5	32	100	4-17.5
IS50-32-160	80	385	132	160	50	100	70	22	60	240	190	110	145	285	M12	M12	24	50	50	125	4-17.5	32	100	4-17.5
IS50-32-200	80	500	160	180	65	125	95	23	65	320	250	110	145	370	M12	M12	32	80	50	125	4-17.5	32	100	4-17.5
IS50-32-250	100	500	180	225	65	125	95	23	65	320	250	110	145	370	M12	M12	32	80	50	125	4-17.5	32	100	4-17.5
IS65-50-125	80	385	112	140	50	100	70	22	60	210	160	110	145	285	M12	M12	24	50	65	145	4-17.5	50	125	4-17.5
IS65-50-160	80	385	132	160	50	100	70	22	60	240	190	110	145	285	M12	M12	24	50	65	145	4-17.5	50	125	4-17.5
IS65-40-200	100	500	160	180	65	125	95	23	65	265	212	110	145	370	M12	M12	32	80	65	145	4-17.5	40	110	4-17.5
IS65-40-250	100	500	180	225	65	125	95	23	65	320	250	110	145	370	M12	M12	32	80	65	145	4-17.5	40	110	4-17.5
IS65-40-315	125	500	200	250	65	125	95	23	65	345	280	110	145	370	M12	M12	32	80	65	145	4-17.5	40	110	4-17.5
IS80-65-125	100	385	132	160	50	100	70	22	60	240	190	110	145	285	M12	M12	24	50	80	160	8-17.5	65	145	8-17.5
IS80-65-160	100	385	160	180	50	100	70	22	60	265	212	110	145	285	M12	M12	24	50	80	160	8-17.5	65	145	8-17.5
IS80-50-200	125	500	180	225	65	125	95	23	65	320	250	110	145	370	M12	M12	32	80	80	160	8-17.5	50	125	8-17.5
IS80-50-250	125	500	200	250	65	125	95	23	65	345	280	110	145	370	M12	M12	32	80	80	160	8-17.5	50	125	8-17.5
IS80-50-315	125	500	225	280	80	160	120	25	65	345	280	110	145	370	M16	M12	42	110	80	160	8-17.5	50	125	8-17.5
IS100-80-125	100	385	160	180	65	125	95	23	65	280	212	110	145	285	M12	M12	24	50	100	180	8-17.5	80	160	8-17.5
IS100-80-160	100	385	180	200	65	125	95	23	65	320	250	110	145	285	M12	M12	24	50	100	180	8-17.5	80	160	8-17.5
IS100-65-200	100	500	180	225	80	160	120	25	65	360	280	110	145	370	M12	M12	32	80	100	180	8-17.5	65	145	8-17.5
IS100-65-250	125	500	200	250	80	160	120	25	65	400	315	110	145	370	M12	M12	32	80	100	180	8-17.5	65	145	8-17.5
IS100-65-315	125	500	225	280	80	160	120	25	65	400	315	110	145	370	M16	M12	42	110	100	180	8-17.5	65	145	8-17.5
IS125-100-200	125	500	200	280	80	160	120	25	65	360	280	110	145	370	M16	M12	32	80	125	210	8-17.5	100	180	8-17.5
IS125-100-250	140	530	225	280	100	200	150	25	65	400	315	110	145	370	M20	M12	42	110	125	210	8-17.5	100	180	8-17.5
IS125-100-315	140	530	250	315	100	200	150	25	65	500	400	110	145	370	M20	M12	42	110	125	210	8-17.5	100	180	8-17.5
IS125-100-400	140	530	280	400	100	200	150	25	65	500	400	110	145	370	M20	M12	42	110	125	210	8-17.5	100	180	8-17.5
IS150-125-250	140	530	250	355	80	160	120	25	65	400	315	110	145	370	M16	M12	42	110	150	240	8-22	125	210	8-17.5
IS150-125-315	140	530	280	400	100	200	150	25	65	500	400	110	145	370	M20	M12	42	110	150	240	8-22	125	210	8-17.5
IS150-125-400	140	530	315	400	100	200	150	25	65	500	400	110	145	370	M20	M12	42	110	150	240	8-22	125	210	8-17.5
IS200-150-250	160	670	280	375	100	200	150	36	80	500	400	140	200	500	M20	M16	48	110	200	295	12-22	150	240	8-22
IS200-150-315	160	670	315	400	100	200	150	36	80	550	450	140	200	500	M20	M16	48	110	200	295	12-22	150	240	8-22
IS200-150-400	160	670	315	450	100	200	150	36	80	550	450	140	200	500	M20	M16	48	110	200	295	12-22	150	240	8-22

表 3　IS 型泵外形及安装尺寸表

泵型号	电机型号及功率/kW	外形及安装尺寸/mm																		
		a	A	L_1	L_2	L_3	L_4	L_5	B_1	B_2	B_3	$4-d$	H	H_1	H_2	H_3	X	D	D_1	$n-d_1$
IS50-32-125	Y80₂-2/1.1	80	80	760	150	420	285	766	150	360	320	18.5	172	312	252	100	16	50	125	4-17.5
	Y90S-2/1.5				170	450	310	791	155	390	350				272					
	Y90L-2/2.2						335	816												
IS50-32-160	Y80₁-4/0.55	80	80	720	150	420	285	766	150	360	320	18.5	192	352	282	100	16	50	125	4-17.5
	Y90S-2/1.5			800	170	450	310	791	155	390	350	18.5			292					
	Y90L-2/2.2						335	816												
	Y100L-2/3						380	861	180						337					
IS50-32-200	Y80₁-4/0.55	80	80	720	150	420	285	766	150	360	320	18.5	220	400	310	100	17	50	125	4-17.5
	Y80₂-4/0.75																			
	Y100L-2/3			800	170	450	380	861	180	390	350				365					
	Y112M-2/4		107	870	190	500	400	881	190	450	400	24	240	420	393					
	Y132S1-2/5.5		90				475	956	210						323					
IS50-32-250	Y90S-4/1.1	100	95	900	190	500	335	952	155	450	400	24	260	485	360	100	16	50	125	4-17.5
	Y90L-4/1.5																			
	Y132S1-2/5.5			1120	210	750	475	1092	210	490	440				443					
	Y132S2-2/7.5																			
	Y160M1-2/11				225	710	600	1217	255	540	490				485					
IS65-50-125	Y80₁-4/0.55	80	80	720	150	420	285	766	150	360	320	18.5	172	312	262	105	16	65	145	4-17.5
	Y90S-2/1.5				170	450	310	791	155	390	350				297					
	Y90L-2/2.2			800			335	816												
	Y100L-2/3						380	861	180						317					
IS65-50-160	Y80₂-4/0.75	80	80	720	150	420	285	766	150	360	320	18.5	192	352	282	105	16	65	145	4-17.5
	Y100L-2/3			800	170	450	380	861	180	390	350				337					
	Y112M-2/4		107	870	190	500	400	881	190	450	400	24	212	372	365					
	Y132S1-2/5.5		90				475	956	210						395					
IS65-40-200	Y80₂-4/0.75	100	95	780	170	450	285	786	150	390	350	18.5	220	400	310	105	17	65	145	4-17.5
	Y90S-4/1.1						310	811	155						320					
	Y112M-2/4		107				400	901	190						393					
	Y132S1-2/5.5		90	870	190	500	475	976	210	450	400	24	240	420	423					
	Y132S2-2/7.5																			
IS65-40-250	Y100L1-4/2.2	100	95	930	190	500	380	997	180	450	400	24	260	485	405	105	17	65	145	4-17.5
	Y132S2-2/7.5		100				475	1092	210						443					
	Y160M1-2/11		95	1120	225	710	600	1217	255	540	490				485					
	Y160M2-2/15																			
IS65-40-315	Y112M-4/4	125	95	940	210	550	400	1045	190	490	440	24	280	530	433	105	20	65	145	4-17.5
	Y160L-2/18.5		125				645	1290	255						525					
	Y180M-2/22		120	1255	250	760	670	1315	285	610	550	28	300	550	550					
	Y200L1-2/30		110				775	1420	310						575					
IS80-65-125	Y80₂-4/0.75	100	80	720	150	420	285	766	150	360	320	18.5	192	352	282	110	16	80	160	8-17.5

续表 3

泵型号	电机型号及功率/kW	a	A	L_1	L_2	L_3	L_4	L_5	B_1	B_2	B_3	4-d	H	H_1	H_2	H_3	X	D	D_1	$n-d_1$
IS80-65-125	Y100L-2/3	100	107	870	190	500	380	881	180	450	400	24	212	372	357	110	16	80	160	8-17.5
	Y112M-2/4						400	901	190						365					
	Y132S1-2/5.5		90				475	976	210						395					
IS80-65-160	Y90S-4/1.1	100	95	780	170	450	310	811	155	390	350	18.5	220	400	320	110	16	80	160	8-17.5
	Y90L-4/1.5						335	836												
	Y112M-2/4						400	901	190						393					
	Y132S1-2/5.5		90	870	190	500	475	976	210	450	400	24	240	420						
	Y132S2-2/7.5														423					
IS80-50-200	Y90S-4/1.1	100	80	800	170	450	310	811	155	390	350	18.5	220	420	320	120	16	80	160	8-17.5
	Y90L-4/1.5						335	836												
	Y100L1-4/2.2		105				380	881	180						465					
	Y132S2-2/7.5						475	977	210						423					
	Y160M1-2/11		95	990	210	550	600	1102	255	490	440	24	240	440			17			
	Y160M2-2/15														465					
IS80-50-250	Y100L2-4/3	125	95	930	190	500	380	1022	180	450	400	24	260	485	405	120	17	80	160	8-17.5
	Y160M2-2/15			1160	225	710	600	1245	255	540	490				465		20			
	Y160L-2/18.5						645	1290												
	Y180M-2/22						670	1315	285						510					
IS80-50-315	Y132S-4/5.5	125	95	970	210	550	475	1117	210	490	440	24	305	585	488	120	17	80	160	8-17.5
	Y180M-2/22						670	1317	285						575		22			
	Y200L1-2/30			1240	250	760	775	1422	310	610	550	28	220	605						
	Y200L2-2/37														600					
IS100-80-125	Y90L-4/1.5	100	95	780	170	450	335	836	155	390	350	18.5	220	400	320	120	16	100	180	8-17.5
	Y132S1-2/5.5			990	190	500	475	977	210	490	400	24	240	420	423		17			
	Y132S2-2/7.5																			
	Y160M1-2/11				210	550	600	1102	255		440				465					
IS100-80-160	Y90S-4/1.1	100	95	930	190	500	310	927	155	450	400	24	240	440	340	120	17	100	180	8-17.5
	Y90L-4/1.5						335	952												
	Y100L1-4/2.2						380	997	180						385					
	Y132S2-2/7.5				210	550	475	1092	210	490	440				423					
	Y160M1-2/11			1160	225	710	600	1217	255	540	490				465					
	Y160M2-2/15																			
IS100-65-200	Y100L1-4/2.2	100	95	94-0	210	550	380	997	180	490	440	24	260	485	405	115	17	100	180	8-17.5
	Y100L2-4/3																			
	Y112M-4/4						400	1017	190						413					
	Y160M2-2/15			1160	225	710	600	1217	255	540	490				485		20			
	Y160L-2/18.5						645	1262												
	Y180M-2/22						670	1287	285						510					
IS100-65-250	Y132S-4/5.5	125	100	1040	210	550	475	1117	210	490	440	24	280	530	463	115	17	100	180	8-17.5

续表 3

泵型号	电机型号及功率/kW	外形及安装尺寸/mm																		
		a	A	L_1	L_2	L_3	L_4	L_5	B_1	B_2	B_3	$4-d$	H	H_1	H_2	H_3	X	D	D_1	$n-d_1$
IS100-65-250	Y180M-2/22	125	110	1255	250	760	670	1317	285	610	550	28	330	550	550	115	22	100	180	8-17.5
	Y200L1-2/30						775	1422	310						570					
	Y200L2-2/37																			
IS100-65-315	Y160M-4/11	125	110	1160	225	710	600	1277	255	540	490	24	305	585	530	115	22	100	180	8-17.5
	Y225M-2/45				270	800	815	1501	345	660	600				690					
	Y250M-2/55			1480	320	900	930	1616	385	730	470	28	385	665	710		31			
	Y280S-2/75						1000	1686	410						745					
IS125-100-200	Y112M-4/4	125	110	1040	210	550	400	1042	190	490	440	24	280	560	433	150	17	125	210	8-17.5
	Y132S-4/7.5						475	1117	210						463					
	Y132M-4/7.5						515	1157												
	Y200L1-2/30			1280	250	760	775	1422	310	610	550	28	300	580	575		22			
	Y200L2-2/37																			
	Y225M-2/45						815	1462	345						605					
IS125-100-250	Y160M-4/11	140	110	1160	225	710	600	1277	255	540	490	24	305	585	530	150	22	125	210	8-17.5
	Y225M-2/45						815	1516	345						690					
	Y250M-2/55			1480	320	900	930	1613	385	730	670	28	385	665	710		31			
	Y280S-2/75						1000	1701	410						745					
IS125-100-315	Y160L-4/15	140	110	1205	250	760	645	1335	255	610	550		350	665	575	150	20	125	210	8-17.5
	Y250M-2/55						930	1631	385						735					
	Y280S-2/75			1565	320	900	1000	1701	410	800	740	28	410	725	770		31			
	Y280M-2/90						1050	1751												
	Y315S-2/110						1200	1901	530						855					
IS125-100-400	Y200L-4/30	140	130	1300	270	800	775	1467	310	660	600	28	380	735	655	150	22	125	210	8-17.5
IS150-125-250	Y160M-4/11	140	110	1205	250	760	600	1292	255	610	550	28	350	705	570	150	22	150	240	8-22
	Y160L-4/15						645	1337												
	Y180M-4/18.5						670	1362	285						600					
IS150-125-315	Y180M-4/18.5	140	130	1300	270	800	670	1362	285	660	600	28	380	735	635	150	22	150	240	8-22
	Y180L-4/22						710	1402												
	Y200L-4/30						775	1467	310						655					
IS150-125-400	Y225M-4/45	140	130	1370	270	800	845	1546	345	660	600	28	415	815	725	150	31	150	240	8-22
IS200-150-250	Y180L-4/22	160	130	1350	270	800	710	1431	285	660	600	28	380	755	630	150	31	150	240	8-22
	Y200L-4/30						775	1496	310						655					
	Y225S-4/37						820	1541	345						685					
IS200-150-315	Y225S-4/37	160	130	1580	320	90	820	1684	345	730	670	28	415	815	720	180	34	200	295	12-22
	Y225M-4/45						845	1709												
	Y250L-4/55						930	1794	385						740					
IS200-150-400	Y250M-4/55	160	130	1700	320	900	930	1794	385	730	670	28	415	865	740	180	34	200	295	12-22
	Y280S-4/75						1000	1864	410						775					
	Y280M-4/90						1059	1914												

二、S 型双吸离心泵

S 型泵是单级双吸、卧式中开离心泵,供输送清水及物理化学性质类似于水的液体,液体最高温度不超过 80 ℃,从联轴器向泵的方向看,水泵为顺时针方向旋转。

1. 型号说明

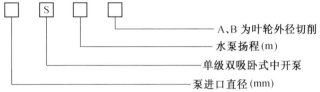

—— A、B 为叶轮外径切削
—— 水泵扬程(m)
—— 单级双吸卧式中开泵
—— 泵进口直径(mm)

2. 规格及主要技术参数

S 型双吸离心型规格及主要技术参数见图 53～图 70 和表 4。

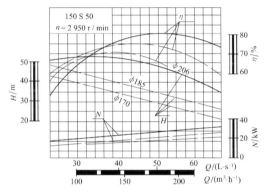

图 53　150S50 型性能曲线

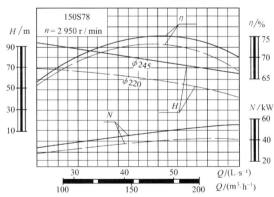

图 54　150S78 型性能曲线

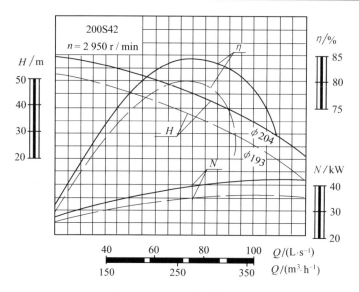

图 55　200S42 型性能曲线

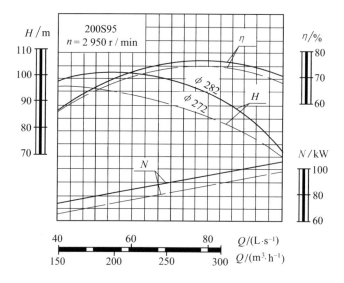

图 56　200S95 型特性曲线

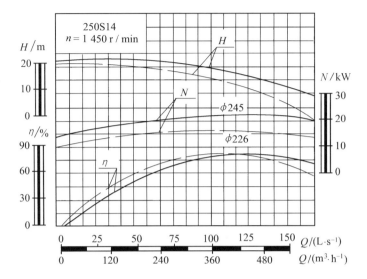

图 57　250S14 型特性曲线

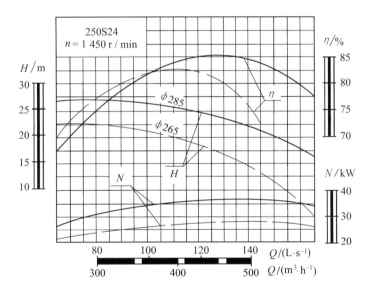

图 58　250S24 型特性曲线

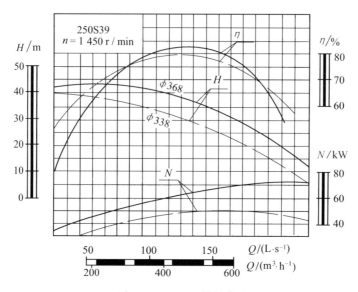

图 59　250S39 型特性曲线

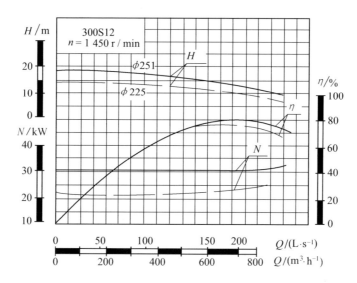

图 60　300S12 型性能曲线

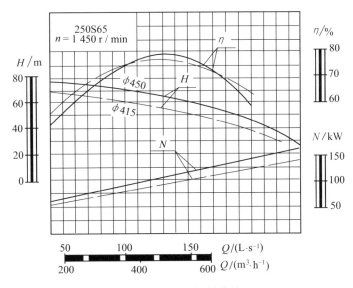

图 61　250S65 型性能曲线

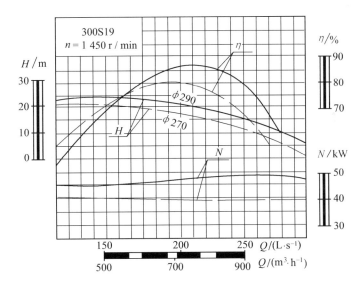

图 62　300S19 型性能曲线

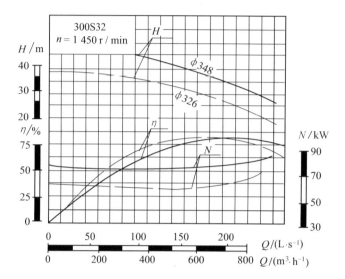

图 63　300S32 型性能曲线

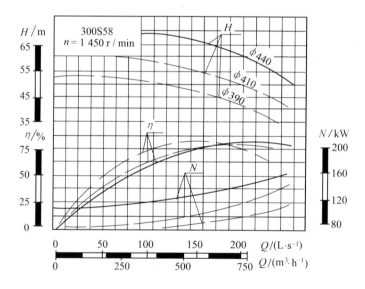

图 64　300S58 型性能曲线

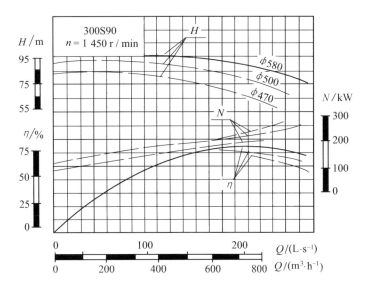

图 65　300S90 型性能曲线

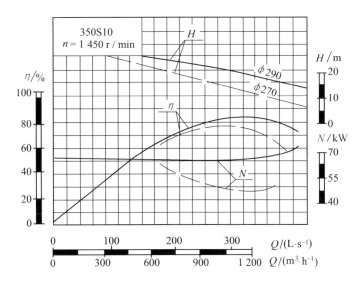

图 66　350S10 型性能曲线

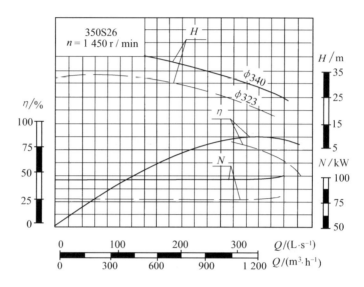

图 67　350S26 型性能曲线

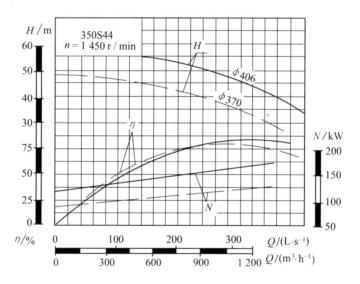

图 68　350S44 型性能曲线

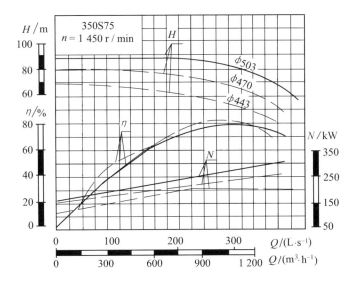

图 69　350S75 型性能曲线

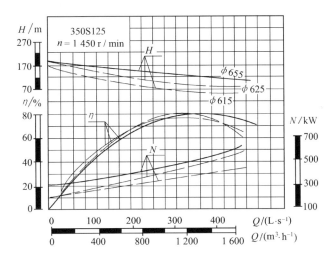

图 70　350S125 型性能曲线

表4　S型双吸离心泵规格和性能

型号	转速	流量	扬程	效率	电机功率	必需气蚀余量	质量	型号	转速	流量	扬程	效率	电机功率	必需气蚀余量	质量
	r/min	m³/h	m	%	kW	m	kg		r/min	m³/h	m	%	kW	m	kg
150-S50	2950	130	52	73	37	4.5	130	200-S95A	2950	198	94	68	110	5	260
		160	50	79						270	87	75			
		220	40	77						310	89	74			
150-S50A	2950	112	44	72	30	4.5	130	200-S95B	2950	180	77	66	75	5	260
		144	40	75						245	72	74			
		180	35	74						282	66	72			
150-S50B	2950	108	38	65	22	5	130	250-S14	1450	360	17.5	80	30	3.8	320
		133	36	70						485	14	85			
		160	32	68						576	11	78			
150-S78	2950	126	84	72	55	4.5	150	200-S14A	1450	320	3.7	78	18.5	3.8	320
		160	78	75						430	11	82			
		198	70	74						504	8.6	75			
150-S78A	2950	112	67	68	45	4.5	150	200-S24	1450	360	27	80	45	3.8	370
		144	62	72						485	24	86			
		180	55	70						576	19	82			
150-S100	2950	126	102	72	75	4.5	160	200-S24A	1450	342	22.2	80	37	3.8	370
		160	100	78						414	20.3	83			
		202	90	79						482	17.4	80			
150-S100A	2950	110	90	70	55	4.5	160	200-S39	1450	360	42.5	76	75	3.8	380
		140	88	76						485	39	83			
		177	79	77						612	32.5	79			
200-S42	2950	216	48	81	45	5	180	250-S39A	1450	324	35.5	74	55	3.8	380
		280	42	85						468	30.5	79			
		342	35	81						576	25	77			
200-S42A	2950	198	43	76	37	5	180	250-S65	1450	360	71	75	132	3.8	480
		270	36	80						485	65	79			
		310	31	76						612	56	72			
200-S63	2950	216	69	73.7	75	5	230	250-S65A	1450	342	61	74	110	3.8	480
		280	63	81						468	54	77			
		351	50	70.5						542	50	75			
200-S63A	2950	180	54.5	65	55	5	230	300-S12	1450	612	14.5	80	37	4.8	660
		270	46	70						790	12	83			
		324	37.5	65						900	10	74			
200-S95	2950	216	102	70	110	5	260	300-S12A	1450	522	11.8	75	30	4.8	660
		280	95	77						634	10	78			
		324	85	75						792	8.7	77			
300-S19	1450	612	22	80	55	4.8	660	350-S16A	1450	864	16	74	55	5.5	760
		790	19	87						1044	13.4	78			
		935	14	75						1260	10	70			

续表 4

型号	转速	流量	扬程	效率	电机功率	必需气蚀余量	质量	型号	转速	流量	扬程	效率	电机功率	必需气蚀余量	质量
	r/min	m³/h	m	%	kW	m	kg		r/min	m³/h	m	%	kW	m	kg
3000 - S19A	1450	504	20	71	45	4.8	660	350 - S26	1450	972	32	85	132	5.5	875
		720	16	80						1260	26	88			
		829	13	75						1440	22	82			
300 - S32	1450	612	38	83	110	4.8	709	350 - S26A	1450	864	26	80	110	5.5	875
		790	32	87						116	21.5	83			
		900	28	80						1296	16.5	73			
3000 - S32A	1450	551	31	80	75	4.8	709	350 - S44	1450	972	50	81	220	5.5	1105
		720	26	84						1260	44	87			
		810	24	78						1476	37	79			
300 - S58	1450	576	65	75	185	4.8	809	350 - S44A	1450	864	41	80	160	5.5	1105
		790	58	84						1116	36	84			
		972	50	80						1332	30	80			
300 - S58A	1450	529	55	80	160	4.8	809	350 - S75	1450	972	80	78	360	5.5	1200
		720	49	81						1260	75	85			
		893	42	78						1440	65	80			
300 - S58B	1450	504	47.2	73	132	4.8	809	3500 - S75A	1450	900	70	78	280	5.5	1200
		684	43	80						1170	65	84			
		835	37	78						1332	56	79			
300 - S90	1450	590	93	74	315	4.8	840	350 - S75B	1450	828	59	75	220	5.5	1200
		790	90	80						1080	55	82			
		936	82	75						1224	47.5	77			
300 - S90A	1450	576	86	71	280	4.8	840	350 - S125	1450	850	140	70	680	5.5	1580
		756	78	74						1260	125	81			
		918	70	71						1660	100	72.5			
300 - S90B	1450	540	72	70	220	4.8	840	350 - S125A	1450	803	125	70	570	5.5	1580
		720	67	73						1181	112	78			
		900	57	70						1570	90	70			
350 - S16	1450	972	20	83	75	5.5	760	350 - S125B	1450	745	108	70	500	5.5	1580
		1260	16	86						1098	96	77			
		1440	13.4	74						1458	77	72.5			

3. 外形与安装尺寸

配带底座的 S 型双吸离心泵外形尺寸及安装尺寸见图 71、图 72 和表 5、表 6。

不带底座的 S 型双吸离心泵外形尺寸及安装尺寸见图 71、图 73 和表 7。

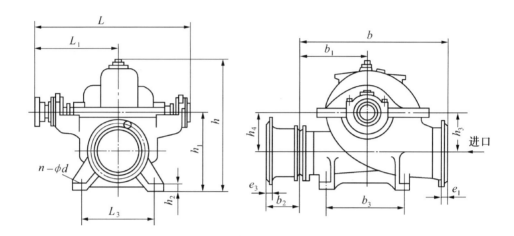

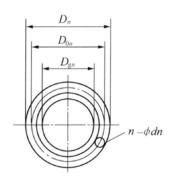

图 71　S 型双吸离心泵外形尺寸

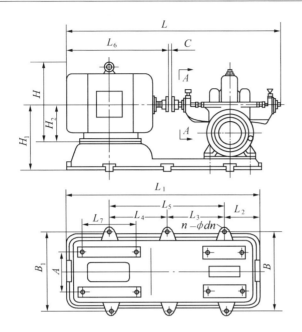
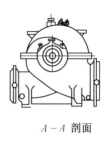

A－A 剖面

图 72 S型双吸离心泵安装外形尺寸图(带底座)

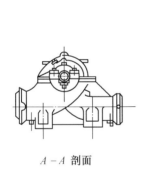

A－A 剖面

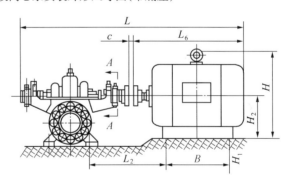

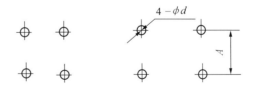

图 73 S型双吸离心泵安装外形尺寸图(不带底座)

表 5　S 型双吸离心泵外形尺寸表

型号	泵外形尺寸/mm													进口法兰尺寸/mm					出口法兰尺寸/mm					吐出锥管法兰尺寸/mm				
	L	L_1	L_3	b	b_1	b_2	b_3	h	h_1	h_2	h_3	h_4	$n-\phi d$	D_1	D_{01}	D_{g1}	e_1	$n-\phi d_1$	D_2	D_{02}	D_{g2}	$n-\phi d_2$	D_3	D_{03}	D_{g3}	e_3	$n-\phi d_3$
150－S50	713.5	397	280	530	230	220	280	455	285	25	140	140	4－φ18	285	240	150	26	8－φ22	220	180	100	8－φ17.5	285	240	150	26	8－φ22
150－S78	713.5	397	280	550	250	220	280	472.5	285	25	140	155	4－φ18	285	240	150	26	8－φ22	220	180	100	8－φ17.5	285	240	150	26	8－φ22
150－S100	716.1	393	270	550	250	220	240	485.6	290	25	130	172	4－φ24	285	240	150	26	8－φ22	220	180	100	8－φ17.5	285	240	150	26	8－φ22
200－S42	754	408	300	550	250	350	300	540	350	26	160	165	4－φ23	340	295	200	26	8－φ22	258	210	125	8－φ17.5	340	295	200	28	8－φ22
200－S63	761	414	300	650	300	220	300	545	350	26	175	175	4－φ22	340	295	200	26	8－φ22	285	240	150	8－φ22	340	295	200	28	8－φ22
200－S95	861.5	485	250	680	330	350	250	555	355	25	170	170	4－φ17.5	340	295	200	28	8－φ22	258	210	125	8－φ17.5	340	295	200	28	8－φ22
250－S14	887.5	475	350	245	330	300	400	709	450	30	210	215	4－φ28	395	350	250	28	12－φ22	340	295	200	8－φ22	395	350	250	28	12－φ22
250－S24	923.5	502	350	850	400	300	400	738	450	30	230	230	4－φ28	395	350	250	28	8－φ22	340	295	200	8－φ22	395	350	250	28	12－φ22
250－S39	943.5	512	350	890	440	300	400	745	450	30	200	260	4－φ27	395	350	250	28	12－φ22	340	295	200	8－φ22	395	350	250	28	12－φ22
250－S65	1046.5	581	350	880	400	500	400	796	450	30	240	300	4－φ28	395	350	250	28	12－φ22	285	240	150	8－φ22	395	350	250	28	12－φ22
300－S12	1006	541	300	1000	500		540	830	520	36	265	265	4－φ25	445	400	300	28	12－φ22	445	400	300	12－φ22	445	400	300	28	12－φ22
300－S19	958.5	517	450	900	400	300	450	803	510	40	250	260	4－φ28	445	400	300	28	12－φ22	395	350	250	12－φ22	445	400	300	28	12－φ22
300－S32	1062.5	574	450	880	410	300	450	824	510	40	260	270	4－φ28	445	400	300	28	12－φ22	395	350	250	12－φ22	445	400	300	28	12－φ22
300－S58	1108.5	615	450	1070	530	300	450	830	510	40	250	310	4－φ26	445	400	300	28	12－φ22	305	250	250	8－φ22	445	400	300	28	12－φ22
300－S90	1168.5	644	450	1046	470	500	450	898	510	40	268	325	4－φ27	445	400	300	28	8－φ22	340	295	200	8－φ22	445	400	300	28	12－φ22
350－S16	1090.5	584	500	1168	584		500	970	620	50	310	310	4－φ34	505	460	350	30	16－φ22	505	460	350	16－φ22	505	460	350	30	16－φ22
350－S26	1161.5	633	500	1040	460	300	500	963	620	50	290	300	4－φ34	505	460	350	30	12－φ22	445	400	300	12－φ22	505	460	350	30	16－φ22
350－S44	1232.5	675	500	1080	510	300	500	984	620	50	300	300	4－φ34	505	460	350	30	12－φ22	445	400	300	12－φ22	505	460	350	30	16－φ22
350－S75	1263	702	500	1250	600	500	500	1017	620	50	274	356	4－φ34	505	460	350	30	16－φ22	395	350	250	12－φ22	505	460	350	30	16－φ22
350－S125						700								520	470	350	36	16－φ22	340	295	200	8－φ22					
200－S63 (Ⅱ)	741.5	408	300	650	300	220	300	545	350	26	175	175	4－φ23	340	295	200	26	8－φ22	280	240	150	8－φ22	340	295	200	28	8－φ22

表6 S型双吸离心泵安装外形尺寸表

泵型号	电机型号	电机功率/kW	C/mm	L/mm	L_1	L_2	L_3	L_4	L_5	$n-\phi d_4$	L_6	L_7	B	B_1	H	H_1	H_2	A
150-S50	Y200L$_2$-2	37	3	1512.5	1275.5	215			842	4-ϕ25	775	305	462	550	475	385	200	318
150-S50A	Y200L$_1$-2	30	3	1512.5	1275.5	215			842	4-ϕ25	775	305	462	550	475	385	200	318
150-S78	Y250M-2	55	3	1665.5	1412	221			929	4-ϕ25	930	349	465	635	575	385	250	406
150-S78A	Y225M-2	45	3	1556.5	1302	211			850	4-ϕ25	815	311	462	564	530	385	225	356
150-S100	Y280S-2	75	3	1716.1	1412	221			929	4-ϕ25	1000	368	465	635	640	415	280	475
150-S100A	Y250M-2	55	3	1646.1	1412	221			929	4-ϕ25	930	349	465	635	575	415	250	406
200-S42	Y225M-2	45	3	1600	1319	216			853.5	4-ϕ25	815	311	471	567	530	450	225	356
200-S42A	Y200L$_2$-2	37	3	1552	1260	215			830	4-ϕ24	775	305	460	520	475	450	200	318
200-S63	Y280S-2	75	3	1778	1448	191			945	4-ϕ25	1000	368	482	674	640	450	280	475
200-S63A	Y250M-2	55	3	1708	1392	196			913.5	4-ϕ25	930	349	482	624	575	450	250	406
200-S95	Y315S-2	110	4	2083	1860	300			1076	4-ϕ25	1200	406	482	760	760	600	315	508
200-S95A	Y315S-2	110	4	2083	1860	300			1076	4-ϕ25	1200	406	482	760	760	600	315	508
200-S95B	Y280S-2	75	4	1883	1650	250			1060	4-ϕ25	1000	368	660	740	460	550	280	457
250-S14	Y200L-4	30	4	1679.5	1393	242			895	4-ϕ22	775	305	625	560	475	570	200	318
250-S14A	Y180M-4	18.5	4	1574.5	1318	242			851	4-ϕ22	670	241	625	523	430	570	180	279
250-S24	Y225M-4	45	4	1800.5	1475	236			1017	4-ϕ25	845	311	632	632	530	550	225	356
250-S24A	Y225S-4	37	4	1775.5	1447	236			966	4-ϕ25	820	286	612	612	530	550	225	356
250-S39	Y280S-4	75	4	1974.5	1620	241			1057	4-ϕ25	1000	368	686	686	640	550	280	406
250-S39A	Y250M-4	55	4	1904.5	1564	241	539		1025.5	4-ϕ25	930	349	644	644	575	550	250	406
250-S65	Y315M-4	132	4	2031.5	1868	300			1230	4-ϕ28	1250	457	660	740	760	600	315	508
250-S65A	Y315S-4	110	4	2281.5	1868	300			1230	4-ϕ28	1200	406	660	740	760	600	315	508
300-S12	Y225S-4	37	4	1858	1629	360			1005	4-ϕ22	820	286	850	622	530	670	225	356
300-S12A	Y200L-4	30	4	1813	1600	360			978.5	4-ϕ22	775	305	850	582	475	670	200	318
300-S19	Y250M-4	55	4	1919.5	1611	290			1030	4-ϕ25	930	349	682	682	575	610	250	406
300-S19A	Y225M-4	45	4	1834.5	1551	290		609	990	4-ϕ25	845	311	682	682	530	610	225	356
300-S32	Y315S-4	110	4	2297.5	1850	307				6-ϕ25	1200	406	730	730	760	630	315	508
300-S32A	Y280S-4	75	4	2097.5	1760	302			1123	4-ϕ25	1000	368	712	712	640	630	280	457

表7　S型双吸离心泵安装外形尺寸表

泵型号	电机型号	电机功率/kW	安装及电机尺寸/mm								
			L_1	L_2	L_6	A	B	C	H	H_2	$4-\phi D$
300-S58	Y355M$_2$-4	185	2878.5	824	1262	610	560	8	850	355	4-ϕD
300-S58A	Y315M$_2$-4	160	2368.5	786	1252	508	475	8	760	315	4-ϕ28
300-S58B	Y315M$_1$-4	132	2368.5	786	1252	508	457	8	760	315	4-ϕ28
300-S90	Y400M$_2$-4	315	2580.5	921	1402	686	630	10	960	400	4-ϕ35
300-S90A	Y400M$_1$-4	280	2580.5	921	1402	686	630	10	960	400	4-ϕ35
300-S90B	Y400S$_1$-4	220	2510.5	921	1332	686	560	10	960	400	4-ϕ35
350-S16	Y280S-4	75	2098.5	672	1002	457	368	6	640	280	4-ϕ24
350-S16A	Y250M-4	55	2028.5	650	932	406	349	6	640	280	4-ϕ24
350-S26	Y315M$_1$-4	132	2421.5	779	1252	508	457	8	760	315	2-ϕ28
350-S26A	Y315S-4	110	2371.5	779	1202	508	406	8	760	315	2-ϕ28
350-S44	Y400S$_1$-4	220	2574.5	927	1332	686	560	10	960	400	4-ϕ35
350-S44A	Y315M$_2$-4	160	2492.5	821	1252	508	457	8	760	315	4-ϕ28
350-S75	JR147-4	360	3479.6	1017	2207	940	870	10	1270	560	4-ϕ42
350-S75A	Y400M$_1$-4	280	2676.6	956	1402	686	630	10	960	400	4-ϕ35
350-S75B	Y400S$_1$-4	220	2606.6	956	1332	686	560	10	960	400	4-ϕ35

三、QG、QGW 系列潜水供水泵

潜水供水泵由于机电一体潜水工作,可节省土建投资,减小泵房占地,可用于输送清水及物理化学性质与清水相似的液体,液体最高温度不超过 40 ℃。

1. 型号说明

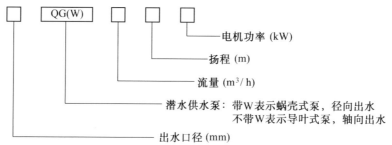

- 电机功率 (kW)
- 扬程 (m)
- 流量 (m³/h)
- 潜水供水泵:带W表示蜗壳式泵,径向出水
  不带W表示导叶式泵,轴向出水
- 出水口径 (mm)

2. 规格及主要技术参数

QG、QGW 系列潜水供水泵规格和性能见图 74、图 75 和表 8、表 9。

3. 外形和安装尺寸

QG 型潜水供水泵安装方式分为悬吊式、钢制井筒式和混凝土预制井筒式等,悬吊式安装尺寸见图 76 和表 10;钢制井筒式安装尺寸见图 77 和表 11;混凝土预制井筒式安装尺寸见图 78 和表 12。

QGW 型自动耦合式潜水供水泵外形及安装尺寸见图 79 和表 13。

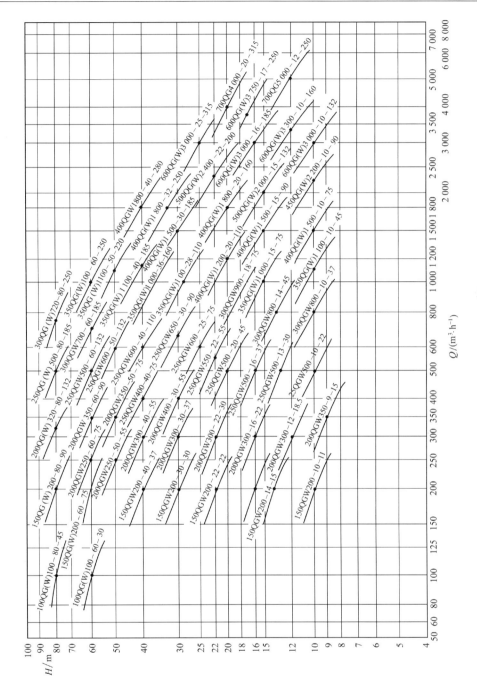

图74　QG型系列潜水泵型谱图

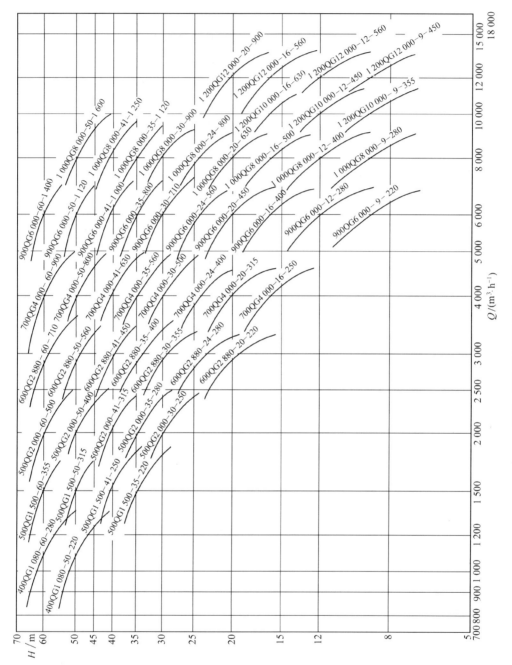

图75 QGW 型系列潜水泵型谱图

表 8(a)　QG 型系列潜水泵规格和性能(380V,660V)

泵型号	排出口径	流量	扬程	转速	功率/kW		效率	质量
	mm	(m³/h)	m	(r/min)	轴功率	电机功率	%	kg
350QG1100-10-45	350	1100	10	980	34.38	45	87.1	1200
350QG1000-15-75	350	1100	15	980	48.04	75	85.0	1750
400QG1500-10-75	400	1500	10	980	47.26	75	86.4	1750
400QG1500-15-90	400	1500	15	980	72.40	90	84.6	2000
450QG2200-10-90	450	2200	110	980	68.21	90	87.8	2000
350QG1000-28-110	350	1000	28	740	88.42	110	86.2	2200
400QG1200-20-110	400	1200	20	980	75.79	110	86.2	2200
500QG2000-15-132	500	2000	15	740	94.96	132	86.0	2520
700QG2500-11-132	700	2500	11	740	91.38	132	85.0	2520
600QG3000-10-132	600	3000	10	740	94.98	132	88.5	2520
350QG1000-36-160	350	1000	36	980	113.82	160	86.1	2880
400QG1800-20-160	400	1800	20	980	111.62	160	87.8	2880
600QG3300-12-160	600	3300	12	740	121.98	160	88.6	2880
350QG1100-40-185	350	1100	40	980	138.79	185	86.3	3420
400QG1500-30-185	400	1500	30	980	140.64	185	87.1	3420
600QG3000-16-185	600	3000	16	740	147.98	185	88.3	3420
500QG2400-22-200	500	2400	22	980	167.72	200	85.7	3870
350QG1100-50-220	350	1100	50	980	174.50	220	85.8	3870
350QG1000-60-250	350	1000	60	980	194.68	250	83.9	4690
400QG1800-32-250	400	1800	32	980	179.00	250	87.6	4690
600QG3750-17-250	600	3750	17	740	194.99	250	89.0	4690
700QG5000-12-250	700	5000	12	740	182.50	250	89.5	4690
400QG1800-24-280	400	1800	24	980	224.00	280	87.5	5250
600QG3000-25-315	600	3000	25	740	231.48	315	88.2	5700
700QG4000-20-315	700	4000	20	740	252.64	315	86.2	5700
700QG2000-35-315	700	2000	35	590	224.41	315	85.0	5700

表 8(b)　QG 型系列潜水泵规格和性能(6kV,10kV)

泵型号	排出口径	流量	扬程	转速	功率/kW		效率	质量
	mm	(m³/h)	m	(r/min)	轴功率	电机功率	%	kg
400QG1080-50-220	400	1080	50	1450	181.67	220	81	3160
400QG1080-60-280			60		220.73	280	80	3560
500QG1500-35-220	500	1500	35	980	176.62	220	81	5020
500QG1500-41-250			41		204.38	250	82	5230
500QG1500-50-315			50		249.24	315	82	5230
500QG1500-60-355			60		302.78	355	81	6100
500QG2000-30-250	500	2000	30	980	198.18	250	82.5	5230
500QG2000-35-280			35		232.21	280	82.5	5300
500QG2000-41-315			41		270.85	315	82.5	5890
500QG2000-50-400			50		330.30	400	82.5	6620
500QG2000-60-500			60		398.78	500	82	6790
600QG2880-20-220	600	2880	20	980	190.25	220	82.5	5150
600QG2880-24-280			24		228.31	280	82.5	5300
600QG2880-30-355			30		285.38	355	82.5	5530
600QG2880-35-400			35		332.95	400	82.5	6620
600QG2880-41-450			41		390.02	450	82.5	6710
600QG2880-50-560			50		475.64	560	82.5	7380
600QG2880-60-710			60		570.76	710	82.5	8910
700QG4000-16-250	700	4000	16	730	211.39	250	82.5	8200
700QG4000-20-315			20		262.65	315	83	8500
700QG4000-24-400			24		315.18	400	83	10540
700QG4000-30-500			30		393.98	500	83	11310
700QG4000-35-560			35		459.64	560	83	11450
700QG4000-41-630			41		538.43	630	83	11740
700QG4000-50-800			50		656.63	800	83	13860
700QG4000-60-900			60		787.95	900	83	14460

续表8(b)

泵型号	排出口径	流量	扬程	转速	功率/kW		效率	质量
	mm	(m³/h)	m	(r/min)	轴功率	电机功率	%	kg
900QG6000-9-220			9		177.29	220	83	7060
900QG6000-12-280			12		236.39	280	83	7270
900QG6000-16-400			16		313.29	400	83.5	7990
900QG6000-20-450			20		391.62	450	83.5	8520
900QG6000-24-560	900	6000	24	590	469.94	560	83.5	8880
900QG6000-30-710			30		587.43	710	83.5	10150
900QG6000-35-800			35		685.33	800	83.5	11500
900QG6000-41-1000			41		802.81	1000	83.5	15000
900QG6000-50-1120			50		979.04	1120	83.5	16500
900QG6000-60-1400			60		1174.85	1400	83.5	18200
1000QG8000-9-280			9		236.39	280	83	7270
1000QG8000-12-400			12		315.18	400	83	8000
1000QG8000-16-500			16		417.72	500	83.5	8600
1000QG8000-20-630			20		522.16	630	83.5	9860
1000QG8000-24-800	1000	8000	24	590	626.59	800	83.5	11500
1000QG8000-30-900			30		783.23	900	83.5	13750
1000QG8000-35-1120			35		913.77	1120	83.5	16500
1000QG8000-41-1250			41		1070.42	1250	83.5	20700
1000QG8000-50-1600			50		1305.39	1600	83.5	23500
120QG10000-9-355			9		291.96	355	84	9060
120QG10000-12-450	1200	10000	12	485	389.29	450	84	11000
120QG10000-16-630			16		519.05	630	84	12800
120QG12000-9-450			9		352.46	450	83.5	11000
120QG12000-12-560			12		469.94	560	83.5	12500
120QG12000-16-710	1200	12000	16	485	622.86	710	84	17000
120QG12000-20-900			20		778.27	900	84	22000

表9　QGW型系列潜水泵规格和性能(6kV,10kV)

泵型号	排出口径	流量	扬程	转速	功率/kW		效率	质量
	mm	(m³/h)	m	(r/min)	轴功率	电机功率	%	kg
150QGW200-10-11	150	200	10	1450	6.68	11	81.5	260
150QGW200-14-15	150	200	14	1450	9.36	15	81.4	300
200QGW350-9-15	200	350	9	1450	10.46	15	82.0	300
200QGW300-12-18.5	200	300	12	1450	12.01	18.5	81.6	330
150QGW200-22-22	150	200	22	1450	14.73	22	81.3	800
200QGW300-16-22	200	300	16	1450	15.84	22	82.5	800
250QGW500-10-22	250	500	10	980	16.36	22	83.2	800
150QGW200-30-30	150	200	30	1450	20.44	30	79.9	800
200QGW300-22-30	200	300	22	1450	21.83	30	82.3	800
250QGW500-13-30	250	500	13	980	21.01	30	84.2	800
150QGW200-40-37	150	200	40	1450	28.06	37	77.6	1000
200QGW300-30-37	200	300	30	1450	29.81	37	82.2	1000
250QGW500-16-37	250	500	16	980	25.90	37	84.1	1000
300QGW800-10-37	300	800	10	980	26.40	37	82.5	1000
250QGW500-20-45	250	500	20	980	32.41	45	84.0	1200
300QGW800-14-45	300	800	14	980	36.00	45	84.7	1200
350QGW1100-10-45	350	1100	10	980	34.38	45	87.1	1200
200QGW250-50-55	200	250	50	1450	43.57	55	78.1	1380
200QGW300-40-55	200	300	40	1450	40.33	55	81.0	1380
200QGW400-30-55	200	400	30	980	39.98	55	81.7	1380
250QGW550-22-55	250	550	22	980	38.98	55	84.5	1380
200QGW250-60-75	200	250	60	1450	53.73	75	76.0	1750
200QGW350-50-75	200	350	50	1450	59.11	75	80.6	1750
250QGW400-40-75	250	400	40	1450	52.41	75	83.1	1750
250QGW600-25-75	250	600	25	980	48.04	75	84.6	1750
300QGW900-18-75	300	900	18	980	51.40	75	85.8	1750
350QGW1000-15-75	350	1000	15	980	48.04	75	85.0	1750
400QGW1500-10-75	400	1500	10	980	47.26	75	86.4	1750
200QGW350-60-90	200	350	60	1450	72.18	90	79.2	2000
250QGW650-30-90	250	650	30	980	62.67	90	84.7	2000
400QGW1500-15-90	400	1500	15	980	72.40	90	84.6	2000
450QGW2200-10-90	450	2200	10	980	68.21	90	87.8	2000
250QGW600-40-110	250	600	40	980	79.00	110	82.7	2200
350QGW1000-28-110	350	1000	28	740	88.42	110	86.2	2200

续表 9

泵型号	排出口径	流量	扬程	转速	功率/kW		效率	质量
	mm	(m³/h)	m	(r/min)	轴功率	电机功率	%	kg
400QGW1200-20-110	400	1200	20	980	75.79	110	86.2	2200
250QGW500-60-132	250	500	60	1450	98.51	132	82.9	2520
250QGW600-50-132	250	600	50	980	101.20	132	80.7	2520
500QGW2000-15-132	500	2000	15	740	94.96	132	86.0	2520
600QGW3000-10-132	600	3000	10	740	92.98	132	88.5	2520
350QGW1000-36-160	350	1000	36	980	113.82	160	86.1	2880
400QGW1800-20-160	400	1800	20	980	111.62	160	87.8	2880
600QGW3300-12-160	600	3300	12	740	126.67	160	88.6	2880
300QGW700-60-185	300	700	60	980	141.85	185	80.6	3420
350QGW1100-40-185	350	1100	40	980	138.79	185	86.3	3420
400QGW1500-30-185	400	1500	30	980	140.64	185	87.1	3420
600QGW3000-16-185	600	3000	16	740	147.98	185	88.3	3420
500QGW2400-22-200	500	2400	22	980	167.72	200	85.7	3870
350QGW1100-50-220	350	1100	50	980	174.50	220	85.8	3870
350QGW1000-60-250	350	1000	60	980	194.68	250	83.0	4690
400QGW1800-32-250	400	1800	32	980	179.0	250	87.6	4690
600QGW3750-17-250	600	3750	17	740	194.99	250	89.0	4690
400QGW1800-40-280	400	1800	40	980	224.0	280	87.5	5250
600QGW3000-25-315	600	3000	25	740	231.48	315	88.2	5700
80QGW50-60-18.5	80	50	60	2900	13.5	18.5	60	290
80QGW50-80-30	80	50	80	2900	20.6	30	53	410
100QGW100-60-30	100	100	60	2900	24.0	30	68	410
100QGW100-80-45	100	100	80	2900	33	45	66	850
100QGW100-100-55	100	100	100	2900	42	55	64.5	1200
150QGW200-50-75	150	200	60	2900	45.7	75	71.5	1480
150QGW200-80-90	150	200	80	1900	62.2	90	70	1860
150QGW200-100-110	150	200	100	2900	81.3	110	68	2350
200QGW320-60-90	200	320	60	1450	70.6	90	74	1810
200QGW320-80-132	200	320	80	1450	96.8	132	72	2350
200QGW320-100-160	200	320	100	1450	123.6	160	70.5	2800
250QGW500-80-185	250	500	80	1450	145.2	185	75	3200
250QGW500-100-250	250	500	100	1450	187.8	250	72.5	3700
300QGW720-60-185	300	720	60	1450	150.8	185	78	3300
300QGW720-80-280	300	720	80	1450	206.4	280	76	4000

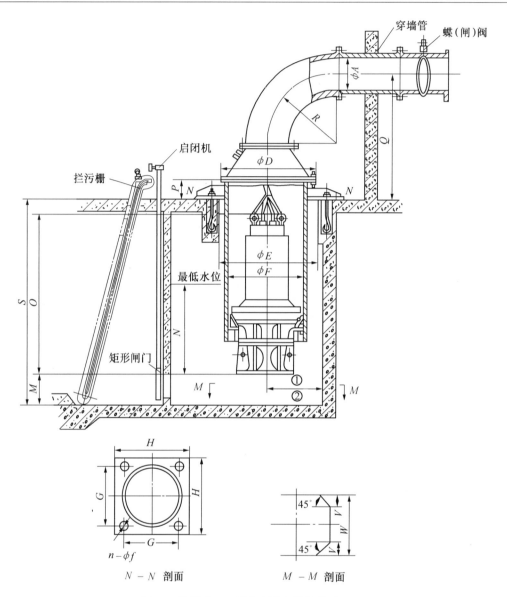

图 76 悬吊式 QG 型潜水泵安装及尺寸

S、Q、R 尺寸根据用户要求确定;表中 R 尺寸为推荐值;

①泵中心距池壁不大于 T;②同池内两泵中心距不小于 Z

表10(a)　悬吊式 QG 型潜水泵安装尺寸表(380V,660V)

mm

泵型号	φA	φD	φE	φF	G	H	n-φf	R	M	N	O	P	Z	T	W	V
350QG1100-10-45	350	755	800	600	1150	1350	4-M24×400	525	400	1400	1850	200	1400	450	850	210
350QG1000-15-75	350	975	1050	800	1350	1600	4-M30×400	525	400	1400	2000	200	1650	575	1100	210
400QG1500-10-75	400	975	1050	800	1350	1600	4-M30×400	600	450	1600	2000	200	1605	575	1100	250
400QG1500-15-90	400	975	1050	800	1350	1600	4-M30×400	600	450	1600	2000	200	1650	575	1100	250
450QG2200-10-90	450	975	1050	800	1350	1600	4-M30×400	675	500	1700	2000	200	1650	575	1200	300
350QG1000-28-110	350	1175	1365	1000	1700	2000	4-M36×400	525	400	1400	2200	220	2050	725	1450	210
400QG1200-20-110	400	975	1050	800	1350	1600	4-M30×400	600	450	1500	2200	200	1650	575	1100	230
500QG2000-15-132	500	1175	1365	1000	1700	2000	4-M36×500	750	500	1700	2200	220	2050	575	1450	285
700QG2500-11-132	700	1175	1365	1000	1700	2000	4-M36×500	1050	500	1700	2200	220	2050	725	1450	350
600QG3000-10-132	600	1175	1365	1000	1700	2000	4-M36×500	900	600	1900	2200	220	2050	725	1450	350
350QG1000-36-160	350	1175	1365	100	1700	2000	4-M36×500	525	400	1400	2400	220	2050	725	1450	210
400QG1800-20-160	400	1175	1365	1000	1700	2000	4-M36×500	600	500	1700	2400	220	2050	725	1450	275
600QG3300-12-160	600	1175	1365	1000	1700	2000	4-M36×500	900	600	1900	2400	220	2050	725	1450	370
350QG1100-40-185	350	1175	1365	1000	1700	2000	4-M36×500	525	400	1700	2400	220	2050	725	1450	210
400QG1500-30-185	400	1175	1365	1000	1700	2000	4-M36×500	600	450	1600	2400	220	2050	725	1450	250
600QG3000-16-185	600	1175	1365	1000	1700	2000	4-M36×500	900	600	1900	2400	220	2050	725	1450	350
500QG2400-22-200	500	1175	1365	1000	1700	2000	4-M36×500	750	500	1700	2400	220	2050	725	1450	320
350QG1100-50-220	350	1175	1365	1000	1700	2000	4-M36×500	525	400	1400	2600	220	2050	725	1450	210
350QG1000-60-250	350	1305	1365	1100	1700	2000	4-M36×500	525	400	1400	2600	220	2050	725	1450	210
400QG1800-32-250	400	1405	1450	1200	1900	2150	4-M36×500	600	500	1700	2600	260	2200	775	1550	275
600QG3750-17-250	600	1305	1365	1100	1700	2000	4-M36×500	900	650	2000	2600	220	2050	725	1450	395
700QG5000-12-250	700	1305	1365	1100	1700	2000	4-M36×500	1050	700	2100	2600	220	2050	725	1820	455
400QG1800-24-280	400	1175	1365	1000	1700	2000	4-M36×500	600	500	1700	2800	220	2050	725	1450	475
600QG3000-25-315	600	1405	1365	1100	1700	2000	4-M36×500	900	600	1900	3200	220	2050	725	1450	350
700QG4000-20-315	800	1405	1365	1100	1700	2000	4-M36×500	1050	700	2000	3200	220	2050	725	1450	455
700QG3000-35-315	700	1520	1600	1300	2000	2250	4-M36×500	1050	500	1800	3200	300	2300	850	1700	285

表 10(b)　悬吊式 QG 型潜水泵安装尺寸表(6kV,10kV)

mm

泵型号	φA	φD	φE	φF	G	H	n－φf	R	M	N	O	P	Z	T	W	V
900QG6000－9－220	900	1520	1600	1300	1650	1850	4－M36×500	1350	850	2400	3000	300	2000	850	1700	500
900QG6000－12－280	900	1520	1600	1300	1650	1850	4－M36×500	1350	850	2400	3000	300	2000	850	1700	500
900QG6000－16－400	900	1520	1600	1300	1650	1850	4－M36×500	1350	850	2400	3000	300	2000	850	1700	500
900QG6000－20－450	900	1520	1600	1300	1650	1850	4－M36×500	1350	850	2400	3000	300	2000	850	1700	500
900QG6000－24－560	900	1830	1900	1600	1900	2200	6－M36×500	1350	850	2400	3000	400	2250	1000	2000	500
900QG6000－30－710	900	1830	1900	1600	1900	2200	6－M36×500	1350	850	2400	3100	400	2250	850	2000	500
900QG6000－35－800	900	1830	1900	1600	1900	2200	6－M36×500	1350	850	2400	3100	400	2250	850	2000	500
900QG6000－41－1000	900	2045	2100	1800	2100	2400	6－M36×500	1350	850	2400	3200	400	2450	1100	2200	500
900QG6000－50－1120	900	2045	2100	1800	2100	2400	6－M36×500	1350	850	2400	3200	400	2450	1100	2200	500
900QG6000－60－1400	900	2045	2100	1800	2100	2400	6－M36×500	1350	850	2400	3200	400	2450	1100	2200	500
1000QG8000－9－280	1000	1830	1900	1600	1900	2200	6－M36×500	1500	1000	2600	3500	400	2300	1000	2300	575
1000QG8000－12－400	1000	1830	1900	1600	1900	2200	6－M36×500	1500	1000	2600	3500	400	2300	1000	2300	575
1000QG8000－16－500	1000	1830	1900	1600	1900	2200	6－M36×500	1500	1000	2600	3500	400	2300	1000	2300	575
1000QG8000－20－630	1000	1830	1900	1600	1900	2200	6－M36×500	1500	1000	2600	3500	400	2300	1000	2300	575
1000QG8000－24－800	1000	1830	1900	1600	1900	2200	6－M36×500	1500	1000	2600	3500	400	2300	1000	2300	575
1000QG8000－30－900	1000	2045	2100	1800	2100	2400	6－M36×500	1500	1000	2600	3500	400	2450	1100	2300	575
1000QG8000－35－1120	1000	2045	2100	1800	2100	2400	6－M36×500	1500	1000	2600	3500	400	2450	1100	2300	575
1000QG8000－41－1250	1000	2045	2100	1800	2100	2400	6－M36×500	1500	1000	2600	3500	400	2450	1100	2300	575
1000QG8000－50－1600	1000	2475	2520	2200	2500	2800	6－M36×500	1500	1000	2600	3500	400	2350	1200	2600	575
1200QG10000－9－335	1200	1830	1900	1600	1900	2200	6－M36×500	1800	1200	2800	3500	400	2580	1100	2575	645
1200QG10000－12－450	1200	1830	1900	1600	1900	2200	6－M36×500	1800	1200	2800	3500	400	2580	1100	2575	645
1200QG10000－16－630	1200	2045	2100	1800	2100	2400	6－M36×500	1800	1200	2800	3500	400	2580	1100	2575	645
1200QG10000－9－450	1200	1830	1900	1600	1900	2200	6－M36×500	1800	1200	3000	3500	400	2825	1150	2825	705
1200QG10000－12－560	1200	2045	2100	1800	2100	2400	6－M36×500	1800	1200	3000	3500	400	2825	1150	2825	705
1200QG10000－16－710	1200	2045	2100	1800	2100	2400	6－M36×500	1800	1200	3000	3500	400	2825	1150	2825	705
1200QG10000－20－900	1200	2045	2100	1800	2100	2400	6－M36×500	1800	1200	3000	3500	400	2825	1150	2825	705

续表 10(b)

mm

泵型号	φA	φD	φE	φF	G	H	n−φf	R	M	N	O	P	Z	T	W	V
400QG1080−50−220	400	1305	1360	1100	1400	1600	4−M36×500	600	400	1400	2400	300	1650	725	1450	210
400QG1080−60−280	400	1305	1360	1100	1400	1600	4−M36×500	600	400	1400	2400	300	1650	725	1450	210
500QG1500−35−220	500	1405	1460	1200	1500	1700	4−M36×500	750	500	1600	2700	300	1750	775	1550	250
500QG1500−41−250	500	1405	1460	1200	1500	1700	4−M36×500	750	500	1600	2700	300	1750	775	1550	250
500QG1500−50−315	500	1405	1460	1200	1500	1700	4−M36×500	750	500	1700	2700	300	1750	775	1550	250
500QG1500−60−355	500	1405	1460	1200	1500	1700	4−M36×500	750	500	1700	2700	300	1750	775	1550	250
500QG2000−30−250	500	1405	1460	1200	1500	1700	4−M36×500	750	500	1800	2700	300	1750	775	1550	285
500QG2000−35−280	500	1405	1460	1200	1500	1700	4−M36×500	750	500	1800	2700	300	1750	775	1550	285
500QG2000−41−315	500	1405	1460	1200	1500	1700	4−M36×500	750	500	1800	2700	300	1750	775	1550	285
500QG2000−50−400	500	1405	1460	1200	1500	1700	4−M36×500	750	500	1800	2700	300	1750	775	1550	285
500QG2000−60−500	500	1405	1460	1200	1500	1700	4−M36×500	750	500	1800	2700	300	1750	775	1550	285
600QG2880−20−220	600	1405	1460	1200	1500	1700	4−M36×500	900	600	1900	2700	300	1750	775	1550	340
600QG2880−24−280	600	1405	1460	1200	1500	1700	4−M36×500	900	600	1900	2700	300	1750	775	1550	340
600QG2880−30−355	600	1405	1460	1200	1500	1700	4−M36×500	900	600	1900	2700	300	1750	775	1550	340
600QG2880−35−400	600	1405	1460	1200	1500	1700	4−M36×500	900	600	1900	2700	300	1750	775	1550	340
600QG2880−41−450	600	1520	1600	1300	1650	1850	4−M36×500	900	600	1900	2700	300	1900	850	1700	340
600QG2880−50−560	600	1520	1600	1300	1650	1850	4−M36×500	900	600	1900	2700	300	1900	850	1700	340
600QG2880−60−710	600	1520	1600	1300	1650	1850	4−M36×500	900	600	1900	2700	300	1900	850	1700	340
700QG4000−16−250	700	1520	1600	1300	1650	1850	4−M36×500	1050	700	2000	2800	300	1900	850	1700	405
700QG4000−20−315	700	1520	1600	1300	1650	1850	4−M36×500	1050	700	2000	2800	300	1900	850	1700	405
700QG4000−24−400	700	1520	1600	1300	1650	1850	4−M36×500	1050	700	2000	2800	300	1900	850	1700	405
700QG4000−30−500	700	1520	1600	1300	1650	1850	4−M36×500	1050	700	2000	2800	300	1900	850	1700	405
700QG4000−35−560	700	1520	1600	1300	1650	1850	4−M36×500	1050	700	2000	2800	300	1900	850	1700	405
700QG4000−41−630	700	1520	1600	1300	1650	1850	4−M36×500	1050	700	2000	2800	300	1900	850	1700	405
700QG4000−50−800	700	1830	1900	1600	1900	2200	4−M36×500	1050	700	2000	2900	400	2250	1000	2000	405
700QG4000−60−900	700	1830	1900	1600	1900	2200	4−M36×500	1050	700	2000	2900	400	2250	1000	2000	405

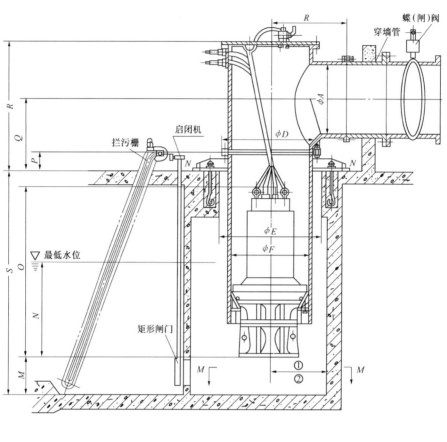

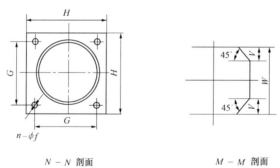

图 77　钢制井筒式 QG 型潜水泵安装及尺寸

S、Q、R 尺寸根据用户要求确定;表中 R 尺寸为推荐值;

①泵中心距池壁不大于 T;②同池内两泵中心距不小于 Z

表 11(a)　钢制井筒式 QG 型潜水泵安装尺寸表 (380V,660V)

mm

泵型号	φA	φD	φE	φF	G	H	n－φf	R	M	N	O	P	Z	T	W	V
350QG1100－10－45	350	755	800	600	1150	1350	4－M24×400	750	400	1400	1850	200	1400	450	850	210
350QG1000－15－75	350	975	1050	800	1350	1600	4－M30×400	900	400	1400	2000	200	1650	575	1100	210
400QG1500－10－75	400	975	1050	800	1350	1600	4－M30×400	900	450	1600	2000	200	1605	575	1100	250
400QG1500－15－90	400	975	1050	800	1350	1600	4－M30×400	900	450	1600	2000	200	1650	575	1100	250
450QG2200－10－90	450	975	1050	800	1350	1600	4－M30×400	900	500	1700	2000	200	1650	575	1200	300
350QG1000－28－110	350	1175	1365	1000	1700	2000	4－M36×400	1000	400	1400	2200	220	2050	725	1450	210
400QG1200－20－110	400	975	1050	800	1350	1600	4－M30×400	900	450	1500	2200	200	1650	575	1100	230
500QG2000－15－132	500	1175	1365	1000	1700	2000	4－M36×500	1000	500	1700	2200	220	2050	575	1450	285
700QG2500－11－132	700	1175	1365	1000	1700	2000	4－M36×500	1000	500	1700	2200	220	2050	725	1450	350
600QG3000－10－132	600	1175	1365	1000	1700	2000	4－M36×500	1000	600	1900	2200	220	2050	725	1450	350
350QG1000－36－160	350	1175	1365	100	1700	2000	4－M36×500	1000	400	1400	2400	220	2050	725	1450	210
400QG1800－20－160	400	1175	1365	1000	1700	2000	4－M36×500	1000	500	1700	2400	220	2050	725	1450	275
600QG3300－12－160	600	1175	1365	1000	1700	2000	4－M36×500	1000	600	1900	2400	220	2050	725	1450	370
350QG1100－40－185	350	1175	1365	1000	1700	2000	4－M36×500	1000	400	1700	2400	220	2050	725	1450	210
400QG1500－30－185	400	1175	1365	1000	1700	2000	4－M36×500	1000	450	1600	2400	220	2050	725	1450	250
600QG3000－16－185	600	1175	1365	1000	1700	2000	4－M36×500	1000	600	1900	2400	220	2050	725	1450	350
500QG2400－22－200	500	1175	1365	1000	1700	2000	4－M36×500	1000	500	1700	2400	220	2050	725	1450	320
350QG1100－50－220	350	1175	1365	1000	1700	2000	4－M36×500	1000	400	1400	2600	220	2050	725	1450	210
350QG1000－60－250	350	1305	1365	1100	1700	2150	4－M36×500	1000	400	1400	2600	220	2050	725	1450	210
400QG1800－32－250	400	1405	1450	1200	1900	2000	4－M36×500	1100	500	1700	2600	260	2200	775	1550	275
600QG3750－17－250	600	1305	1365	1100	1700	2000	4－M36×500	1000	650	2000	2600	220	2050	725	1450	395
700QG5000－12－250	700	1305	1365	1100	1700	2000	4－M36×500	1000	700	2100	2600	220	2050	725	1820	455
400QG1800－24－280	400	1175	1365	1000	1700	2000	4－M36×500	1000	500	1700	2800	220	2050	725	1450	475
600QG3000－25－315	600	1405	1365	1100	1700	2000	4－M36×500	1000	600	1900	3200	220	2050	725	1450	350
700QG4000－20－315	700	1405	1365	1100	1700	2000	4－M36×500	1000	700	2000	3200	220	2050	725	1450	455
700QG2000－35－315	700	1520	1600	1300	2000	2250	4－M36×500	1200	500	1800	3200	300	2300	850	1700	285

表 11(b) 钢制井筒式 QG 型潜水泵安装尺寸表(6kV,10kV)

mm

泵型号	φA	φD	φE	φF	G	H	n-φf	R	M	N	O	P	Z	T	W	V
400QG1080-50-220	400	1305	1360	1100	1400	1600	4-M36×500	1200	400	1400	2400	300	1650	725	1450	210
400QG1080-60-280	400	1305	1360	1100	1400	1600	4-M36×500	1200	400	1400	2400	300	1650	725	1450	210
500QG1500-35-220	500	1405	1460	1200	1500	1700	4-M36×500	1200	500	1600	2700	300	1750	775	1550	250
500QG1500-41-250	500	1405	1460	1200	1500	1700	4-M36×500	1200	500	1600	2700	300	1750	775	1550	250
500QG1500-50-315	500	1405	1460	1200	1500	1700	4-M36×500	1200	500	1700	2700	300	1750	775	1550	250
500QG1500-60-355	500	1405	1460	1200	1500	1700	4-M36×500	1200	500	1700	2700	300	1750	775	1550	250
500QG2000-30-250	500	1405	1460	1200	1500	1700	4-M36×500	1200	500	1800	2700	300	1750	775	1550	285
500QG2000-35-280	500	1405	1460	1200	1500	1700	4-M36×500	1200	500	1800	2700	300	1750	775	1550	285
500QG2000-41-315	500	1405	1460	1200	1500	1700	4-M36×500	1200	500	1800	2700	300	1750	775	1550	285
500QG2000-50-400	500	1405	1460	1200	1500	1700	4-M36×500	1200	500	1800	2700	300	1750	775	1550	285
500QG2000-60-500	500	1405	1460	1200	1500	1700	4-M36×500	1200	500	1800	2700	300	1750	775	1550	285
600QG2880-20-220	600	1405	1460	1200	1500	1700	4-M36×500	1200	600	1900	2700	300	1750	775	1550	340
600QG2880-24-280	600	1405	1460	1200	1500	1700	4-M36×500	1200	600	1900	2700	300	1750	775	1550	340
600QG2880-30-355	600	1405	1460	1200	1500	1700	4-M36×500	1200	600	1900	2700	300	1750	775	1550	340
600QG2880-35-400	600	1405	1460	1300	1500	1700	4-M36×500	1200	600	1900	2700	300	1750	775	1550	340
600QG2880-41-450	600	1520	1600	1300	1650	1850	4-M36×500	1200	600	1900	2700	300	1900	850	1700	340
600QG2880-50-560	600	1520	1600	1300	1650	1850	4-M36×500	1200	600	1900	2700	300	1900	850	1700	340
600QG2880-60-710	600	1520	1600	1300	1650	1850	4-M36×500	1200	600	1900	2700	300	1900	850	1700	340
700QG4000-16-250	700	1520	1600	1300	1650	1850	4-M36×500	1200	700	2000	2800	300	1900	850	1700	405
700QG4000-20-315	700	1520	1600	1300	1650	1850	4-M36×500	1200	700	2000	2800	300	1900	850	1700	405
700QG4000-24-400	700	1520	1600	1300	1650	1850	4-M36×500	1200	700	2000	2800	300	1900	850	1700	405
700QG4000-30-500	700	1520	1600	1300	1650	1850	4-M36×500	1200	700	2000	2800	300	1900	850	1700	405
700QG4000-35-560	700	1520	1600	1300	1650	1850	4-M36×500	1200	700	2000	2800	300	1900	850	1700	405
700QG4000-41-630	700	1520	1600	1300	1650	1850	4-M36×500	1200	700	2000	2800	300	1900	850	1700	405
700QG4000-50-800	700	1830	1900	1600	1900	2200	4-M36×500	1500	700	2000	2900	400	2250	1000	2000	405
700QG4000-60-900	700	1830	1900	1600	1900	2200	4-M36×500	1500	700	2000	2900	400	2250	1000	2000	405

续表 11(b)

mm

泵型号	ϕA	ϕD	ϕE	ϕF	G	H	$n-\phi f$	R	M	N	O	P	Z	T	W	V
900QG6000 – 9 – 220	900	1520	1600	1300	1650	1850	4 – M36×500	1200	850	2400	3000	300	2000	850	1700	500
900QG6000 – 12 – 280	900	1520	1600	1300	1650	1850	4 – M36×500	1200	850	2400	3000	300	2000	850	1700	500
900QG6000 – 16 – 400	900	1520	1600	1300	1650	1850	4 – M36×500	1200	850	2400	3000	300	2000	850	1700	500
900QG6000 – 20 – 450	900	1520	1600	1300	1650	1850	4 – M36×500	1500	850	2400	3000	300	2000	850	1700	500
900QG6000 – 24 – 560	900	1830	1900	1600	1900	2200	6 – M36×500	1200	850	2400	3000	400	2250	1000	2000	500
900QG6000 – 30 – 710	900	1830	1900	1600	1900	2200	6 – M36×500	1500	1000	2400	3100	400	2250	850	2000	500
900QG6000 – 35 – 800	900	1830	1900	1600	1900	2200	6 – M36×500	1500	1000	2400	3100	400	2250	850	2000	500
900QG6000 – 41 – 1000	900	2045	2100	1800	2100	2400	6 – M36×500	1500	850	2400	3200	400	2450	1100	2200	500
900QG6000 – 50 – 1120	900	2045	2100	1800	2100	2400	6 – M36×500	1500	850	2400	3200	400	2450	1100	2200	500
900QG6000 – 60 – 1400	900	2045	2100	1800	2100	2400	6 – M36×500	1500	850	2400	3200	400	2450	1100	2200	500
900QG8000 – 9 – 280	1000	1830	1900	1600	1900	2200	6 – M36×500	1500	1000	2600	3500	400	2300	1000	2300	575
900QG8000 – 12 – 400	1000	1830	1900	1600	1900	2200	6 – M36×500	1500	1000	2600	3500	400	2300	1000	2300	575
900QG8000 – 16 – 500	1000	1830	1900	1600	1900	2200	6 – M36×500	1500	1000	2600	3500	400	2300	1000	2300	575
900QG8000 – 20 – 630	1000	1830	1900	1600	1900	2200	6 – M36×500	1500	1000	2600	3500	400	2300	1000	2300	575
900QG8000 – 24 – 800	1000	1830	1900	1600	1900	2200	6 – M36×500	1500	1000	2600	3500	400	2300	1000	2300	575
900QG8000 – 30 – 900	1000	2045	2100	1800	2100	2400	6 – M36×500	1500	1000	2600	3500	400	2450	1100	2300	575
900QG8000 – 35 – 1120	1000	2045	2100	1800	2100	2400	6 – M36×500	1500	1000	2600	3500	400	2450	1100	2300	575
900QG8000 – 41 – 1250	1000	2045	2100	1800	2100	2400	6 – M36×500	1500	1000	2600	3500	400	2450	1100	2300	575
900QG8000 – 50 – 1600	1000	2475	2520	2200	2500	2800	6 – M36×500	1500	1000	2600	3500	400	2580	1200	2600	575
1200QG10000 – 9 – 335	1200	1830	1900	1600	1900	2200	6 – M36×500	1500	1200	2800	3500	400	2580	1100	2575	645
1200QG10000 – 12 – 450	1200	1830	1900	1600	1900	2200	6 – M36×500	1500	1200	2800	3500	400	2580	1100	2575	645
1200QG10000 – 16 – 630	1200	2045	2100	1800	2100	2400	6 – M36×500	1500	1200	2800	3500	400	2580	1100	2575	645
1200QG10000 – 9 – 450	1200	1830	1900	1600	1900	2200	6 – M36×500	1500	1200	3000	3500	400	2825	1150	2825	705
1200QG10000 – 12 – 560	1200	2045	2100	1800	2100	2400	6 – M36×500	1500	1200	3000	3500	400	2825	1150	2825	705
1200QG10000 – 16 – 710	1200	2045	2100	1800	2100	2400	6 – M36×500	1500	1200	3000	3500	400	2825	1150	2825	705
1200QG10000 – 20 – 900	1200	2045	2100	1800	2100	2400	6 – M36×500	1500	1200	3000	3500	400	2825	1150	2825	705

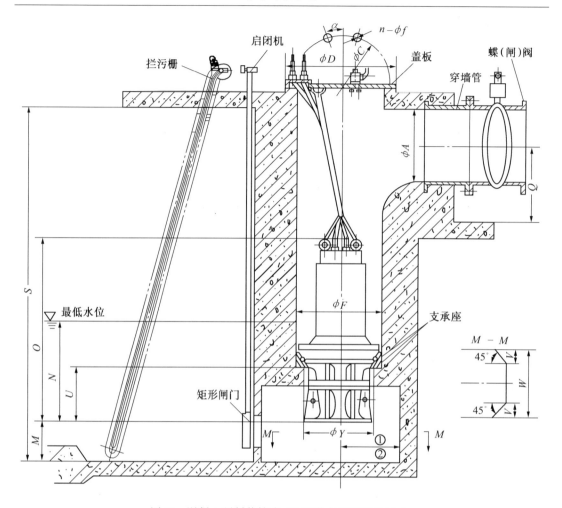

图 78　混凝土预制井筒式 QG 型潜水泵安装及尺寸
S、Q、R 尺寸根据用户要求确定;表中 R 尺寸为推荐值;
①泵中心距池壁不大于 T;②同池内两泵中心距不小于 Z

表 12(a)　混凝土预制井筒式 QG 型潜水泵安装尺寸表(380V,660V)

mm

泵型号	φA	φC	φD	φF	α	n－φf	φY	O	U	M	N	Z	T	W	V
350QG1100－10－45	350	705	755	600	11.25	16－M24×400	500	1850	360	400	1400	1400	450	850	210
350QG1000－15－75	350	920	975	800	11.25	16－M27×400	650	2000	420	400	1400	1650	575	1100	210
400QG1500－10－75	400	920	975	800	11.25	16－M27×400	650	2000	420	450	1600	1650	575	1100	250
400QG1500－15－90	400	920	975	800	11.25	16－M27×400	650	2000	420	450	1600	1650	575	1100	250
450QG2200－10－90	450	920	975	800	11.25	16－M27×400	650	2000	420	500	1700	1650	575	1200	300
350QG1000－28－110	350	1120	1175	1000	11.25	16－M30×400	650	2200	420	400	1400	2050	725	1450	210
400QG1200－20－110	400	920	975	800	11.25	16－M27×400	650	2200	420	450	1500	1650	575	1100	230
500QG2000－15－132	500	1120	1175	1000	11.25	16－M30×400	850	2200	650	500	1700	2050	575	1450	285
700QG2500－11－132	700	1120	1175	1000	11.25	16－M30×400	850	2200	650	500	1700	2050	725	1450	320
600QG3000－10－132	600	1120	1175	1000	11.25	16－M30×400	850	2200	650	600	1900	2050	725	1450	350
350QG1000－36－160	350	1120	1175	1000	11.25	16－M30×400	850	2400	650	400	1400	2050	725	1450	210
400QG1800－20－160	400	1120	1175	1000	11.25	16－M30×400	850	2400	650	500	1700	2050	725	1450	275
600QG3300－12－160	600	1120	1175	1000	11.25	16－M30×400	850	2400	650	600	1900	2050	725	1450	370
350QG3300－40－185	350	1120	1175	1000	11.25	16－M30×400	850	2400	650	400	1700	2050	725	1450	210
400QG1500－30－185	400	1120	1175	1000	11.25	16－M30×400	850	2400	650	450	1600	2050	725	1450	250
600QG3000－16－185	600	1120	1175	1000	11.25	16－M30×400	850	2400	650	600	1900	2050	725	1450	350
500QG2400－22－200	500	1120	1175	1000	11.25	16－M30×400	850	2400	650	500	1700	2050	725	1450	320
350QG1100－50－220	350	1120	1175	1000	11.25	16－M30×400	850	2400	650	400	1400	2050	725	1450	210
350QG1000－60－250	350	1240	1305	1100	11.25	16－M36×400	950	2600	700	400	1400	2050	725	1450	210
400QG1800－32－250	400	1340	1405	1200	11.25	16－M36×400	1110	2600	800	500	1700	2200	775	1550	275
600QG3750－17－250	600	1240	1305	1100	11.25	16－M36×400	950	2600	700	650	2000	2050	725	1450	395
700QG5000－12－250	700	1240	1305	1100	11.25	16－M36×400	950	2600	700	700	2100	2050	725	1820	455
400QG1800－24－280	400	1120	1175	1000	11.25	16－M36×400	850	2800	650	500	1700	2050	725	1450	275
600QG3000－25－315	600	1240	1405	1100	11.25	16－M36×400	950	3200	700	600	1900	2050	725	1450	350
700QG4000－20－315	700	1240	1405	1100	11.25	16－M36×400	950	3200	700	700	2000	2050	725	1450	405
700QG2000－35－315	700	1450	1520	1300	11.25	16－M36×400	1200	3200	800	500	1800	2300	850	1700	285

表 12(b)　混凝土预制井筒式 QG 型潜水泵安装尺寸表(6kV,10kV)

mm

泵型号	φA	φC	φD	φF	α	n−φf	φY	O	U	M	N	Z	T	W	V
400QG1080−50−220	400	1240	1305	1100	11.25	16−M30×400	800	2400	600	400	1400	1650	725	1450	210
400QG1080−60−280	400	1240	1305	1100	11.25	16−M30×400	800	2400	600	400	1400	1650	725	1450	210
500QG1500−35−220	500	1340	1405	1200	11.25	16−M30×400	900	2700	800	500	1600	1750	775	1550	250
500QG1500−41−250	500	1340	1405	1200	11.25	16−M30×400	900	2700	800	500	1600	1750	775	1550	250
500QG1500−50−315	500	1340	1405	1200	11.25	16−M30×400	900	2700	800	500	1700	1750	775	1550	250
500QG1500−60−355	500	1340	1405	1200	11.25	16−M30×400	900	2700	800	500	1700	1750	775	1550	250
500QG2000−30−250	500	1340	1405	1200	11.25	16−M30×400	900	2700	800	500	1800	1750	775	1550	285
500QG2000−35−280	500	1340	1405	1200	11.25	16−M30×400	900	2700	800	500	1800	1750	775	1550	285
500QG2000−41−315	500	1340	1405	1200	11.25	16−M30×400	900	2700	800	500	1800	1750	775	1550	285
500QG2000−50−400	500	1340	1405	1200	11.25	16−M30×400	900	2700	800	500	1800	1750	775	1550	285
500QG2000−60−500	500	1340	1405	1200	11.25	16−M30×400	900	2700	800	500	1800	1750	775	1550	285
600QG2880−20−220	600	1340	1405	1200	11.25	16−M30×400	900	2700	800	600	1900	1750	775	1550	340
600QG2880−24−280	600	1340	1405	1200	11.25	16−M30×400	900	2700	800	600	1900	1750	775	1550	340
600QG2880−30−355	600	1340	1405	1200	11.25	16−M30×400	900	2700	800	600	1900	1750	775	1550	340
600QG2880−35−400	600	1340	1405	1200	11.25	16−M30×400	900	2700	800	600	1900	1750	775	1550	340
600QG2880−41−450	600	1450	1520	1300	11.25	16−M33×400	1000	2700	800	600	1900	1900	850	1700	340
600QG2880−50−560	600	1450	1520	1300	11.25	16−M33×400	1000	2700	800	600	1900	1900	850	1700	340
600QG2880−60−710	600	1450	1520	1300	11.25	16−M33×400	1000	2700	800	600	1900	1900	850	1700	340
700QG4000−16−250	700	1450	1520	1300	11.25	16−M33×400	1000	2800	800	700	2000	1900	850	1700	405
700QG4000−20−315	700	1450	1520	1300	11.25	16−M33×400	1000	2800	800	700	2000	1900	850	1700	405
700QG4000−24−400	700	1450	1520	1300	11.25	16−M33×400	1000	2800	800	700	2000	1900	850	1700	405
700QG4000−30−500	700	1450	1520	1300	11.25	16−M33×400	1000	2800	800	700	2000	1900	850	1700	405
700QG4000−35−560	700	1450	1520	1300	11.25	16−M33×400	1000	2800	800	700	2000	1900	850	1700	405
700QG4000−41−630	700	1450	1520	1300	11.25	20−M33×400	1000	2800	800	700	2000	1900	850	1700	405
700QG4000−50−800	700	1760	1830	1600	9	20−M33×400	1200	2900	800	700	2000	2250	1000	2000	405
700QG4000−60−900	700	1760	1830	1600	9	16−M33×400	1200	2900	800	700	2000	2250	1000	2000	405

续表 12(b)

泵型号	φA	φC	φD	φF	a	n-φf	φY	O	U	M	N	Z	T	W	V
900QG6000-9-220	900	1450	1520	1300	11.25	16-M33×400	1000	3000	800	850	2400	2000	850	1700	500
900QG6000-12-280	900	1450	1520	1300	11.25	16-M33×400	1000	3000	800	850	2400	2000	850	1700	500
900QG6000-16-400	900	1450	1520	1300	11.25	16-M33×400	1000	3000	800	850	2400	2000	850	1700	500
900QG6000-20-450	900	1450	1520	1300	11.25	16-M33×400	1000	3000	800	850	2400	2000	850	1700	500
900QG6000-24-560	900	1760	1830	1600	9	20-M33×400	1200	3000	800	850	2400	2250	1000	2000	500
900QG6000-30-710	900	1760	1830	1600	9	20-M33×400	1200	3100	800	850	2400	2250	1000	2000	500
900QG6000-35-800	900	1760	1830	1600	9	20-M33×400	1200	3100	800	850	2400	2250	1000	2000	500
900QG6000-41-1000	900	1970	2045	1800	9	20-M36×500	1400	3200	1000	850	2400	2450	1100	2200	500
900QG6000-50-1120	900	1970	2045	1800	9	20-M36×500	1400	3200	1000	850	2400	2450	1100	2200	500
900QG6000-60-1400	900	1970	2045	1800	9	20-M36×500	1400	3200	1000	850	2400	2450	1100	2200	500
1000QG8000-9-280	1000	1760	1830	1600	9	20-M33×400	1200	3500	900	1000	2600	2300	1000	2300	575
1000QG8000-12-400	1000	1760	1830	1600	9	20-M33×400	1200	3500	900	1000	2600	2300	1000	2300	575
1000QG8000-16-500	1000	1760	1830	1600	9	20-M33×400	1200	3500	900	1000	2600	2300	1000	2300	575
1000QG8000-20-630	1000	1760	1830	1600	9	20-M33×400	1200	3500	900	1000	2600	2300	1000	2300	575
1000QG8000-24-800	1000	1970	2045	1800	9	20-M36×500	1400	3500	900	1000	2600	2450	1100	2300	575
1000QG8000-30-900	1000	1970	2045	1800	9	20-M36×500	1400	3500	900	1000	2600	2450	1100	2300	575
1000QG8000-35-1120	1000	1970	2045	1800	9	20-M36×500	1400	3500	1000	1000	2600	2450	1100	2300	575
1000QG8000-41-1250	1000	1970	2045	1800	9	20-M36×500	1400	3500	1000	1000	2600	2450	1100	2300	575
1000QG8000-50-1600	1000	2390	2520	2200	7.5	24-M39×500	1700	3500	1000	1000	2600	2850	1200	2600	575
1200QG10000-9-335	1200	1760	1830	1600	9	20-M33×400	1200	3500	900	1200	2800	2850	1100	2575	645
1200QG10000-12-450	1200	1760	1830	1600	9	20-M33×400	1200	3500	900	1200	2800	2850	1100	2575	645
1200QG10000-16-630	1200	1970	2045	1800	9	20-M36×500	1400	3500	900	1200	2800	2850	1100	2575	645
1200QG10000-9-450	1200	1760	1830	1600	9	20-M33×400	1200	3500	900	1200	3000	2825	1150	2825	705
1200QG10000-12-560	1200	1970	2045	1800	9	20-M36×500	1400	3500	900	1200	3000	2825	1150	2825	705
1200QG10000-16-710	1200	1970	2045	1800	9	20-M36×500	1400	3500	900	1200	3000	2825	1150	2825	705
1200QG10000-20-900	1200	1970	2045	1800	9	20-M36×500	1400	3500	900	1200	3000	2825	1150	2825	705

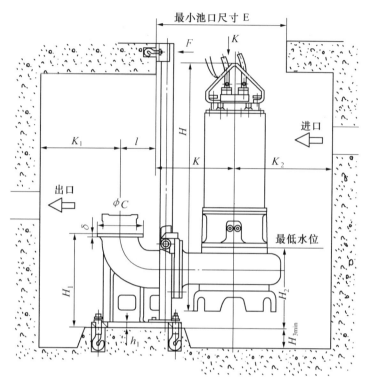

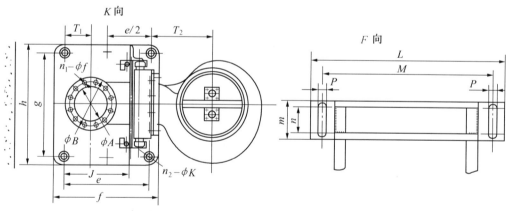

图 79 QGW 型自动耦合式潜水泵安装及尺寸

K_1 尺寸为出口中心距出口池壁最小距离；K_2 尺寸为泵中心距进口池壁最小距离

表 13(a)　QGW 型自动耦合式潜水泵安装尺寸表(H - 60 - 100 m)

mm

泵型号	φA	φB	φC	$n_1 - \phi f$	δ	e	f	g	h	H_1	h_1	$n_2 - \phi k$	L	M	m	n	p	K	H	l	T_1	T_2	H_{3min}	H_2	J	E	K_1	K_2
150QGW200 - 10 - 11	150	225	265	8 - 17.5	25	350	420	360	425	480	25	4 - 24	505	440	100	60	18	370	1000	128	125	273	300	365	253	1150 × 850	750	550
150QGW200 - 14 - 15	150	225	265	8 - 17.5	25	480	560	520	600	525	35	4 - 33	640	560	100	60	22	460	1100	213	152	345	400	365	365	1150 × 850	750	550
200QGW350 - 9 - 15	200	280	320	8 - 17.5	25	560	640	550	640	615	30	4 - 33	700	605	100	60	22	460	1100	274	180	354	400	454	454	1150 × 900	800	600
200QGW300 - 12 - 18.5	200	280	320	8 - 17.5	25	560	640	550	640	615	30	4 - 33	700	605	100	60	22	440	1100	274	180	354	400	454	454	1150 × 900	800	600
150QGW200 - 22 - 22	150	225	265	8 - 17.5	25	480	560	520	600	525	35	4 - 33	640	560	100	60	22	595	1200	213	152	480	400	365	365	1150 × 850	750	550
200QGW300 - 16 - 22	200	280	320	8 - 17.5	25	560	640	550	640	615	30	4 - 33	700	605	100	60	22	600	1200	274	180	494	400	454	454	1150 × 900	800	600
250QGW500 - 10 - 22	250	335	375	12 - 17.5	27	650	750	700	800	720	42	4 - 40	798	710	150	90	27	620	1200	303	185	458	400	620	488	1300 × 850	950	750
150QGW200 - 30 - 30	150	225	265	8 - 17.5	25	480	560	520	600	525	35	4 - 33	640	560	100	60	22	600	1250	213	152	485	400	365	365	1150 × 850	750	550
200QGW300 - 22 - 30	200	280	320	8 - 17.5	25	560	640	550	640	615	30	4 - 33	700	605	100	60	22	600	1250	274	180	494	400	454	454	1150 × 900	800	600
250QGW500 - 13 - 30	250	335	375	12 - 17.5	27	650	750	700	800	720	42	4 - 40	798	710	150	90	27	600	1250	303	185	438	400	620	488	1300 × 900	950	750
150QGW200 - 40 - 37	150	225	265	8 - 17.5	25	480	560	520	600	525	35	4 - 33	640	560	100	60	22	750	1840	213	152	635	400	365	365	1300 × 900	750	550
200QGW300 - 30 - 37	200	280	320	8 - 17.5	25	560	640	550	640	615	30	4 - 33	700	605	100	60	22	750	1840	274	180	644	400	454	454	1300 × 850	800	600
250QGW500 - 16 - 17	250	335	375	12 - 17.5	27	650	750	700	800	720	42	4 - 40	798	710	150	90	27	750	1860	303	185	588	500	620	488	1300 × 850	950	750
300QGW800 - 10 - 37	300	395	440	12 - 22	30	770	870	780	880	765	45	4 - 40	888	800	150	90	27	750	1880	383	250	613	500	660	633	1300 × 900	950	850
250QGW500 - 20 - 45	250	335	375	12 - 17.5	27	650	750	700	800	720	42	4 - 33	798	710	150	90	27	780	1920	303	185	618	400	620	488	1350 × 1000	950	750
300QGW800 - 14 - 45	300	395	440	12 - 22	30	770	870	780	880	765	45	4 - 40	888	800	150	90	27	780	1920	383	250	643	500	660	633	1350 × 900	950	850
350QGW1100 - 10 - 45	350	445	490	12 - 22	30	770	870	780	880	765	45	4 - 40	888	800	150	90	27	800	1950	383	250	663	600	700	633	1350 × 900	1000	850
200QGW250 - 50 - 55	200	280	320	8 - 17.5	25	560	640	550	640	615	30	4 - 33	700	605	100	60	22	800	2000	274	180	694	400	454	454	1400 × 1200	800	600
200QGW300 - 40 - 55	200	280	320	8 - 17.5	25	560	640	550	640	615	30	4 - 33	700	605	100	60	22	780	2000	274	180	674	400	454	454	1400 × 1200	800	600
200QGW400 - 30 - 55	200	280	320	8 - 17.5	25	560	640	550	640	615	30	4 - 33	700	605	100	60	22	760	2050	274	180	654	400	454	454	1400 × 1200	800	600
250QGW550 - 22 - 55	250	335	375	12 - 17.5	27	650	750	700	800	720	42	4 - 40	798	710	150	90	27	750	2050	303	185	588	400	620	488	1400 × 1200	950	750
200QGW250 - 60 - 75	200	280	320	8 - 17.5	25	560	640	550	640	615	30	4 - 33	700	605	100	60	22	750	1850	274	180	644	400	454	454	1400 × 1200	800	600
200QGW350 - 50 - 75	200	280	320	8 - 17.5	25	560	640	550	640	615	30	4 - 33	700	605	100	60	22	800	2000	274	180	694	400	454	454	1400 × 1200	800	600
250QGW400 - 40 - 75	250	335	375	12 - 17.5	27	650	750	700	800	720	42	4 - 40	798	710	150	90	27	800	2000	303	185	450	400	620	488	1400 × 1200	950	750
250QGW600 - 25 - 75	250	335	375	12 - 17.5	27	650	750	700	800	720	42	4 - 40	798	710	150	90	27	800	2103	303	185	407	400	620	488	1400 × 1200	950	750
300QGW900 - 18 - 75	300	395	440	12 - 22	30	770	870	780	880	765	45	4 - 40	888	800	150	90	27	800	2100	383	250	663	500	660	633	1450 × 1200	950	850

续表 13(a)

泵 型 号	φA	φB	φC	$n_1-\phi f$	δ	e	f	g	h	H_1	h_1	$n_2-\phi k$	L	M	m	n	p	K	H	l	T_1	T_2	H_{3min}	H_2	J	E	K_1	K_2
350QGW1000-15-75	350	445	490	12-22	30	770	870	780	880	765	45	4-40	888	800	150	90	27	900	2100	383	250	763	600	700	633	1450×1200	1000	850
400QGW1500-10-75	400	515	565	16-26	30	850	950	780	880	800	50	6-40	630	542	150	90	22	915	2100	390	240	695	600	620	630	1450×1200	1100	950
200QGW350-60-90	200	280	320	8-175	25	560	640	550	640	615	30	4-33	700	605	100	60	27	890	2120	374	180	784	400	454	454	1450×1200	800	600
250QGW650-30-90	250	335	375	12-175	27	650	750	700	800	720	42	4-40	798	710	150	90	27	870	2150	303	185	708	400	620	488	1450×1200	950	750
400QGW1500-15-90	400	515	565	16-26	30	850	950	780	880	800	50	6-40	630	542	150	90	26	920	2150	390	240	700	600	620	630	1500×1200	1100	950
450QGW2200-10-90	450	565	615	20-26	30	1145	1265	810	930	1350	40	4-40	902	833	100	84	27	857	2200	700	252	664	600	750	952	1550×1350	1200	1050
250QGW600-40-110	250	335	375	12-175	27	650	750	700	800	720	42	4-40	798	710	150	90	27	980	2300	303	185	818	400	620	488	1600×1300	950	750
350QGW1000-28-110	350	445	490	12-22	30	770	870	780	880	765	45	4-40	888	800	150	90	27	950	2340	383	250	813	600	700	633	1650×1300	1000	850
400QGW1200-20-110	400	515	565	16-26	30	850	950	780	880	800	50	6-40	630	542	150	90	27	950	2340	390	240	730	600	620	630	1650×1300	1100	950
250QGW500-60-132	250	335	375	12-175	27	650	750	700	800	720	42	4-40	298	710	150	90	27	970	2400	303	185	808	400	620	488	1700×1350	950	750
500QGW600-50-132	500	335	375	12-175	27	650	750	700	800	720	42	4-40	798	710	150	90	27	970	2450	303	185	788	400	620	488	1750×1350	950	750
500QGW2000-15-132	500	620	670	20-26	32	1140	1260	830	950	1350	50	6-48	798	710	150	90	27	930	2480	595	300	685	600	850	895	1750×1350	1300	1100
600QGW3000-10-132	600	725	780	20-30	32	1180	1300	1090	1210	1400	55	6-48	888	800	150	90	27	1000	2500	635	320	775	600	950	955	1800×1550	1300	1100
350QGW1000-36-160	350	445	490	12-22	30	770	870	780	880	765	45	4-40	888	800	150	90	27	1100	2600	383	250	963	600	700	633	1900×1500	1000	850
400QGW1800-20-160	400	515	565	16-26	30	850	950	780	880	800	50	6-40	630	542	150	90	27	1160	2600	390	240	940	600	620	630	1900×1500	1100	950
600QGW3300-12-160	600	725	780	20-30	32	1180	1300	1090	1210	1400	55	6-48	888	800	150	90	27	1100	2600	635	320	875	600	950	955	1900×1550	1300	1100
300QGW700-60-185	300	395	440	12-22	30	770	870	780	880	765	45	4-40	888	800	150	90	27	900	2580	383	250	763	500	660	633	1900×1600	950	850
350QGW1100-40-185	350	445	490	12-22	30	770	870	780	880	765	45	4-40	888	800	150	90	27	1100	2580	383	250	963	600	700	633	1900×1550	1000	850
400QGW1500-30-185	400	515	565	16-26	30	850	950	780	880	800	50	6-40	630	542	150	90	27	1025	2580	390	240	805	600	620	630	1850×1600	1100	950
600QGW3000-16-185	600	725	780	20-30	32	1180	1300	1090	1210	1400	55	6-48	888	800	150	90	27	1230	2600	635	320	1005	600	950	895	2100×1700	1300	1100
500QGW2400-22-200	500	620	670	20-26	32	1140	1260	830	950	1350	50	6-48	798	710	150	90	27	1250	2680	595	300	1005	600	850	895	2100×1700	1300	1100
350QGW1100-50-220	350	445	490	12-22	30	770	870	780	880	765	45	4-40	888	800	150	90	27	950	2700	383	250	813	600	700	633	2100×1700	1000	850
350QGW1000-60-250	350	445	490	12-22	30	770	870	780	880	800	45	4-40	888	800	150	90	27	950	2720	383	250	813	600	700	630	2100×1700	1000	850
400QGW1800-32-250	400	515	565	16-26	30	850	950	780	880	800	50	6-40	630	542	150	90	27	1240	2750	390	240	1020	600	620	630	2100×1700	1100	950
600QGW3750-17-125	600	725	780	20-30	32	1180	1300	1090	1210	1400	55	6-48	888	800	150	90	27	1280	2800	630	320	1055	600	950	955	2100×1800	1300	1100
400QGW1800-40-280	400	515	565	16-26	30	850	950	780	880	800	50	6-40	630	542	150	90	27	1100	2800	390	240	880	600	620	630	2100×1800	1100	950

mm

续表 13(a)

泵型号	φA	φB	φC	n₁-φf	δ	e	f	g	h	H₁	h₁	n₂-φk	L	M	m	n	p	K	H	I	T₁	T₂	H₃min	H₂	J	E	K₁	K₂
600QGW3000-25-315	600	725	780	20-30	32	1180	1300	1090	1210	1400	55	6-48	888	800	150	90	27	1200	2850	630	320	975	600	950	955	2100×1800	1300	1100
80QGW50-60-18.5	80	160	200	8-17.5	25	350	420	360	400	480	25	4-24	472	407	100	60	18	350	800	108	92	200	300	350	200	900×800	600	450
80QGW50-80-30																		400	900			250						
100QGW100-60-30	100	180	220	8-17.5	25	350	420	360	425	480	25	4-24	505	440	100	60	18	400	950	128	105	283	300	350	233	1300×1100	650	500
100QGW100-80-45																		450	1200			333						
100QGW100-100-55																		500	1350			383						
150QGW200-60-75	150	240	285	8-22	30	480	560	520	600	525	35	4-33	640	460	100	60	22	420	1500	213	152	305	400	400	365	1400×1200	750	550
150QGW200-80-90																		470	1700			355						
150QGW200-100-110																		520	1800			405						
200QGW320-60-90	200	295	340	12-22	30	560	640	550	640	615	35	6-33	700	605	100	60	22	580	1850	274	180	474	400	450	454	1600×1400	800	600
200QGW320-80-132																		630	2000			524						
200QGW320-100-160																		680	2200			574						
250QGW500-80-185	250	355	400	12-26	30	650	750	700	750	720	42	6-40	798	710	150	90	27	670	2350	303	185	508	400	620	488	1750×1500	950	750
250QGW500-100-250																		720	2500			558						
300QGW720-60-185	300	410	460	12-26	30	770	870	780	870	760	45	6-40	888	800	150	90	27	670	2400	383	250	533	500	660	633	1750×1500	950	850
300QGW720-80-280																		720	2500			583						

mm

表 13(b) QGW 型自动耦合式潜水泵安装尺寸表(6kV,10kV)

泵型号	φA	φB	φC	n₁-φf	δ	e	f	g	h	H₁	h₁	n₂-φk	L	M	m	n	p	K	H	I	T₁	T₂	H₃min	H₂	J	E	K₁	K₂
400QGW1080-50-220	400	515	565	16-26	30	850	950	780	880	800	50	6-40	630	542	150	90	27	1200	2600	390	240	980	500	750	630	2100×1700	1100	950
400QGW1080-60-280	400	515	565	16-26	30	850	950	780	880	800	50	6-40	630	542	150	90	27	1260	2800	390	240	1040	500	780	630	2100×1800	1100	950
500QGW1500-35-220	500	620	670	20-26	30	1140	1260	830	950	1350	50	6-48	798	710	150	90	27	1220	2600	595	300	975	600	750	895	2100×1700	1300	1100
500QGW1500-41-250	500	620	670	20-26	30	1140	1260	830	950	1350	50	6-48	798	710	150	90	27	1280	2700	595	300	1035	600	750	895	2200×1800	1300	1100
500QGW1500-50-315	500	620	670	20-26	30	1140	1260	830	950	1350	50	6-48	798	710	150	90	27	1320	3100	595	300	1075	600	780	895	2200×1800	1300	1100
500QGW1500-30-250	500	620	670	20-26	30	1140	1260	830	950	1350	50	6-48	798	710	150	90	27	1280	2800	595	300	1035	600	750	895	2200×1800	1300	1100
500QGW1500-35-280	500	620	670	20-26	30	1140	1260	830	950	1350	50	6-48	798	710	150	90	27	1300	2900	595	300	1055	600	790	895	2100×1800	1300	1100
500QGW1500-41-315	500	620	670	20-26	30	1140	1260	830	950	1350	50	6-48	798	710	150	90	27	1320	3100	595	300	1075	600	800	895	2200×1800	1300	1100
600QGW2880-20-220	600	725	780	20-30	32	1180	1300	1090	1210	1400	55	6-48	888	800	150	90	27	1290	2700	635	320	1065	600	760	955	2100×1800	1300	1100
600QGW2880-24-280	600	725	780	20-30	32	1180	1300	1090	1210	1400	55	6-48	888	800	150	90	27	1320	2800	635	320	1095	600	790	955	2200×1800	1300	1100

附录 2 污水泵性能参数

一、QW 系列潜水排污泵

QW 系列潜水排污泵主要用于排送带固体及各种长纤维的淤泥、废水、城市生活污水等,被输送介质温度不超过 60 ℃。

1.型号说明

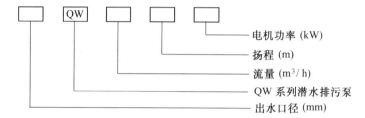

电机功率 (kW)
扬程 (m)
流量 (m³/ h)
QW 系列潜水排污泵
出水口径 (mm)

2.规格及主要技术参数

QW 系列潜水排污泵规格和性能见表 14 和图 80。

表 14 QW 系列潜水排污泵性能参数表

型　　号	排出口径	流量	扬程	转速	功率	效率	质量
	mm	(m³/h)	m	(r/min)	kW	%	kg
50QW18-15-1.5	50	18	15	2840	1.5	62.8	60
50QW25-10-1.5	50	25	10	2840	1.5	67.5	60
50QW15-22-2.2	50	15	22	2840	2.2	58.4	70
50QW27-15-2.2	50	27	15	2840	2.2	64.3	70
50QW42-9-2.2	50	42	9	2840	2.2	74.8	70
80QW50-10-3	80	50	10	1430	3	72.3	125
100QW70-7-3	100	70	7	1430	3	75.4	125
50QW24-20-4	50	24	20	1440	4	69.2	121
50QW25-22-4	50	25	22	1440	4	56.2	121
50QW40-15-4	50	40	15	1440	4	67.7	121
80QW60-13-4	80	60	13	1440	4	72.1	121
100QW70-10-4	100	70	10	1440	4	74.4	130
100QW100-7-4	100	100	7	1440	4	77.4	130
50QW25-30-5.5	50	25	30	1440	5.5	54.2	190
80QW45-22-5.5	80	45	22	1440	5.5	55.4	190
100QW30-22-5.5	100	30	22	1440	5.5	57.4	190
100QW65-15-5.5	100	65	15	1440	5.5	71.4	190

续表 14

型　　号	排出口径	流量	扬程	转速	功率	效率	质量
	mm	（m³/h）	m	（r/min）	kW	%	kg
150QW120-10-5.5	150	120	10	1440	5.5	77.2	190
150QW140-7-5.5	150	140	7	1440	5.5	79.1	190
50QW30-30-7.5	50	30	30	1440	7.5	62.2	200
100QW70-20-7.5	100	70	20	1440	7.5	63.3	200
150QW145-10-7.5	150	145	10	1440	7.5	78.2	208
150QW210-7-7.5	150	210	7	1440	7.5	80.5	208
100QW40-36-11	100	40	36	1460	11	59.1	293
100QW50-35-11	100	50	35	1460	11	62.05	293
100QW70-22-11	100	70	22	1460	11	96.5	293
150QW100-15-11	150	100	15	1460	11	75.1	280
200QW360-6-11	200	360	6	1460	11	72.4	290
50QW20-75-15	50	20	75	1460	15	52.6	290
100QW87-28-15	100	87	28	1460	15	69.1	360
100QW100-22-15	100	100	22	1460	15	72.2	360
150QW140-18-15	150	140	18	1460	15	73	360
150QW150-15-15	150	150	15	1460	15	76.2	360
150QW200-10-15	150	200	10	1460	15	79.4	360
200QW400-7-15	200	400	7	970	15	82.1	360
150QW70-40-18.5	150	70	40	1470	18.5	54.2	520
150QW200-14-18.5	150	200	14	1470	18.5	68.3	520
200QW250-15-18.5	200	250	15	1470	18.5	77.2	520
300QW720-5.5-18.5	300	720	5.5	970	18.5	74.1	520
200QW300-10-18.5	200	300	10	970	18.5	81.2	520
150QW130-30-22	150	130	30	970	22	66.8	520
150QW150-22-22	150	150	22	970	22	69	820
250QW250-17-22	250	250	17	970	22	66.7	820
200QW400-10-22	200	400	10	980	22	77.8	820
250QW600-7-22	250	600	7	970	22	83.5	820
300QW720-6-22	300	720	6	970	22	74	820
150QW100-40-30	150	100	40	980	30	60.1	900
150QW200-30-30	150	200	30	980	30	71	900
150QW200-22-30	150	200	22	980	30	73.5	900
200QW360-15-30	200	360	15	980	30	77.9	900
250QW500-10-30	250	500	10	980	30	78.3	900
400QW1250-5-30	400	1250	5	980	30	78.9	960
150QW140-45-37	150	140	45	980	37	63.1	1100
200QW350-20-37	200	350	20	980	37	77.8	1100
250QW700-11-37	250	700	11	980	37	83.2	1150
300QW900-8-37	300	900	8	980	37	84.2	1150
350QW1440-5.5-37	350	1440	5.5	980	37	76	1250

续表 14

型　　号	排出口径	流量	扬程	转速	功率	效率	质量
	mm	（m³/h）	m	（r/min）	kW	%	kg
200QW250-35-45	200	250	35	980	45	71.3	1400
200QW400-24-45	200	400	24	980	45	77.53	1400
250QW600-15-45	250	600	15	980	45	82.6	1456
350QW1100-10-45	350	1100	10	980	45	74.6	1500
150QW150-56-55	150	150	56	980	55	68.6	1206
200QW250-40-55	200	250	40	980	55	70.62	1280
200QW400-34-55	200	400	34	980	55	76.19	1280
250QW600-20-55	250	600	20	980	55	80.5	1350
300QW800-15-55	300	800	15	980	55	82.78	1350
400QW1692-7.25-55	400	1692	7.25	740	55	75.7	1350
150QW108-60-75	150	108	60	980	75	52.5	1400
200QW350-50-75	200	350	50	980	75	73.64	1420
250QW600-25-75	250	600	25	980	75	80.6	1516
400QW1500-10-75	400	1500	10	980	75	82.07	1670
400QW2016-7.25-75	400	2016	7.25	740	75	76.2	1700
250QW600-30-90	250	600	30	990	90	78.66	1860
250QW700-22-90	250	700	22	990	90	79.2	1860
350QW1200-18-90	350	1200	18	990	90	82.5	2000
350QW1500-15-90	350	1500	15	990	90	82.1	2000
250QW600-40-110	250	600	40	990	110	67.5	2300
250QW700-33-110	250	700	33	990	110	79.12	2300
300QW800-36-110	300	800	36	990	110	69.7	2300
300QW950-24-110	300	950	24	990	110	81.9	2300
450QW2200-10-110	450	2200	10	990	110	86.64	2300
550QW3500-7-110	550	3500	7	745	110	77.5	2300
250QW600-50-132	250	600	50	990	132	66	2750
350QW1000-28-132	350	1000	28	745	132	83.2	2830
400QW2000-15-132	400	2000	15	745	132	85.34	2900
350QW1000-36-160	350	1000	36	745	160	78.65	3150
400QW1500-26-160	400	1500	26	745	160	82.17	3200
400QW1700-22-160	400	1700	22	745	160	83.36	3200
500QW2600-15-160	500	2600	15	745	160	86.05	3214
550QW3000-12-160	550	3000	12	745	160	86.05	3250
600QW3500-12-185	600	3500	12	745	185	87.13	3420
400QW1700-30-200	400	1700	30	740	200	83.36	3850
550QW3000-16-200	550	300	16	740	200	86.18	3850
500QW2400-22-220	500	2400	22	740	220	84.65	4280
400QW1800-32-250	400	1800	32	740	250	82.07	4690
500QW2650-24-250	500	2650	24	740	250	85.01	4690
600QW3750-17-250	600	3750	17	740	250	86.77	4690
400QW1500-47-280	400	1500	47	980	280	85.1	4730

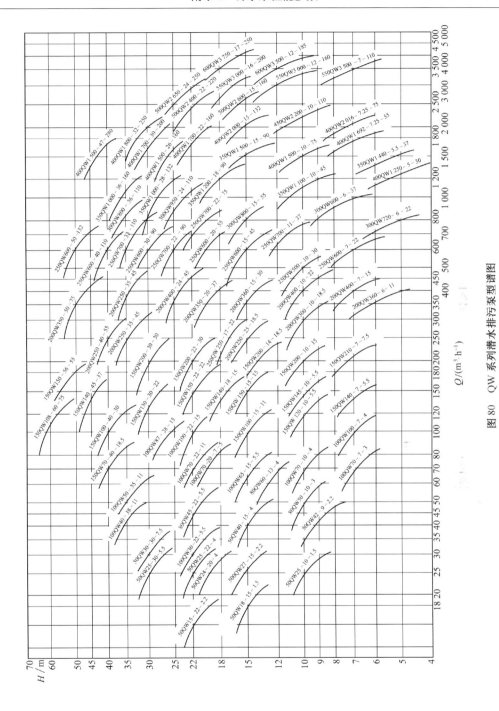

图 80　QW 系列潜水排污泵型谱图

3.外形和安装尺寸

小型 QW 系列潜水排污泵可以采用移动式安装,其外形及安装尺寸见图 81～图 83 及表 15、表 16。

QW 系列潜水排污泵均可采用自动耦合装置安装,其外形及安装尺寸见图 84 和表 17。

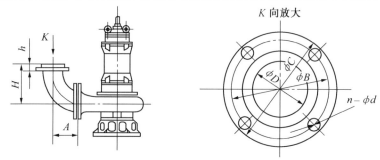

图 81　QW 系列潜水排污泵移动式安装尺寸(硬管联接)

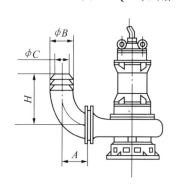

图 82　QW 系列潜水排污泵移动式
安装尺寸(软管联接)

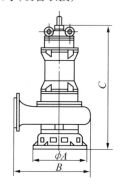

图 83　QW 型泵外形图

表 15　QW 型泵硬、软管联接尺寸表

排出管口径 ϕD/mm	硬管联接尺寸/mm						软管联接尺寸/mm			
	ϕA	ϕB	ϕC	H	$n-\phi d$	h	ϕA	ϕB	ϕC	H
50	70	110	140	100	4-13.5	16	70	58	54	105
80	85	150	190	120	4-17.5	18	85	86	82	120
100	105	170	210	135	4-17.5	18	150	104	100	180
150	160	225	265	200	8-17.5	20	197	154	150	260

表 16　QW 型系列潜水排污泵外形尺寸　　　　　　　　　　mm

序号	型　　号	ϕA	ϕB	ϕC	序号	型　　号	ϕA	ϕB	ϕC
1	50QW18 – 15 – 1.5	240	400	610	13	100QW100 – 7 – 4	360	650	770
2	50QW25 – 10 – 1.5	240	397	605	14	50QW25 – 30 – 5.5	400	660	800
3	50QW15 – 22 – 2.2	240	398	683	15	80QW45 – 22 – 5.5	380	650	735
4	50QW27 – 15 – 2.2	240	400	680	16	100QW30 – 22 – 5.5	380	649	802
5	50QW42 – 9 – 2.2	240	400	710	17	80QW65 – 15 – 5.5	380	650	810
6	80QW50 – 10 – 3	340	573	886	18	150QW120 – 10 – 5.5	380	640	820
7	100QW70 – 7 – 3	340	570	860	19	150QW140 – 7 – 5.5	380	650	830
8	50QW25 – 22 – 4	380	700	670	20	50QW30 – 30 – 7.5	420	840	870
9	50QW24 – 20 – 4	380	700	740	21	100QW70 – 20 – 7.5	400	830	880
10	50QW40 – 15 – 4	360	690	750	22	150QW145 – 10 – 7.5	380	804	890
11	80QW60 – 13 – 4	360	690	750	23	150QW210 – 7 – 7.5	380	810	910
12	100QW70 – 10 – 4	360	664	760					

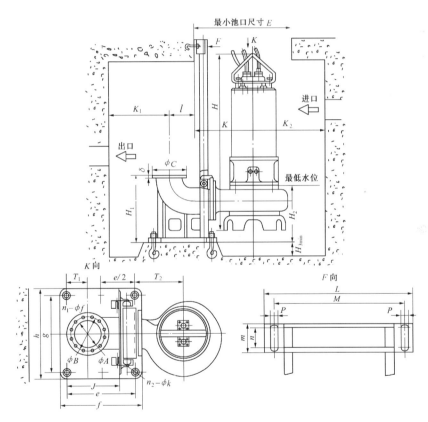

图 84　QW 型系列自动耦合式潜水排污泵安装尺寸图
K_1 尺寸为出口中心距出口池壁最小距离; K_2 尺寸为泵中心距进口池壁最小距离

表 17　QW 型系列自动耦合式潜水排污泵安装尺寸表

mm

泵型号	φA	φB	φC	n₁-φf	δ	e	f	g	h	H₁	h₁	n₂-φk	L	M	m	n	p	K	H	l	T₁	T₂	H₃min	H₂	J
50QW18-15-1.5	50	110	140	4-13.5	25	320	390	320	390	400	25	4-20	472	407	100	60	18	280	610	108	92	160	300	215	200
50QW25-10-1.5	50	110	140	4-13.5	25	320	390	320	390	400	25	4-20	472	407	100	60	18	265	605	108	92	145	300	262	200
50QW15-22-2.2	50	110	140	4-13.5	25	320	390	320	390	400	25	4-20	472	407	100	60	18	265	683	108	92	145	300	258	200
50QW27-15-2.2	50	110	140	4-13.5	25	320	390	320	390	400	25	4-20	472	407	100	60	18	265	683	108	92	145	300	260	200
50QW42-9-2.2	50	110	140	4-13.5	25	320	390	320	390	400	25	4-20	472	407	100	60	18	285	710	108	92	165	300	280	200
80QW50-10-3	80	150	190	4-17.5	25	350	420	360	400	480	25	4-24	472	407	100	60	18	327	806	108	92	177	300	325	200
100QW70-7-3	100	170	210	4-17.5	25	350	420	360	425	480	25	4-24	505	440	100	60	18	350	860	128	105	233	300	350	233
50QW24-20-4	50	110	140	4-13.5	25	320	390	320	390	400	25	4-20	472	407	100	60	18	420	740	108	92	300	300	350	200
50QW25-22-4	50	110	140	4-13.5	25	320	390	320	390	400	25	4-20	472	407	100	60	18	387	670	108	92	267	300	360	200
50QW40-15-4	50	110	140	4-17.5	25	320	390	320	390	400	25	4-20	472	407	100	60	18	357	684	108	92	237	300	400	200
80QW60-13-4	80	150	190	4-17.5	25	350	420	360	400	480	25	4-24	472	407	100	60	18	420	750	108	92	177	300	325	200
100QW70-10-4	100	170	210	4-17.5	25	350	420	360	425	480	25	4-24	505	440	100	60	18	380	760	128	105	263	300	386	
100QW100-7-4	100	170	210	4-17.5	25	350	420	360	425	480	25	4-24	505	440	100	60	18	420	770	128	105	303	300	350	
50QW25-30-5.5	50	110	140	4-13.5	25	320	390	320	390	400	25	4-20	472	407	100	60	18	400	800	108	92	280	300	350	
80QW45-22-5.5	80	150	190	4-17.5	25	350	420	360	400	480	25	4-24	472	407	100	60	18	387	735	108	92	237	300	400	
100QW30-22-5.5	100	170	210	4-17.5	25	350	420	360	425	480	25	4-24	505	440	100	60	18	360	802	128	105	245	300	390	
100QW65-15-5.5	100	170	210	4-17.5	25	350	420	360	425	480	25	4-24	505	440	100	60	18	437	724	128	105	320	300	392	
150QW120-10-5.5	150	225	265	8-17.5	25	350	420	360	425	480	25	4-24	505	440	100	60	18	420	820	128	125	323	300	360	
150QW140-7-5.5	150	225	265	8-17.5	25	350	420	360	425	480	25	4-24	505	440	100	60	18	420	820	128	125	323	300	360	
50QW30-30-7.5	50	110	140	4-13.5	25	320	390	320	390	400	25	4-20	472	407	100	60	18	407	718	108	92	287	300	280	
100QW70-20-7.5	100	170	210	4-17.5	25	350	420	360	425	480	25	4-24	505	440	100	60	18	437	680	128	105	320	300	407	
150QW145-10-7.5	150	225	265	8-17.5	25	350	420	360	425	480	25	4-24	505	440	100	60	18	407	890	128	125	310	300	410	
150QW210-7-7.5	150	225	265	4-17.5	25	350	420	360	425	480	25	4-24	505	440	100	60	18	407	890	128	125	310	300	410	
100QW40-36-11	100	170	210	4-17.5	25	350	420	360	425	480	25	4-24	505	440	100	60	18	475	980	128	105	358	300	392	

续表 17

mm

泵型号	ϕA	ϕB	ϕC	$n_1-\phi f$	δ	e	f	g	h	H_1	h_1	$n_2-\phi k$	L	M	m	n	p	K	H	l	T_1	T_2	H_{3min}	H_2	J	E	K_1	K_2
100QW50-35-11	100	170	210	4-17.5	25	350	420	360	425	480	25	4-24	505	440	100	60	18	480	960	128	105	363	300	360	233	900×750	650	550
100QW70-22-11	100	170	210	4-17.5	25	350	420	360	425	480	25	4-24	505	440	100	60	18	337	937	128	105	220	300	407	233	900×750	650	500
150QW100-15-11	150	225	265	8-17.5	25	350	420	360	425	480	25	4-24	505	440	100	60	18	364	980	128	125	267	300	362	253	900×750	750	500
200QW360-6-11	200	280	320	8-17.5	25	560	640	550	640	615	30	4-33	700	605	100	60	22	443	1037	274	180	337	300	414	454	900×750	800	550
50QW20-75-15	50	110	140	4-13.5	25	320	390	320	390	400	25	4-20	472	407	100	60	18	380	1043	108	92	210	300	335	200	900×750	600	550
100QW87-28-15	100	170	210	4-17.5	25	350	420	360	425	480	25	4-24	505	440	100	60	18	480	980	128	105	365	300	360	233	900×750	650	550
100QW100-22-15	100	170	210	4-17.5	25	350	420	360	425	480	25	4-33	505	440	100	60	18	460	1100	128	105	343	300	460	233	900×750	650	550
150QW140-18-15	150	225	265	8-17.5	25	480	560	520	600	525	35	4-33	640	560	100	60	22	545	980	213	152	400	400	372	365	900×800	750	550
150QW150-15-15	150	225	265	8-17.5	25	480	560	520	600	525	35	4-33	640	560	100	60	22	440	1100	213	152	325	400	400	365	900×800	750	550
150QW200-10-15	150	225	265	8-17.5	25	480	560	520	600	525	35	4-33	640	560	100	60	22	427	1064	213	152	302	400	393	365	900×800	750	550
200QW400-7-15	200	280	320	8-17.5	25	560	640	550	640	615	30	4-33	700	605	100	60	22	543	1106	274	180	473	400	465	454	900×800	800	600
150QW70-40-18.5	150	225	265	8-17.5	25	480	560	520	600	525	35	4-33	640	560	100	60	22	515	1196	213	152	400	400	385	365	1000×800	750	550
150QW200-14-18.5	150	225	265	8-17.5	25	480	560	520	600	525	35	4-33	640	560	100	60	22	595	1214	213	152	480	400	480	365	1150×850	750	650
200QW250-15-18.5	200	280	320	8-17.5	25	560	640	550	640	615	30	4-33	700	605	100	60	22	595	1285	274	180	489	400	419	454	1150×850	800	600
300QW720-5.5-18.5	300	335	440	12-22	30	770	870	780	880	765	45	4-40	888	800	150	90	27	327	1602	383	250	490	400	600	633	1150×850	950	650
200QW300-10-18.5	200	280	320	8-17.5	25	560	640	550	640	615	30	4-33	700	605	100	60	22	593	1616	274	180	487	400	489	454	1150×850	800	600
150QW130-30-22	150	225	265	8-17.5	25	480	560	520	600	525	35	4-33	640	560	100	60	22	637	1516	213	152	522	400	405	365	1150×850	750	650
150QW130-30-22	150	225	265	8-17.5	25	480	560	520	600	525	35	4-33	640	560	100	60	22	567	1559	213	152	452	400	396	365	1150×850	750	650
250QW250-17-22	250	335	375	12-17.5	27	650	750	700	800	720	42	4-33	798	710	150	90	27	674	1597	303	185	515	400	595	488	1150×900	800	600
200QW400-10-22	200	280	320	8-17.5	25	560	640	550	640	615	30	4-40	700	605	100	60	22	603	1240	274	180	497	400	480	454	1300×900	800	650
250QW600-7-22	250	335	375	12-17.5	27	650	750	700	800	720	42	4-40	798	710	150	90	27	637	1640	303	185	475	400	600	488	1200×900	950	650
300QW720-6-22	300	395	440	12-22	30	770	870	780	880	765	45	4-40	888	800	150	90	27	627	1602	383	250	490	400	600	633	1200×900	950	650
150QW100-40-30	150	225	265	8-17.5	25	480	560	520	600	525	35	4-33	640	560	100	60	22	677	1185	213	152	562	400	387	365	1150×900	750	650
150QW200-30-30	150	225	265	8-17.5	25	480	560	520	600	525	35	4-33	640	560	100	60	22	605	1185	213	152	490	400	400	365	1150×900	750	650

续表 17

mm

泵型号	φA	φB	φC	n₁-φf	δ	e	f	g	h	H₁	h₁	n₂-φk	L	M	m	n	p	K	H	l	T₁	T₂	H₃min	H₂	J	E	K₁	K₂
150QW200-22-30	150	225	265	8-17.5	25	480	560	520	600	525	35	4-33	640	560	100	60	22	597	1170	213	152	482	400	403	365	1150×900	750	700
200QW360-15-30	200	280	320	8-17.5	25	560	640	550	640	615	30	4-33	700	605	100	60	22	600	1250	274	180	494	400	420	454	1150×900	800	700
250QW500-10-30	250	335	375	12-17.5	27	650	750	700	800	720	42	4-40	798	710	150	90	27	737	1234	303	185	575	500	570	488	1300×1000	950	750
400QW1250-5-30	400	515	565	16-26	30	850	950	780	880	800	50	6-40	630	542	150	90	27	975	1305	290	240	755	500	590	630	1400×1200	1100	800
150QW140-45-37	150	225	265	8-17.5	25	480	560	520	600	525	35	4-33	640	560	100	60	22	667	2029	213	152	552	400	420	365	1300×900	750	750
200QW350-20-37	200	280	320	8-17.5	25	560	640	550	640	615	30	4-33	700	605	100	60	22	750	1840	274	180	644	400	450	454	1300×900	800	750
250QW700-11-37	250	335	375	12-17.5	27	650	750	700	800	720	42	4-40	798	710	150	90	27	737	2053	303	185	575	500	570	488	1300×1000	950	800
300QW900-8-37	300	395	440	12-22	30	770	870	780	880	765	45	4-40	888	800	150	90	27	760	1860	383	250	623	500	660	633	1300×1000	950	750
350QW1400-5.5-37	350	445	490	12-22	30	770	870	780	880	765	45	4-40	888	800	150	90	27	777	2089	383	250	640	500	660	633	1300×1000	1000	750
200QW250-35-45	200	280	320	8-17.5	25	560	640	550	640	615	30	4-33	700	605	100	60	22	780	1950	274	180	674	400	650	454	1350×900	800	700
200QW400-24-45	200	280	320	8-17.5	25	560	640	550	640	615	30	4-33	700	605	100	60	22	653	1970	274	180	547	400	500	454	1350×1000	800	750
250QW600-15-45	250	335	375	12-17.5	27	650	750	700	800	720	42	4-40	798	710	150	90	27	727	2152	303	185	565	400	620	488	1350×1000	950	750
350QW1100-10-45	350	445	490	12-22	30	770	870	780	880	765	45	4-40	888	800	150	90	27	727	2151	383	250	590	400	580	633	1350×1000	1000	750
150QW150-56-55	150	225	265	8-17.5	25	480	560	520	600	525	35	4-33	640	560	100	60	22	687	1993	213	152	572	500	405	365	1400×1200	750	900
200QW250-40-55	200	280	320	8-17.5	25	560	640	550	640	615	30	4-33	700	605	100	60	22	705	2087	274	180	599	500	485	454	1400×1200	800	900
200QW400-34-55	200	280	320	8-17.5	25	560	640	550	640	615	30	4-33	700	605	100	60	22	698	2012	274	180	587	500	456	454	1400×1200	800	900
250QW600-20-55	250	335	375	12-17.5	27	650	750	700	800	720	42	4-40	798	710	150	90	27	800	2120	303	185	638	500	680	488	1400×1200	800	950
300QW800-15-55	300	395	440	12-22	30	770	870	780	880	765	45	4-40	888	800	150	90	27	732	2099	383	250	595	500	588	633	1400×1200	950	850
400QW1692-7.25-55	400	515	565	16-26	30	850	950	780	880	800	50	6-40	630	542	150	90	27	975	2464	390	240	755	500	650	630	1450×1200	1100	950
150QW108-60-75	150	225	265	8-17.5	25	480	560	520	600	525	35	4-33	640	560	100	60	22	687	2653	213	152	572	500	397	365	1450×1200	750	900
200QW350-50-75	200	280	320	8-17.5	25	560	640	550	640	615	30	4-33	700	605	100	60	22	783	2072	274	180	677	500	480	454	1450×1200	800	900
250QW600-25-75	250	335	375	12-17.5	27	650	750	700	800	720	42	4-40	798	710	150	90	27	797	2110	303	185	635	500	574	488	1450×1200	950	1000
400QW1500-10-75	400	515	565	16-26	30	850	950	780	880	800	50	6-40	630	542	150	90	27	915	2360	390	240	695	500	590	630	1450×1200	1100	950
400QW1500-10-75	400	515	565	16-26	30	850	950	780	880	800	50	6-40	630	542	150	90	27	975	2464	390	240	755	500	590	630	1450×1200	1100	1050
250QW600-30-90	250	335	375	12-17.5	27	650	750	700	800	720	42	4-40	798	710	150	90	27	870	2120	303	185	708	500	630	488	1450×1200	950	1000

二、WL 系列立式排污泵

WL 系列立式排污泵为单吸蜗壳式泵(图 85),采用无堵塞防缠绕型单(双)大流道叶轮或双叶片及三叶片叶轮。电机和水泵可以有两种联接方式(连为一体,通过长轴联接)。

从电机方向看,泵轴顺时针方向旋转,WL 系列立式排污泵主要用于提升城市污水,工矿企业污水、泥浆等。

1. 型号说明

2. 规格及主要技术参数

WL 系列立式排污泵规格和性能见图 86 和表 18。

3. 外形和安装尺寸

WL I 型泵外形及安装尺寸见图 85 和表 19。

WL II 型泵(电机和水泵长轴安装)外形及安装尺寸见图 87 和表 20。

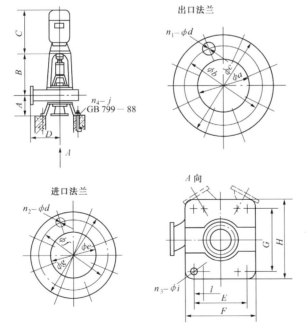

图 85　WL I 型泵外形及安装尺寸图

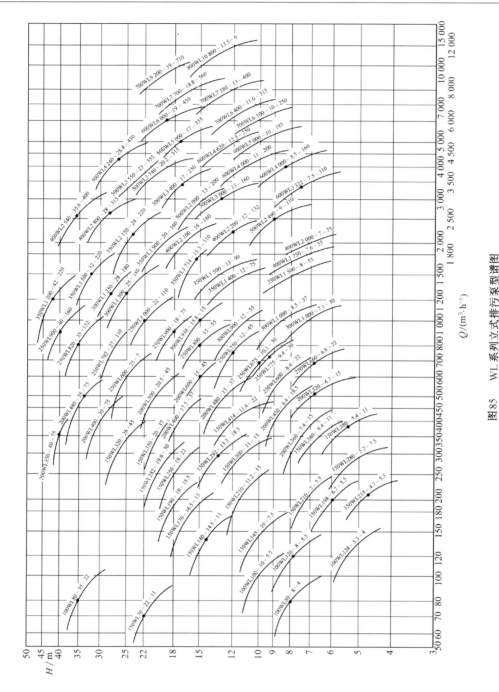

图 86　WL 系列立式排污泵型谱图

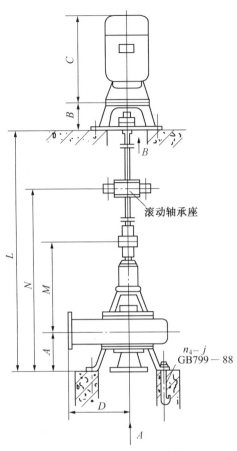

滚动轴承座

注:N、L尺寸根据用户要求确定

$n_4 - j$
GB799 — 88

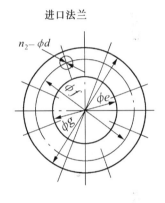

出口法兰

$n_1 - \phi d$

进口法兰

$n_2 - \phi d$

A 向

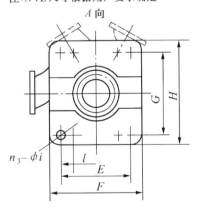

$n_3 - \phi i$

B 向

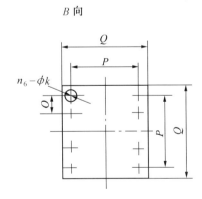

$n_6 - \phi k$

图 87　WLⅡ型泵外形及安装尺寸图

表 18 WL 系列立式排污泵性能参数表

型 号	流量		扬程	转速	功率/kW		效率	气蚀余量	质量	排出口径/吸入口径
	m³/h	L/s	m	r/min	轴功率	配用功率	%	m	kg	mm
100WL80 – 8 – 4	80	22.2	8	1440	2.5	4	71	1.6	250	100/150
100WL126 – 5.3 – 4	126	35	5.3	960	2.5	4	73	1.4	250	100/150
100WL120 – 8 – 5.5	120	33.3	8	1440	3.6	5.5	73	2.2	340	100/150
100WL100 – 10 – 5.5	100	27.8	10	1440	3.8	5.5	71	1.8	340	100/150
100WL30 – 25 – 5.5	30	8.3	25	1450	3.5	5.5	60	2.5	340	100/150
150WL215 – 4.7 – 5.5	215	59.7	4.7	960	3.7	5.5	75	2.0	400	150/200
150WL198 – 6.1 – 5.5	198	55	6.1	960	4.4	5.5	74	1.8	400	150/200
150WL280 – 5.5 – 7.5	280	77.8	5.2	970	5.2	7.5	76	2.4	490	150/200
150WL210 – 7 – 7.5	210	58.3	7	970	5.3	7.5	75	1.9	490	150/200
150WL145 – 10 – 7.5	145	40.3	10	1440	5.4	7.5	73	2.4	490	150/200
150WL380 – 5.4 – 11	380	105.6	5.4	970	7.3	11	77	3.0	960	150/200
150WL360 – 6.4 – 11	360	100	6.4	970	8.2	11	76	2.8	960	150/200
150WL140 – 14.5 – 11	140	38.9	14.5	1460	7.7	11	72	2.0	490	150/200
150WL70 – 22 – 11	70	19.4	22	1460	7.3	11	71	1.3	960	150/200
150WL170 – 16.5 – 15	170	47.2	16.5	1460	10.6	15	72	2.5	1000	150/200
150WL210 – 11.2 – 15	210	58.3	11.2	970	11.5	15	73	1.7	1000	150/200
150WL300 – 11 – 15	300	83.3	11	1460	11.9	15	76	4.1	1000	150/200
200WL360 – 7.4 – 15	360	100	7.4	730	9.5	15	75	1.8	1012	200/250
200WL520 – 6.7 – 15	520	144.4	6.7	970	12.2	15	78	3.7	1012	200/250
150WL190 – 18 – 18.5	190	52.8	18	1470	12.9	18.5	72	2.7	874	150/200
150WL292 – 13.3 – 18.5	292	81.1	13.3	1470	14.1	18.5	75	3.9	874	150/200
200WL450 – 8.4 – 18.5	450	125	8.4	730	13.6	18.5	76	2.1	894	200/250
100WL80 – 35 – 22	80	22.2	35	1470	18	22	75	1.3	960	100/150
150WL250 – 18 – 22	250	69.4	18	970	18	22	76	1.8	980	150/200
150WL300 – 16 – 22	300	83.3	16	1470	17.5	22	75	3.9	980	150/200
150WL414 – 11.4 – 22	414	115	11.4	1470	16.8	22	77	5.3	980	150/200
250WL600 – 8.4 – 22	600	166.7	8.4	730	17.9	22	77	2.6	1100	250/300
250WL680 – 6.8 – 22	680	188.9	6.8	730	16.2	22	78	2.9	1100	250/300
150WL262 – 19.9 – 30	262	72.8	19.9	980	20	30	71	1.8	940	150/200
250WL675 – 10.1 – 30	675	187.5	10.1	730	24.2	30	77	2.7	1110	250/300
250WL725 – 9.4 – 30	725	201.4	9.4	740	24.8	30	75	3.0	1180	250/300
300WL1000 – 7.1 – 30	1000	277.8	7.1	730	24.6	30	79	3.9	1180	300/350
150WL350 – 20 – 37	350	97.2	20	980	26.3	37	73	2.3	980	150/200

续表 18

型　　号	流量		扬程	转速	功率/kW		效率	气蚀余量	质量	排出口径/吸入口径
	m³/h	L/s	m	r/min	轴功率	配用功率	%	m	kg	mm
200WL400 − 17.5 − 37	400	111.1	17.5	980	25.8	37	74	2.6	1150	200/250
200WL480 − 13 − 37	480	133.3	13	980	25	37	76	3.1	1150	200/250
300WL1000 − 8.5 − 37	1000	277.8	8.5	740	29.5	37	78	3.9	1200	300/350
150WL320 − 26 − 45	320	88.8	26	1480	31.5	45	73	3.7	1280	150/200
200WL500 − 20.5 − 45	500	138.9	20.5	980	36.8	45	76	2.9	1320	200/250
200WL600 − 15 − 45	600	166.7	15	980	34	45	75	3.6	1320	200/250
250WL750 − 12 − 45	750	208.3	12	740	32	45	77	2.9	1350	250/300
100WL100 − 70 − 55	100	27.7	70	1480	42.2	55	76	1.3	1950	100/150
250WL800 − 15 − 55	800	222.2	15	9800	42.2	55	77	4.5	2123	250/300
300WL900 − 12 − 55	900	250	12	740	38.1	55	77	3.3	2400	300/350
350WL1500 − 8 − 55	1500	416.7	8	980	46.7	55	79	8.3	2180	350/400
400WL1750 − 7.6 − 55	1750	486.1	7.6	980	45.5	55	80	9.4	2130	400/450
200WL350 − 40 − 75	350	97.2	40	980	54.5	75	70	2.6	2210	200/250
200WL400 − 30 − 75	400	111.1	30	990	46	75	71	2.4	2210	200/250
200WL460 − 35 − 75	460	127.8	35	990	59.6	75	74	2.5	2210	200/250
250WL600 − 25 − 75	600	166.7	25	990	60.05	75	74	3.3	2240	250/300
250WL900 − 18 − 75	900	250	18	990	57.8	75	77	4.8	2240	250/300
300WL938 − 15.8 − 75	938	260.6	15.8	740	52.8	75	75	3.3	2390	300/350
350WL1400 − 12 − 75	1400	388.9	12	990	57.1	75	78	7.3	2340	350/400
400WL2000 − 7 − 75	2000	555.6	7	740	50.2	75	76	5.4	2480	400/450
300WL1328 − 15 − 90	1328	368.9	15	990	69	90	79	6.7	2480	300/350
350WL1500 − 13 − 90	1500	416.7	13	990	69.8	90	78	7.6	2480	350/400
250WL792 − 27 − 110	792	220	27	990	77.6	110	75	4.0	2620	250/300
250WL1000 − 22 − 110	1000	227.8	22	990	81.4	110	77	5.0	2620	250/300
350WL1714 − 15.3 − 110	1714	476.1	15.3	590	91.6	110	78	3.7	2900	350/400
500WL2490 − 9 − 110	2490	691.7	9	490	76.3	110	80	4.1	3050	500/550
600WL3322 − 7.5 − 110	3322	922.8	7.5	490	83.7	110	81	5.3	3150	600/650
200WL600 − 50 − 132	600	166.7	50	1450	107.6	132	76	6.7	3100	200/250
250WL820 − 35 − 132	820	227.8	35	990	105.6	132	74	3.9	3190	250/300
400WL2200 − 12 − 132	2200	611.1	12	745	95.9	132	80	6.7	3240	400/450
250WL900 − 40 − 160	900	250	40	990	132.8	160	74	4.4	3280	250/300
300WL1300 − 25 − 160	1300	361.1	25	990	114.5	160	77	6.0	3350	300/350

续表 18

型　　号	流量		扬程	转速	功率/kW		效率	气蚀余量	质量	排出口径/吸入口径
	m³/h	L/s	m	r/min	轴功率	配用功率	%	m	kg	mm
300WL1250 – 28 – 160	1250	347.2	28	990	124.1	160	77	5.7	2250	300/350
350WL1900 – 20 – 160	1900	527.8	20	745	132.2	160	78	5.4	3390	350/400
400WL2100 – 16 – 160	2100	583.3	16	745	119.3	160	79	6.1	4700	400/450
500WL3000 – 13 – 160	3000	833.3	13	745	132.6	160	80	8.4	4250	500/550
600WL4000 – 8.5 – 160	4000	1111.1	8.5	490	113.9	160	81	5.9	4300	600/650
600WL5000 – 10 – 185	5000	1388.9	10	590	157	185	81	9.2	4520	600/650
500WL3900 – 15 – 200	2900	805.6	15	590	148.6	200	80	5.5	4630	500/550
600WL4000 – 11 – 200	4000	111.1	11	590	147.6	200	81	7.6	4680	600/650
700WL5500 – 8.5 – 220	5500	1527.8	8.5	420	155.7	200	82	6.0	4690	700/800
350WL1200 – 42 – 220	1200	333.3	42	990	169.7	220	78	5.1	4680	350/400
350WL1500 – 32 – 220	1500	416.7	32	990	169.7	220	77	6.4	4680	350/400
350WL2150 – 24 – 220	2150	597.2	24	745	179.8	220	78	5.7	4650	350/400
500WL3000 – 19 – 220	3000	833.3	19	740	189.5	220	82	6.1	4690	500/550
400WL1100 – 52 – 250	1100	305.6	52	980	199.8	220	78	5.6	4720	400/450
500WL3400 – 17 – 250	3400	944.4	17	590	197.1	250	78	6.1	4720	500/550
600WL4820 – 12.3 – 250	4820	1338.9	12.3	590	198.3	250	81	8.6	4750	600/650
700WL6100 – 10 – 250	6100	1694.4	10	590	205.1	250	81	10.3	4810	700/800
700WL6500 – 9.5 – 250	6500	1805.5	9.5	4200	205.1	250	82	6.7	4880	700/800
400WL2600 – 28 – 315	2600	722.2	28	990	251.1	315	79	10.1	4700	400/500
500WL3740 – 20.2 – 315	3740	1038.9	20.2	745	256.2	315	80	9.2	4750	500/550
700WL6400 – 11.6 – 315	6400	1777.8	11.6	490	247	315	82	8.1	4800	700/800
500WL3550 – 23 – 355	3550	986.1	23	745	278.4	355	80	8.6	4750	500/550
600WL5000 – 17 – 355	5000	1388.9	17	590	289	355	81	8.3	4800	600/650
400WL2540 – 35.6 – 400	2540	705.6	35.6	990	313.6	400	79	9.4	4760	400/450
700WL7580 – 13 – 400	7580	2105.6	13	490	327	400	82	9.0	5120	700/800
800WL8571 – 11.8 – 400	8571	2380.8	11.8	420	334.9	400	82	8.0	5210	800/900
500WL4240 – 26.4 – 450	4240	1177.8	26.4	735	380.9	450	80	9.4	4950	500/550
600WL6000 – 19 – 450	6000	1666.7	19	735	380.6	450	82	13.2	5020	600/650
700WL7700 – 16.8 – 560	7700	2138.9	16.8	590	429.7	560	82	11.6	5210	700/800
800WL10800 – 13.5 – 630	10800	3000	13.5	420	481.1	630	83	9.3	5830	800/900
800WL10000 – 16 – 630	10000	2777.8	16	490	529.1	630	82	10.8	5830	800/900
700WL9200 – 19 – 710	9200	2555.6	16	590	579.1	710	82	13.1	5940	700/800

表 19　WL Ⅰ型泵安装尺寸表　　　　　　　　　　mm

| 型　号 | 出口法兰 | | | | 进口法兰 | | | | $n_3 - \phi i$ | A | B | C | D | E | F | G | H | l |
	ϕa	ϕb	ϕc	$n_1 - \phi d$	ϕe	ϕf	ϕg	$n_2 - \phi d$										
150WL145 – 10 – 7.5	150	225	265	8 – 17.5	200	280	320	8 – 17.5	4 – 22	312	755	490	400	590	670	355	470	–
150WL380 – 5.4 – 11	150	225	265	8 – 17.5	200	280	320	8 – 17.5	4 – 22	320	755	490	400	590	670	355	470	–
150WL380 – 6.4 – 11	150	225	265	8 – 17.5	200	280	320	8 – 17.5	4 – 22	320	750	490	450	590	670	355	470	–
150WL140 – 14.5 – 11	150	225	265	8 – 17.5	200	280	320	8 – 17.5	4 – 22	320	750	490	450	590	670	355	470	–
150WL170 – 22 – 11	150	225	265	8 – 17.5	200	280	320	8 – 17.5	4 – 22	280	740	490	320	355	470	590	670	–
150WL170 – 16.5 – 15	150	225	265	8 – 17.5	200	280	320	8 – 17.5	4 – 22	320	750	535	450	590	670	355	470	–
150WL210 – 11.2 – 15	150	225	265	8 – 17.5	200	280	320	8 – 17.5	4 – 22	320	755	535	450	355	470	590	670	–
150WL300 – 11 – 15	150	225	265	8 – 17.5	200	280	320	8 – 17.5	4 – 22	312	755	535	400	590	670	355	470	–
200WL360 – 7.4 – 15	200	225	340	8 – 22	250	335	375	12 – 17.5	4 – 27	312	985	535	483	500	640	750	840	–
200WL520 – 6.7 – 15	150	225	340	8 – 22	250	335	375	12 – 17.5	4 – 27	410	950	535	450	500	640	750	840	–
150WL190 – 13 – 18.5	150	225	265	8 – 17.5	200	280	320	8 – 17.5	4 – 22	420	950	560	450	590	670	355	470	–
150WL292 – 13.3 – 18.5	150	225	265	8 – 17.5	200	280	320	8 – 17.5	4 – 22	320	950	560	450	590	670	355	470	–
200WL450 – 8.4 – 18.5	200	295	340	8 – 22	250	335	375	12 – 17.5	4 – 27	320	950	560	480	500	640	750	840	–
100WL80 – 35 – 22	100	180	220	8 – 17.5	150	225	265	8 – 17.5	4 – 22	277	907	600	350	355	475	590	670	–
150WL250 – 18 – 22	150	225	265	8 – 17.5	200	280	320	8 – 17.5	4 – 27	364	951	600	450	500	640	750	840	–
150WL300 – 18 – 22	150	225	265	8 – 17.5	200	280	320	8 – 17.5	4 – 27	364	951	600	450	355	470	590	670	–
150WL414 – 11.4 – 22	150	225	265	8 – 17.5	200	280	320	8 – 17.5	4 – 22	320	950	600	450	590	670	355	470	–
250WL600 – 8.4 – 22	250	350	395	12 – 22	300	395	440	12 – 22	4 – 27	450	1100	600	520	790	880	610	700	–
250WL680 – 6.8 – 22	250	350	395	12 – 22	300	395	440	12 – 22	4 – 27	450	1006	600	460	610	700	790	880	–
150WL262 – 19.9 – 30	150	225	265	8 – 17.5	200	280	320	8 – 17.5	4 – 27	380	950	665	450	500	640	750	840	–
250WL675 – 10.1 – 30	250	350	395	12 – 22	300	395	440	12 – 22	4 – 27	480	1441	665	600	780	900	735	856	–
250WL725 – 9.4 – 30	250	350	395	12 – 22	300	395	440	12 – 22	4 – 40	500	1435	1030	645	780	900	735	855	–
300WL1000 – 7.1 – 30	300	400	445	12 – 22	350	445	490	12 – 22	4 – 40	450	1300	665	650	780	900	730	850	–
150WL350 – 20 – 37	150	225	265	8 – 17.5	200	280	320	8 – 17.5	4 – 27	380	950	895	450	500	640	750	840	–
200WL400 – 17.5 – 37	200	295	340	8 – 22	250	355	375	12 – 17.5	4 – 27	420	970	895	550	500	640	750	840	–
200WL480 – 13 – 37	200	295	340	8 – 22	250	335	375	12 – 17.5	4 – 27	410	953	895	483	500	640	750	840	–
300WL1000 – 8.5 – 37	300	400	445	12 – 22	350	445	490	12 – 22	4 – 40	450	1300	980	650	780	900	730	850	–
150WL320 – 26 – 45	150	225	265	8 – 17.5	200	280	320	8 – 17.5	4 – 27	377	925	795	400	500	640	750	840	–
200WL500 – 20.5 – 45	200	295	340	8 – 22	250	335	375	12 – 17.5	4 – 27	420	950	980	550	500	640	750	840	–
200WL600 – 15 – 45	200	295	340	8 – 22	250	335	370	12 – 17.5	4 – 27	414	973	980	550	500	640	750	840	–
250WL750 – 12 – 45	250	350	395	12 – 22	300	395	440	12 – 22	4 – 40	500	1405	1030	645	780	900	735	855	–
100WL100 – 70 – 55	100	180	220	8 – 17.5	150	225	265	8 – 17.5	4 – 40	355	1195	890	570	780	900	730	850	–
250WL800 – 15 – 55	250	350	395	12 – 22	300	395	440	12 – 22	4 – 40	480	1400	1030	600	780	900	735	855	–
300WL900 – 12 – 55	300	400	445	12 – 22	350	445	490	12 – 22	4 – 40	455	1285	1220	750	780	900	730	855	–
350WL1500 – 8 – 55	350	460	505	16 – 22	400	495	540	16 – 22	4 – 40	500	1305	1030	550	840	970	745	875	–
400WL1750 – 7.6 – 55	400	515	565	16 – 27	450	550	595	16 – 12	4 – 40	555	1310	1030	620	840	970	745	875	–

续表 19

mm

型　号	出口法兰				进口法兰				$n_3 - \phi i$	A	B	C	D	E	F	G	H	l
	ϕa	ϕb	ϕc	$n_1 - \phi d$	ϕe	ϕf	ϕg	$n_2 - \phi d$										
200WL350 – 40 – 75	200	295	340	8 – 22	250	335	375	12 – 17.5	4 – 40	440	1825	1200	640	780	900	735	855	–
200WL400 – 30 – 75	200	295	340	8 – 22	250	335	375	12 – 17.5	4 – 27	420	1400	1220	600	780	900	735	855	–
200WL460 – 35 – 75	200	295	340	8 – 22	250	335	375	12 – 17.5	4 – 27	450	1450	1220	620	780	900	735	855	–
250WL600 – 25 – 75	250	350	395	12 – 22	300	395	440	12 – 22	4 – 40	454	1416	1220	620	780	900	735	855	–
250WL900 – 18 – 75	250	350	395	12 – 22	300	395	440	12 – 22	4 – 40	480	1441	1220	600	780	900	735	855	–
300WL938 – 15.8 – 75	300	400	445	12 – 22	350	445	490	12 – 22	4 – 40	480	1300	1320	700	780	900	730	850	–
350WL1400 – 12 – 75	350	460	505	16 – 22	400	495	540	16 – 22	4 – 40	500	1300	1220	700	780	900	730	850	–
400WL2000 – 7 – 75	400	515	565	16 – 27	450	550	595	16 – 22	4 – 40	555	1370	1030	620	840	970	745	875	–
300WL1328 – 15 – 90	300	400	445	16 – 22	350	445	490	12 – 22	4 – 40	500	1400	1320	700	780	900	730	850	–
350WL1500 – 13 – 90	350	460	505	12 – 22	400	495	540	16 – 22	4 – 40	550	1425	1490	620	840	970	745	875	–
250WL1000 – 22 – 110	250	350	395	16 – 22	300	395	440	12 – 22	4 – 40	500	1405	1320	645	780	900	735	855	–
350WL1714 – 15.3 – 110	350	460	505	16 – 22	400	495	540	16 – 22	4 – 40	600	1400	1505	800	840	970	745	875	–
500WL2490 – 9 – 110	500	620	670	20 – 27	550	655	705	20 – 26	6 – 40	600	1780	1480	850	1080	1210	1030	1160	540
600WL3322 – 7.5 – 110	600	725	780	20 – 30	650	760	820	20 – 26	6 – 40	700	1780	1480	900	1210	1340	1160	1290	605
200WL600 – 50 – 132	200	295	340	8 – 22	250	335	375	12 – 17.5	4 – 27	555	1359	1170	500	745	875	840	970	–
250WL820 – 35 – 132	250	350	395	12 – 22	300	395	440	12 – 22	4 – 40	500	1450	1320	650	780	900	735	855	–
400WL2200 – 12 – 132	400	515	565	16 – 27	450	550	595	16 – 22	4 – 40	555	1304	1505	800	840	970	745	875	–
250WL900 – 40 – 160	250	350	395	12 – 22	300	395	440	12 – 22	4 – 40	500	1450	1505	700	780	900	735	855	–
300WL1300 – 25 – 160	300	400	445	12 – 22	350	445	490	12 – 22	4 – 40	480	1400	1505	700	780	900	730	850	–
300WL1250 – 28 – 160	300	400	445	12 – 22	350	445	490	12 – 22	4 – 40	500	1400	1505	700	780	900	730	850	–
350WL1900 – 20 – 160	350	460	505	16 – 22	400	495	540	16 – 22	4 – 40	550	1300	1505	750	840	970	745	875	–
400WL2100 – 16 – 160	400	515	565	16 – 27	450	550	595	16 – 22	4 – 40	555	1465	1505	800	840	970	745	875	–
500WL3000 – 13 – 160	500	620	670	20 – 27	550	655	705	20 – 26	6 – 40	600	1520	1505	900	1080	1210	1030	1160	540
600WL4000 – 8.5 – 160	600	725	780	20 – 30	700	840	895	24 – 30	6 – 40	600	1520	1505	900	1080	1210	1030	1160	540
600WL5000 – 10 – 185	600	725	780	20 – 30	650	760	810	20 – 26	6 – 40	570	1355	1415	1200	510	780	1320	1450	255
500WL2900 – 15 – 200	500	620	670	20 – 27	550	655	705	20 – 26	6 – 40	650	1355	1415	950	510	780	1320	1450	255
600WL4000 – 11 – 200	600	725	780	20 – 30	650	760	810	20 – 24	6 – 40	700	1355	1415	900	510	780	1320	1450	255
700WL5500 – 8.5 – 200	700	840	895	24 – 30	800	950	1015	24 – 33	6 – 40	800	1355	1415	1100	1000	1270	1600	1730	500
350WL1200 – 42 – 220	350	460	505	16 – 22	400	495	540	16 – 22	4 – 40	600	1360	1505	800	840	970	745	965	–
350WL1500 – 32 – 220	350	460	505	16 – 22	400	495	540	16 – 22	4 – 40	600	1400	1505	800	840	970	745	875	–
350WL2150 – 24 – 220	350	460	505	16 – 22	400	495	540	16 – 22	4 – 40	600	1400	1505	800	840	970	745	875	–
500WL3000 – 19 – 220	500	620	670	20 – 27	550	655	705	20 – 26	6 – 40	530	1590	1430	925	1080	1210	1030	1160	540
500WL3400 – 17 – 250	500	620	670	20 – 27	550	655	705	20 – 26	6 – 40	700	2070	1710	1000	510	780	1320	1450	255
400WL1100 – 52 – 250	400	515	565	16 – 27	450	550	595	16 – 22	4 – 40	600	1400	2444	800	840	970	745	965	–
600WL4820 – 12.3 – 250	600	725	780	20 – 30	700	810	860	24 – 26	6 – 40	700	2070	1710	1000	1000	1270	1600	1730	500

mm

表20 WL Ⅱ型泵安装尺寸表

型号	出口法兰				进口法兰					A	B	C	D	E	F	G	H	I	M	O	P	Q	$n_6-\phi k$
	ϕa	ϕb	ϕc	$n_1-\phi d$	ϕe	ϕf	ϕg	$n_2-\phi d$	$n_3-\phi i$														
100WL100-10-5.5	100	180	220	8-17.5	150	225	265	8-17.5	4-22	300	430	395	300	355	435	590	670	—	555	300	600	700	6-27
100WL30-25-5.5	100	180	220	8-17.5	150	225	265	8-17.5	4-22	301	430	400	340	355	435	590	670	—	555	300	600	700	6-27
150WL210-7-7.5	150	225	265	8-17.5	200	280	320	8-17.5	4-22	312	430	495	400	590	670	355	470	—	654	300	600	700	6-27
150WL190-18-18.5	150	225	265	8-17.5	200	280	3200	8-17.5	4-22	320	430	560	450	590	670	355	470	—	840	300	600	700	6-27
150WL292-13.3-18.5	150	225	265	8-17.5	200	280	320	8-17.5	4-22	320	430	560	450	590	670	355	470	—	840	300	600	700	6-27
200WL450-8.4-18.5	200	295	340	8-22	250	335	375	12-17.5	4-22	320	430	560	480	500	640	750	840	—	810	300	600	700	6-27
100WL180-35-22	100	180	220	8-17.5	150	225	265	8-17.5	4-22	320	430	600	450	355	435	590	670	—	800	300	600	700	6-27
150WL250-18-22	150	225	265	8-17.5	200	280	320	8-17.5	4-22	320	430	600	450	590	670	355	470	—	844	300	600	700	6-27
150WL300-16-22	150	225	265	8-17.5	200	280	320	8-17.5	4-22	320	430	600	450	590	670	355	470	—	840	300	600	700	6-27
150WL414-11.4-22	150	225	265	8-17.5	200	280	320	8-17.5	4-22	320	430	600	450	590	670	355	470	—	840	300	600	700	6-27
250WL600-8.4-22	250	350	395	12-22	300	395	440	12-22	4-27	450	430	600	520	790	880	610	700	—	854	300	600	700	6-27
250WL680-6.8-22	250	350	395	12-22	300	395	440	12-22	4-27	450	430	600	480	610	700	740	880	—	854	300	600	700	6-27
150WL262-19.9-30	150	225	265	8-17.5	200	280	320	8-17.5	4-27	380	430	665	450	500	640	750	840	—	810	300	600	700	6-27
250WL675-10.1-30	250	350	395	12-22	300	395	440	12-28	4-27	450	430	665	480	790	880	610	700	—	854	300	600	700	6-27
250WL720-9.4-30	250	350	395	12-22	300	395	440	12-22	4-40	500	430	1030	645	780	900	735	855	—	1160	300	600	700	6-27
300WL1000-7.1-30	300	400	445	12-22	350	445	490	12-22	4-40	450	430	665	650	780	900	735	855	—	1160	300	600	700	6-27
150WL350-20-37	150	225	265	8-17.5	200	280	320	8-17.5	4-27	380	430	895	450	500	640	750	840	—	810	300	600	700	6-27
200WL400-17.5-37	200	280	320	8-22	250	335	375	12-17.5	4-27	410	430	895	460	500	640	750	840	—	810	300	600	700	6-27
200WL480-13-37	200	280	320	8-22	250	335	375	12-17.5	4-27	410	430	895	483	500	640	750	850	—	820	300	600	700	6-27
300WL1000-8.5-37	300	400	445	12-22	350	445	490	12-22	4-40	450	430	980	650	780	900	750	840	—	1160	300	600	700	6-27
150WL320-26-45	150	225	265	8-17.5	200	280	320	8-17.5	4-27	377	430	795	400	500	640	750	840	—	800	300	600	700	6-27
200WL500-20.5-45	200	295	340	8-22	250	335	375	12-17.5	4-27	414	430	980	550	500	640	750	840	—	818	300	600	700	6-27
200WL600-15-45	200	295	340	8-22	250	335	375	12-17.5	4-27	414	430	980	550	500	640	750	840	—	840	300	600	700	6-27
250WL750-12-45	250	350	395	12-22	300	395	440	12-22	4-40	500	430	1030	645	780	900	735	855	—	1231	300	600	700	6-27
100WL100-70-55	100	180	220	8-17.5	150	225	265	8-17.5	4-40	355	430	890	570	780	900	730	850	—	1045	300	600	700	6-27
250WL800-15-55	250	350	395	12-22	300	395	440	12-22	4-40	480	430	1030	600	780	900	735	855	—	1260	300	600	700	6-27
300WL900-12-55	300	400	445	12-22	350	445	490	12-22	4-40	455	430	1220	750	790	900	730	850	—	1140	300	600	700	6-27
350WL1500-8-55	350	460	505	16-22	400	495	540	16-22	4-40	500	430	1030	550	840	970	745	875	—	115	300	600	700	6-27
400WL1750-7.6-55	400	515	565	16-26	450	550	595	16-22	4-40	555	430	1030	620	840	970	745	875	—	1160	300	600	700	6-27

续表 20

mm

型号	出口法兰 ϕa	ϕb	ϕc	$n_1-\phi d$	进口法兰 ϕe	ϕf	ϕg	$n_2-\phi d$	$n_3-\phi i$	A	B	C	D	E	F	G	H	I	M	O	P	Q	$n_6-\phi k$
200WL350-40-75	200	295	340	8-22	250	335	375	12-17.5	4-40	440	530	1220	640	780	900	735	855	–	1230	–	840	970	4-40
200WL400-30-75	200	295	340	8-22	250	335	375	12-17.5	4-27	420	530	1220	600	780	900	735	855	–	1230	–	840	970	4-40
200WL460-35-75	200	295	340	8-22	250	335	375	12-17.5	4-27	450	530	1220	620	780	900	735	855	–	1215	–	840	970	4-40
250WL600-25-75	250	350	395	12-22	300	395	440	12-22	4-40	484	530	1220	620	780	900	735	855	–	1239	–	840	970	4-40
250WL900-18-75	250	350	395	12-22	300	395	440	12-22	4-40	480	530	1220	600	780	900	735	855	–	1240	–	840	970	4-40
300WL938-15.8-75	300	400	445	12-22	350	445	490	12-22	4-40	480	530	1320	700	780	900	735	855	–	1130	–	840	970	4-40
350WL1400-12-75	350	460	505	16-22	400	495	540	16-22	4-40	500	530	1220	700	780	900	730	850	–	1130	–	840	970	4-40
400WL2000-7-15	400	515	565	16-27	450	550	595	16-22	6-27	555	530	1030	550	840	970	745	875	–	1160	300	600	700	6-27
300WL1328-15-90	300	400	445	12-22	350	445	490	12-22	4-40	500	530	1320	700	780	900	730	850	–	1130	–	840	970	4-40
350WL1500-13-90	350	460	505	16-22	400	495	540	16-22	4-40	550	530	1320	840	840	970	745	875	–	1251	–	840	970	4-40
250WL792-27-110	250	350	395	12-22	300	395	440	12-22	4-40	500	530	1320	645	780	900	735	855	–	1132	–	840	970	4-40
250WL1000-22-110	250	350	395	12-22	300	395	440	12-22	4-40	500	530	1320	645	780	900	735	855	–	1235	–	840	970	4-40
350WL1714-15.3-110	350	460	505	16-22	400	495	540	16-22	4-40	600	530	1505	800	840	970	745	875	–	1190	–	840	970	4-40
500WL2490-9-110	500	620	670	20-27	550	655	705	20-26	6-40	600	530	1480	1080	1080	1210	1030	1160	540	1570	–	840	970	4-40
600WL3322-7.5-110	600	725	780	20-30	700	840	895	24-30	6-40	700	530	1480	900	1210	1340	1160	1290	605	1600	–	840	970	4-40
200WL600-50-132	200	295	340	8-22	250	335	375	12-17.5	4-27	555	530	1170	500	745	875	840	970	–	1280	–	840	970	4-40
250WL820-35-132	350	380	395	12-22	300	395	440	12-22	4-40	555	530	1320	650	780	900	735	855	–	1280	–	840	970	4-40
400WL2200-12-132	400	515	565	16-27	450	550	595	16-22	4-40	555	530	1525	800	840	970	745	875	–	1255	–	840	970	4-40
250WL900-40-160	250	350	395	12-22	300	395	440	12-22	4-40	500	530	1505	700	780	900	735	855	–	1280	–	840	970	4-40
300WL1300-25-160	300	400	445	12-22	350	445	490	12-22	6-40	480	530	1505	700	780	900	730	850	–	1230	–	840	970	4-40
300WL1250-28-160	300	400	445	12-22	350	445	490	12-22	4-40	480	530	1505	700	780	900	730	850	–	1230	–	840	970	4-40
300WL1900-20-160	300	400	445	12-22	350	445	490	12-22	4-40	480	530	1505	700	780	900	730	850	–	1230	–	840	970	4-40
400WL2100-16-160	400	515	565	16-27	450	550	595	16-22	4-40	555	530	1505	800	840	970	745	875	–	1290	–	840	970	4-40
500WL3000-13-160	500	620	670	20-27	550	655	705	20-26	6-40	600	530	1505	900	1080	1210	1030	1160	540	1336	–	840	970	4-40
600WL4000-8.5-160	600	725	780	20-30	650	760	810	20-26	6-40	570	530	1505	1000	1080	1210	1030	1160	540	1330	–	840	970	4-40
600WL5000-10-185	600	725	780	20-30	650	760	810	20-26	6-40	570	530	1415	1200	510	780	1320	1450	255	1355	–	840	970	4-40

续表 20

mm

型号	出口法兰				进口法兰				$n_3-\phi i$	A	B	C	D	E	F	G	H	I	M	O	P	Q	$n_6-\phi k$
	ϕa	ϕb	ϕc	$n_1-\phi d$	ϕe	ϕf	ϕg	$n_2-\phi d$															
500WL2900-15-200	500	620	670	20-27	550	655	705	20-26	6-40	600	530	1505	900	1080	1210	1030	1160	540	1300	-	840	970	4-40
600WL4000-11-200	600	725	780	20-30	700	840	895	24-30	4-40	600	780	1505	1000	1080	1210	1030	1160	540	1300	-	1050	1150	4-40
70WL5500-8.5-200	700	840	895	24-30	800	950	1015	24-33	6-40	600	780	1505	1100	1080	1210	1030	1160	540	1350	-	1050	1150	4-40
350WL1200-42-220	350	460	505	16-22	400	495	540	16-22	4-40	600	780	1505	800	840	970	745	875	-	1190	-	1050	1150	4-40
350WL1500-32-220	350	460	505	16-22	400	495	540	16-22	4-40	600	780	1505	800	1080	1210	1030	1160	540	1330	-	1050	1150	4-40
350WL2150-24-220	350	460	505	16-22	400	495	540	16-22	6-40	600	780	1505	900	1080	1210	1030	1160	540	1330	-	1050	1150	4-40
500WL3000-19-220	500	620	670	20-27	550	655	705	20-26	6-40	530	780	1430	925	1080	1210	1030	1160	540	1330	-	1050	1150	4-40
400WL1100-52-250	400	515	565	16-27	450	550	595	16-22	6-40	600	1400	2444	800	840	970	745	965	-	1900	-	1050	1150	4-40
500WL3400-17-250	500	620	670	20-27	550	655	705	20-26	6-40	600	780	1710	900	1080	1270	1030	1160	540	1900	-	1050	1150	4-40
600WL4820-12.3-350	600	725	780	20-30	700	840	895	24-30	6-40	600	780	1710	1000	1000	1270	1600	1730	500	1900	-	1050	1150	4-40
700WL6100-10-250	700	840	895	24-30	800	950	1015	24-33	6-40	600	780	1710	1200	1000	1270	1600	1730	500	1900	-	1050	1150	4-40
700WL6500-9.5-250	700	840	895	24-30	800	950	1015	24-33	6-40	600	780	1710	1200	1000	1270	1600	1730	500	1900	-	1050	1150	4-40
400WL2600-28-315	400	515	565	16-27	450	550	595	16-22	6-40	600	780	1710	1100	1000	1270	1600	1730	500	1900	-	1050	1150	4-40
500WL3740-20.2-315	500	620	670	20-27	550	655	705	20-26	6-40	600	780	1710	1200	1000	1270	1600	1730	500	1900	-	1050	1150	4-40
700WL6400-11.6-315	700	840	895	24-30	800	950	1015	24-33	6-40	600	780	1710	1300	1000	1270	1600	1730	500	1900	-	1050	1150	4-40
500WL3550-23-355	500	620	670	20-27	550	655	705	20-26	6-40	600	780	1710	1300	1000	1270	1600	1730	500	1900	-	1050	1150	4-40
600WL5000-17-355	600	725	780	20-30	700	810	860	24-26	6-40	600	780	1710	1200	1000	1270	1600	1730	500	1900	-	1050	1150	4-40
400WL2540-35.6-400	400	515	565	16-22	450	550	595	16-22	6-40	700	780	1850	1200	1000	1270	1600	1730	500	1900	-	1050	1150	4-40
700WL7580-13-400	700	840	895	24-30	800	950	1015	24-33	6-40	700	780	2100	1400	1100	1370	1800	1930	550	2000	600	1200	1350	6-40
800WL8571-11.8-400	800	950	1015	24-33	900	1020	1075	24-33	6-40	700	780	2100	1400	1100	1370	1800	1930	550	2000	600	1200	1350	6-40
500WL4240-26.4-450	500	620	670	20-27	550	655	705	20-26	6-40	700	780	2000	1300	1100	1370	1800	1930	550	2000	-	1050	1150	4-40
600WL6000-19-450	600	725	780	20-30	700	810	860	24-26	6-40	700	780	2000	1300	1100	1370	1800	1930	550	2000	-	1050	1150	4-40
700WL7700-16.8-560	700	840	895	24-30	800	950	1015	24-33	6-44	700	780	2200	1350	1300	1600	2000	2200	650	2200	600	1200	1350	6-40
800WL10800-13.5-630	800	950	1016	24-33	900	1020	1075	24-33	6-40	700	780	2350	1400	1300	1600	2000	2200	650	2200	600	1200	1350	6-40
800WL10000-16-630	800	950	1015	24-33	900	1020	1075	24-33	6-40	700	780	2350	1400	1300	1600	2000	2200	650	2200	600	1200	1350	6-40
700WL9200-19-710	700	840	895	24-30	800	950	1015	24-33	6-40	700	780	2350	1400	1300	1600	2000	2200	650	2200	600	1200	1350	6-40

参考文献

［1］吕宏兴.水力学［M］.北京:中国农业出版社,2002.

［2］刘鹤年.水力学［M］.北京:中国建筑工业出版社,1998.

［3］严新华.工程流体力学［M］.北京:科学技术文献出版社,1997.

［4］严煦世,范瑾初.给水工程［M］.4版.北京:中国建筑工业出版社,1999.

［5］张自杰.排水工程［M］.4版.北京:中国建筑工业出版社,2000.

［6］钟淳昌.净水厂设计［M］.北京:中国建筑工业出版社,1986.

［7］姜乃昌.水泵及水泵站［M］.北京:中国建筑工业出版社,1980.

［8］姜乃昌.水泵及水泵站［M］.4版.北京:中国建筑工业出版社,1998.

［9］丁成伟.离心泵与轴流泵［M］.北京:中国建筑工业出版社,1998.

［10］中华人民共和国水利部.泵站设计规范:GB/T 50265—97［S］.北京:中国计划出版社.

［11］上海市建设委员会.室外给水设计规范:GBJ 13—86［S］.上海:上海市建设委员会.

［12］上海市建设委员会.室外排水设计规范:GBJ 14—87［S］.上海:上海市建设委员会.

［13］全国化工设备技术中心站.工业泵选用手册［M］.北京:化学工业出版社,1999.

［14］国家机械工业局.中国机电产品目录［M］.北京:机械工业出版社,2000.

［15］黄日新.工业专用阀门手册［M］.北京:机械工业出版社,1993.

［16］核工业部第二研究设计院.给水排水设计手册［M］.北京:中国建筑工业出版社,1986.

［17］上海市政工程设计院.给水排水设计手册［M］.北京:中国建筑工业出版社,1986.

［18］北京市政设计院.给水排水设计手册［M］.北京:中国建筑工业出版社,1986.

［19］崔福义,彭永臻,南军.给水排水工程仪表与控制［M］.北京:中国建筑工业出版社,1999.

［20］严煦世,赵洪宾.给水管网理论与计算［M］.北京:中国建筑工业出版社,1986.